U0958667

城市照明工程系列丛书
张 华 丛书主编

城市夜景照明工程设计

荣浩磊 主编

中国建筑工业出版社

图书在版编目（CIP）数据

城市夜景照明工程设计/荣浩磊主编．—北京：中国建筑工业出版社，2018.9（2022.6重印）
（城市照明工程系列丛书/张华丛书主编）
ISBN 978-7-112-22494-4

Ⅰ.①城… Ⅱ.①荣… Ⅲ.①城市景观-照明设计 Ⅳ.①TU113.6

中国版本图书馆CIP数据核字（2018）第171206号

城市照明工程系列丛书以《城市照明规划设计规范》（报批稿）、《城市道路照明设计标准》CJJ 45—2015、《城市夜景照明设计规范》JGJ/T 163—2008、《城市道路照明工程施工及验收规程》CJJ 89—2012、《高杆照明设施技术条件》CJ/T 457—2014等标准为准绳，组织国内一些具有较高理论水平和设计、施工管理实践经验丰富的技术人员编写完成。

本系列丛书系统介绍了城市照明规划设计、道路照明和夜景照明工程设计、城市照明工程施工管理和竣工验收、日常运行、维护管理等相关内容。

本系列丛书叙述内容深入浅出、图文并茂，具有较强的知识性和实用性，不仅可供城市照明行业设计师、施工员、质量检验员、运行维护管理人员学习参考使用，也可作为城市照明工程安装和照明设备生产企业有关技术人员学习参考用书和岗位培训教材。

本书主要包括城市夜景照明的设计一般法则、设计应考虑的因素、设计步骤和流程、各类夜景照明方案设计、施工图设计、光源与灯具选择、绿色照明、夜景照明的测试与评价等内容。

责任编辑：杨　杰　张伯熙
责任校对：李美娜

城市照明工程系列丛书
张　华　　丛书主编
城市夜景照明工程设计
荣浩磊　主编
*
中国建筑工业出版社出版、发行（北京海淀三里河路9号）
各地新华书店、建筑书店经销
北京科地亚盟排版公司制版
北京建筑工业印刷厂印刷
*
开本：787×1092毫米　1/16　印张：13¾　字数：345千字
2018年11月第一版　2022年6月第三次印刷
定价：**45.00**元
ISBN 978-7-112-22494-4
（31079）

《城市照明工程系列丛书》编审委员会

总　　编：张　华

副 主 编：赵建平　荣浩磊　刘锁龙

编　　委：李铁楠　倪　磊　吕　飞　沈宝新　孙卫平

郗书堂　隋文波　王小明　陈大庆　蔡卫强

王士标　贺新军　任军军

本书编写委员会

主　　编：荣浩磊

副 主 编：吕　飞

编写人员：张　训　陈　洋　孔德敏　姚淋元　邵　国

杨　烨　张倩倩　张贤德　郑立伟　王　宁

李　静　陈　清　刘　峰　杨　堃　李训智

丛书参编、编审单位

参编单位：《城市照明》编辑委员会　中国建筑科学研究院建筑环境节能研究院　北京清控人居光电研究院　常州市城市照明管理处　深圳市灯光环境管理中心　深圳市金达照明有限公司　常州市城市照明工程有限公司　常州市清盛文化传播有限公司

编审单位：北京市城市照明管理中心　上海市路灯管理中心　成都市城市照明管理处　无锡照明管理处　南通市城市照明管理处　扬州市城市照明管理处　镇江市路灯管理处

前　言

城市照明建设是一项系统工程，从城市照明专项规划设计、工程项目实施、方案遴选、器材招标、安装施工、竣工验收到运行维护管理等，每个环节都要精心策划、认真实施才能收到事半功倍的成效。当今中国城市照明的发展十分迅速，已进入一个前所未有的建设时期，并取得了巨大的成就，对城市照明的规划设计、工程项目实施到运行维护管理都提出了更高的要求。但是，遗憾的是仍然存在忽视了功能性照明设计的实质内容，对景观性照明又缺乏适度的把握等问题主要表现一是城市照明专项规划滞后，导致城市照明无序设计；二是夜景照明文化品位不到位，缺乏美感；三是施工管理无序、低价中标、工程质量低劣造成豆腐渣工程时有发生；四是城市照明管理部门缺乏行之有效的管理办法。这是造成我国目前城市照明水平不尽如人意的主要潜在原因，也是我们编写这套系列丛书的动力所在。

住房和城乡建设部有关《城市道路照明设计标准》等一系列规范的颁布实施，大大促进了我国城市照明建设水平的提高。我们在总结城市照明行业多年来的实践经验的基础上，收集了我国部分城市照明管理部门的城市照明规划、设计、施工、验收、运行维护管理的典型方案，以及部分生产厂商近几年来开发的新技术、新产品、新材料，整理、编制成城市照明工程系列丛书。

本套系列丛书的书名分别为：

《城市照明专项规划设计》

《城市道路照明工程设计》

《城市夜景照明工程设计》

《城市照明工程施工及验收》

《城市照明运行维护管理》

本套系列丛书在编写过程中参考了许多文献资料，在此谨向有关作者致以衷心的感谢。同时，由于编者水平有限，编写时间仓促，加之当今我国城市照明新技术、新产品的应用和施工水平的不断发展，系列丛书的内容存在疏漏或不尽之处在所难免，恳请广大读者不吝指教，多提宝贵意见。

目　　录

第 1 章　一般法则 …… 1
1.1　设计基本原则 …… 1
1.2　设计应考虑的因素 …… 9
1.3　设计逻辑 …… 13
第 2 章　设计步骤 …… 16
2.1　设计流程 …… 16
2.2　核心内容 …… 22
第 3 章　夜景照明设计 …… 25
3.1　建筑照明设计 …… 25
3.2　园林照明设计 …… 48
3.3　滨水界面照明设计 …… 76
3.4　街道修规 …… 94
3.5　灯光秀 …… 108
3.6　桥梁照明设计 …… 132
3.7　商业步行街照明设计 …… 134
3.8　广场照明设计 …… 136
3.9　水景照明设计 …… 140
3.10　广告标识照明设计 …… 142
第 4 章　施工图设计 …… 145
4.1　灯具安装平面图设计 …… 145
4.2　常用景观灯具的安装设计 …… 148
4.3　常用景观灯具的安装详图 …… 149
4.4　配电线路设计 …… 164
第 5 章　光源与灯具选择 …… 167
5.1　光源、灯具发展史 …… 167
5.2　LED 景观灯具应用 …… 169
5.3　LED 灯具选用原则 …… 170
5.4　实施保障 …… 171
5.5　光学和照明效果 …… 179
5.6　技术参数 …… 184
第 6 章　绿色照明 …… 192
6.1　保护环境 …… 192
6.2　节约能源 …… 193

6.3 控制光污染 …… 194
6.4 节电措施 …… 200
6.5 发展模式 …… 202
第7章 测试与评价 …… 205
7.1 夜景测试 …… 205
7.2 效果评价 …… 206
7.3 检测验收 …… 210
参考文献 …… 212

第1章　一般法则

城市夜景用光重塑城市景观的夜间形象，是城市经济发展、社会进步和特色印象的重要体现。我国的夜景照明工程从无到有，由于起步较晚，相比发达国家中不少城市的夜景照明，我们在设计要求、艺术水平、文化品位等还存在一定的差距；近年，城市照明发展十分迅速，借鉴国内有代表性城市夜景照明的诸多成功案例，根据国外城市夜景照明发展趋势以及相关城市照明设计与施工规范，在设计时我们首先应遵循一些必要的一般法则。

1.1　设计基本原则

1.1.1　统一规划设计的原则

如今城市照明发展似乎如火如荼，但是城市照明专项规划总体相对落后，夜景照明盲目追求“跑”“跳”“闪”，照明层次不分明，没有主次和区域特点，城市夜景照明缺乏总体部署与统筹协调。良好的夜景照明设计不但应符合城市照明专项规划的要求，更要与城市总体规划相统一。

规划是建设有秩序的、有特色的夜景照明的基础。只有对城市夜景照明的科学规划，统筹安排城市夜间活动场所的空间和时间分布，才能利用有限的社会资源，最大限度地满足和引导人们的夜生活需求。城市夜景照明规划为夜景照明设计提供了科学的理论依据，以及切实可行的操作方法。只有坚持按照规划进行建设的原则，在总体规划的控制指导下进行建设，才能避免自发行事、资源浪费，才能确保照明建设与城市总体建设的一致性，使城市夜景照明健康有序的发展。

好的夜景照明设计应从宏观角度出发，从以下几个照明规划的层面丰富完善照明设计。

（1）照明构架

照明构架一般先是通过实地调研解读城市的特点，并结合总体规划中对城市发展方向及空间景观架构的规划提出重点路段、建筑、开放空间等夜景照明的组织路径。夜景照明构架是既能强调城市特征，又不局限于单体方案的规划设计方法，对于迅速提高城市夜间形象具有很强的引导性。

照明构架是根据照明对象或是照明要素的归纳总结，是城市夜景照明规划不可缺少的部分。但是照明设计及规划不应仅仅局限于此，因为构架多数只是提炼了代表城市特色的部分载体，而规划应做到对整个区域的所有载体都具有指导意义，才能成为城市管理者“全覆盖”的管理依据。

（2）区域控制

从照明光色、照明方式和亮度分级等方面提出对各类夜景照明的控制，避免无序发展、过度发展的趋势。

（3）实施导则

照明实施导则这一类的照明设计更类似于照明手册，对各类城市夜景照明要素进行分类，如公园、绿地、建筑、道路等。针对建筑可按照建筑功能性质分为商业建筑、行政建筑、文物保护建筑、居住建筑；按照不同的形态分为高层建筑、多层建筑、低层建筑；按照不同的建筑材料分为玻璃、石材、铝板、木材、钢结构网架建筑，根据分类不同给予不同的照明方式，并分别给出照明导则。

（4）单体方案

单体方案是照明设计中一个重要组成部分。单体方案不是一张张效果图的罗列，他应遵从城市照明发展的要求，符合城市夜景照明构架的发展原则，从设计和管理两方面进行夜景照明设计。此外，还需要具体做到以下要求：

1）要在本城市的总体规划及城市土地利用规划、城市电网规划等相关上位规划的基础上制定好城市照明专项规划。在制定规划时，要求规划定位必须准确，不可笼统、一般化。应该按照当前该城市的规划发展模式、区域特点，使照明规划真正反映本城市的形象特征以及城市的政治、经济、文化、历史人文景观的内涵。

2）规划要目标明确，突出建设重点。一般来说，以反映本城市特征的重要行政、商业区道路为夜景照明轴线，且有主有次；以标识建筑、重要景区、公园景点为照明节点作为重点进行建设。

3）规划应提出夜景照明建设的组织管理模式、实施方案和相应的政策措施，这是实施规划的必要条件。

4）夜景照明设计要遵从照明规划，从源头上预防和避免城市夜景照明可能带来的能源浪费、光污染、光干扰等负面影响。可以针对不同城区设定不同的照明策略，调节初始投资费用和维护费用的平衡，对景观元素有选择地进行照明，考虑在全周期下的经济和节能要求。并通过确定合理的照明标准、选择高效灯具及高光效光源、合理利用可再生能源、合理使用照明控制等方法使城市夜景照明在为城市带来经济效益的同时最大限度地降低对环境的影响。

1.1.2 规划指导建设的原则

城市夜景照明设计应符合城市夜景照明专项规划的要求，并宜与工程设计同步进行。

随着城市夜景照明的发展，人们逐步认识到城市夜景照明是一项系统工程，它包括城市的建筑物、构筑物、街道、道路、桥梁、广场、公园、绿地和山、水，室外广告和城市附属设施，如公共汽车站台、电话亭、书报亭和公用标志等的照明，只有把这些构景元素的夜景照明有机地组合在一起，进行统一协调的合理规划，才能形成一幅和谐优美的夜景画面。也就是说，城市夜景照明总体规划是对一个城市的地区、景区、景点和景物照明的功能和艺术性的总体考虑或筹划。根据城市景观元素的地位、作用、特征等因素，从宏观上规定构景元素照明的艺术风格、照明水平及照明的色调等，组合成一个完整的照明体系，作为城市夜景建设的依据。

规划是建设有自己特色的城市夜景照明的基础。只有坚持按规划进行建设的原则，也就是在体现本城市市容形象特征的夜景照明规划的指导下进行建设，方能防止自发行事，避免浪费，以求城市夜景照明获得较好的总体效果，并使城市夜景照明步入健康有序的发展轨道。为了落实按规划进行建设的原则，应做到：

1）要在本城市总体规划基础上，制定城市照明专项规划，并严格地执行规划。在制定和执行规划时，要求规划定位必须准确，不能一般化。应按目前流行的地区形象设计（DIS）规划模式，使规划真正反映本城市的形象特征和它的政治、经济、文化、历史、地理及人文景观的内涵。例如北京城市夜景照明规划定位是历史文化名城和现代化国际大都市并重。把保持古都历史文化传统和整体格局，体现民族传统、地方特色、时代精神融为一体，用灯光塑造首都北京雄伟、壮观的伟大形象。

2）规划要目标明确，突出建设重点。一般说反映本城市特征的景区或景点并不多，以北京为例，规划时以天安门地区和北京城的南北中轴线及长安街东西两向延长线上的标志性的夜景工程作为重点进行建设。又如上海以外滩、南京路和陆家嘴地区的夜景工程为重点进行建设均收到了较好的效果。

3）规划应提出夜景照明建设的组织管理模式、实施方案和相应的政策措施，这是落实规划的必要条件。

4）经政府批准的夜景照明规划具有法律效力，应严肃执行。执行过程中对规划中的重点工程或项目要多加关心、支持，对不按规划建设，破坏整个城市夜景总体效果的应有相应的处罚规定，并责令其改正，使建设夜景照明规划落到实处。

1.1.3 按标准和法规进行设计的原则

城市照明标准和法规是进行夜景照明工程设计和建设的依据。也是评价夜景工程设计方案和照明效果好坏的准绳。因此，按标准规范办事的原则必须引起设计、建设和管理人员的高度重视。

调查发现，不少已完工的夜景照明工程，有的过亮，也有照度不够，光的色彩和建筑风格不一，或是照明设备的防护等级不合规范要求，照明的质量指标严重偏离标准或规范的规定数据，甚至有少数设计人员对夜景照明标准执行不到位，从而严重影响夜景照明设计和建设水平的提高，或造成能源、设备和资金的浪费。

落实坚持按标准和法规设计和建设夜景照明工程的原则，要求设计和管理人员认真学习有关标准、规范和文件，深刻理解其内容，并贯彻到夜景照明工程的设计和建设中去。与夜景照明工程设计和建设相关的标准规范很多，而需要重点了解的有以下几个方面：

（1）设计标准和规范

1）《城市道路照明设计标准》CJJ 45；

2）《城市夜景照明设计规范》JGJ/T 163；

3）《灯具　第1部分：一般要求与试验》GB 7000.1中的室外灯具部分；

4）《灯具　第2-3部分：特殊要求　道路与街路照明灯具》GB 7000.203；

5）《灯具　第2-20部分：特殊要求　灯串》GB 7000.9；

6）《灯具　第2-18部分：特殊要求　游泳池和类似场所用灯具》GB 7000.218；

7）《低压配电设计规范》GB 50054；

8）《电气装置安装工程　电缆线路施工及验收规范》GB 50168。

（2）法规方面

本城市的建设总体规划；本城市的城市照明专项规划；本城市市容环境工程规定；本

城市的夜景照明管理办法等都是夜景照明的设计依据。

由于城市夜景照明在我国起步较晚，相关标准法规不健全。因此，一方面建议有关部门尽快制定这方面的标准法规，另一方面需参考国际上，特别是国际照明委员会（CIE）的有关标准和规定进行设计和建设。CIE有关夜景照明的文件包括：《泛光照明指南》、《城区照明指南》、《机动车及步行者交通照明的建议》、《机动车和人行交通道路照明建议》等。此外，设计人员了解北美照明协会，英国、德国、日本、俄罗斯、法国、澳大利亚等国家的夜景照明标准和法规对落实这一原则也是有益的。

1.1.4 突出特色和少而精的原则

所谓突出特色和少而精的原则就是指一个城市的夜景照明要有自己的特色。夜景照明工程数量不一定要多，关键是创建夜景精品，不要一般化。但调查发现，不论是夜景建设启动较早的城市，还是近年新建设夜景照明的城市，夜景工程很多，但夜景“精品”甚少。我们应在现有的基础上，按突出特色和少而精的原则，以反映城市特色的工程或景点为重点，以创建精品为目标，把城市夜景照明推上一个新的台阶。

（1）突出特色

一个城市的夜景照明是否有特色，关键是要准确地把握该城市市容形象的基本特征。我们知道，城市是一定地域中社会、经济和科学文化的统一体。一般说构成城市市容形象有自然和人文两个因素。自然因素是指城市的自然条件、地理环境。特定的自然条件形成特定的自然特色，这是构成城市市容形象的本底。人文因素是指人为的建设活动，是形成城市市容形象最活跃的因素。

如何从实际出发，把握各自城市形象的基本特征？著名建筑大师张锦秋院士说得好：“城市性质定品位，城市规模定尺度，历史文化见内涵，自然环境凝风格”。这就是说应从四个方面把握城市形象的基本特征。具体做法是从了解城市的自然与人文景观，调研城市历史发展，确定城市标志性建筑（含城市雕塑）三个主要方面入手，通过社会调研，提出能反映城市形象特征的研究报告，作为规划与设计城市夜景照明的依据。这样就能创造各具特色、个性鲜明的城市夜景照明，避免千城一面、彼此雷同的现象产生。

（2）抓住重点，创建精品

对夜景精品的要求是多方面的，如设计的艺术构思是否有新意？用光方法是否合理？照明技术是否先进？使用的照明器材的性价比是否高？是否节能等等，而最主要的是照明是否准确地塑造出被照对象的形象特征和文化内涵。

如何利用灯光突出形象特征，创建精品呢？答案就是从塑造形象入手。光具有很强的艺术表现力，被誉为艺术之灵魂。世界上万物的形象只有在光的作用下才能被人们感知识别。正确地利用光，包括用光的数量、光的色彩和照射方向等塑造被照对象的艺术形象，提升它的艺术效果和品位，否则就会导致形象的平庸和一般化。

用灯光塑造形象时，应注意以下几点：

1）紧扣形象主题，被照对象的性质和地位决定了它的主题。这是进行照明构思和创意的出发点。用灯光塑造形象关键是不要离题。文不对题的用光不仅不能准确表现被照对象的形象，甚至还会歪曲形象。比如天安门地区作为全国政治文化中心，它的形象的主题是雄伟、庄重和大方。如果用商业或娱乐场所的灯光塑造它的形象，结果会适得其反，导致破坏或歪曲了它的景观形象。

2）抓住重点，画龙点睛。人们说没有重点就没有艺术表现力而落入平庸。抓住被照对象的重点部位，强化光的明暗对比，画龙点睛，把要塑造的形象或细节凸显出来，形成引人入胜的视觉中心，从而在观赏者的心目中产生流连忘返的深刻印象。

3）提倡使用多元的空间立体照明方法。从调查资料看，许多夜景工程不考虑照明对象的具体情况，采用单一的泛光照明方式，虽然照得很亮，但是照明缺少层次，立体感差，照明总体效果甚差，而且耗电量大，光污染问题突出，达不到塑造形象、美化夜景的要求。因此用灯光塑造形象一般不宜用单一的照明方式，提倡使用多元的空间立体照明方法。所谓多元的空间立体照明方法，就是综合使用泛光照明、轮廓灯照明、内透光照明或其他照明方法表现照明对象的形象特征及它的文化和艺术内涵。

4）更新照明设计思想或观念。精品佳作之所以出现，重要的一条是源于设计人员的设计思想（理念）的更新和设计水平的提高。把夜景照明作为一种文化，以人为本，强调照明的艺术性、科学性和视觉舒适性，注重照明对象景观形象的塑造是这几年夜景照明设计思想的重大更新。设计人员按新的设计理念，应用照明科技的新技术、新产品、新工艺，对夜景照明方案进行精心设计，从而创造出一个又一个精品佳作。

1.1.5 慎用彩色光的原则

应慎重选择彩色光。光色应与被照对象和所在区域的特征相协调，不应与交通、航运等标识信号灯造成视觉上的混淆。

彩色光在建筑夜景照明中的应用问题，在国际照明委员会（CIE）第94号文件《泛光照明指南》中一再强调应持慎重态度。其原因：①彩色光具有很强的感情色彩。②使用彩色光涉及的技术问题和影响因素较多。若使用不当，往往会歪曲建筑形象，降低甚至破坏建筑夜景照明效果。在我国夜景照明正在兴起的时候，强调这个问题，把它作为一条原则是有益的。然而调查发现，在我国部分建筑的夜景照明中已使用了彩色光，而且较为混乱，特别是一些中小城市的建筑夜景照明，大红大绿，与建筑的风格、功能、墙面色彩和环境特征很不协调的照明实例也不少。这种情况应引起重视和注意。

造成随意使用彩色光的原因：一是有的业主或设计人员在观念上总认为夜景照明就是花花绿绿，在使用彩色光上带有很大的主观随意性。特别是个别的业主违背自身建筑的特性，要求设计人员使用彩色光，要求自己的建筑跟商业或娱乐建筑的夜景照明一样流光溢彩，最后的效果是适得其反；二是设计人员对彩色光的基本特性和应用规律了解不够，加上设计时，对建筑的功能、艺术风格、墙面和周围环境的彩色状况考虑欠周密，以致无法把握使用彩色光的规律，留下许多遗憾。

落实这一原则的措施：一是强调在夜景照明中慎用彩色光的原则的重要性，防止彩色光使用的主观随意性；二是宣传普及彩色光特性和彩色光使用规律的基本知识；三是把握住彩色光使用的基本原则和选用彩色光的方法步骤。

彩色光使用的基本原则：

1）彩色光和建筑功能相协调的原则。比如一些大型公共建筑，如政府办公大楼、重要的纪念性建筑、交通枢纽、高档写字楼和图书馆等等，在功能上和商业建筑、文化娱乐建筑及园林建筑等差别甚大。这些建筑夜景照明的色调应庄重、简洁、和谐、明快，一般应使用白光照明，必要时也只能小面积地使用彩色光，而且彩色光的彩度不宜过大。对商业或文化娱乐建筑可采用彩度较高的多色光进行照明，以带动繁华、热闹、活跃的欢快气氛。

2）彩色光的颜色和建筑物表面的颜色相协调的原则。一般地说，暖色调的建筑表面宜用暖色光照明，冷色调的建筑表面宜用白光照明，对色彩丰富和鲜艳的建筑表面宜用显色性好、显色指数高的光源照明。彩色光的获得，一是选用彩色光源；二是使用彩色滤光片；三是使用LED变色灯具，这也是目前比较流行和常用的手法。

3）彩色光和建筑周围环境的色调和特征相协调的原则，不要出现过大的色差。选用彩色光最基本的方法步骤：一是掌握条件，如建筑功能、风格特征、被照面原色及质地、周围环境条件等；二是选好基调色，再按色彩协调原则确定辅助或点缀色，对公共建筑尽量减少色相数目，以防彩色紊乱；三是确定用色的明度和彩度；四是选用相应的光源和配色材料，如滤色或彩色薄膜等。

1.1.6　绿色照明的原则

节能和环保是我国建设事业持续发展的国策。我国正在实施的绿色照明计划的目的就是节约能源、保护环境。据统计，全国各地建设的室外照明工程所消耗电能是室内照明用电的5%～10%，这是一个十分可观的数字。因此，城市夜景照明成为实施绿色照明的一个不可忽视的重要方面。

调查发现，我国不少城市的许多夜景工程的立面照明的照度或亮度越来越高，出现相互比亮的现象，而且这种现象大有发展上升之势，结果是既浪费了电能，又无照明效果，反而把室内照得很亮，严重影响室内人员的工作或休息。由此看出，在我国夜景照明迅猛发展的形势下，坚持节约能源，保护环境，实施绿色照明原则具有重要的意义和影响。为了落实这一原则，除了使用光效高的光源、灯具和相关电器设备外，还要从以下几方面挖掘夜景照明的节能潜力：

1）严格按照明标准设计夜景照明。应根据住房和城乡建设部《城市夜景照明设计规范》JGJ/T 163—2008的要求，照度、亮度及照明功率密度值应控制在本规范规定的范围内。不得随意提高照明标准；

2）合理选用夜景照明的方式和方法。比如反射比低于0.2的建筑立面和玻璃幕墙建筑立面不要使用投光（泛光）照明方式，可用内透光照明或用自发光照明器材在立面作灯光装饰；

3）应用照明节能的高新技术。如光纤、导光管、LED灯、激光、太空球灯、变色电脑灯、光电转换、远程监控、虚拟技术和全息图技术等；

4）充分利用太阳能和天然光。用光伏发电技术为夜景照明提供电能是节约常规用电的重要措施。由太阳能供电的路灯、庭院灯和室外装饰照明灯的节能与环保成效显著；

5）加强夜景照明管理，合理控制夜景照明系统，对减少能源浪费，节约用电均具有重要作用。

1.1.7　适用、安全、经济和美观的原则

城市夜景照明目的：一是用灯光塑造城市形象，装饰美化城市夜景；二是在功能上为

人们夜生活或夜间活动提供一个安全舒适、优美宜人的光照环境。因此对夜景照明设施的要求，不仅是美观，还要适用、安全和经济。通过现有夜景工程的调查，发现重美观，轻适用、安全和经济的现象较为普遍；重视夜间景观，忽视白天景观现象也时有发生；有的夜景工程则是顾此失彼，不能全面按适用、安全、经济和美观的原则进行设计。准确把握适用、安全、经济和美观诸因素的内涵和它们相互之间的辩证关系，是坚持和落实本原则的关键。

适用：在功能上，夜景照明设施应具有良好的适用性。它的光度、色彩和电气性能应符合照明标准要求，控制灵活，使用及维修管理方便，切忌华而不实。

安全：夜景照明设施的所有产品或配件均要求坚固、质优可靠，并具有防漏电、防雷接地、防破坏和防盗等相应措施，以确保安全。照明设施应根据环境条件和安装方式采取相应的安全防范措施，并不得影响园林、古建筑等自然和历史文化遗产的保护。

经济：即所用设施的造价要合理，以较少工程造价获得较好的效果，节约开支。

美观：即不仅要注意照明效果的艺术性和文化内涵，而且还要注意不管是晚上还是白天，城市夜景照明设施（含光源、灯具、支架、电气箱及接线等）的外形、尺度、色彩及用料要美观，要和使用环境协调一致，还要力争做到藏灯照景，见光不见灯，特别是不要让人直接看到光源灯具而引起眩光。

设计人员应综合考虑上述因素，对不同夜景设施的性价比进行分析比较，最后将适用、安全、经济和美观的原则落到实处。

1.1.8 积极应用高新照明技术的原则

一个城市的夜景照明除前面提到的作用和意义之外，还是一个城市或地区的现代化和科技水平，特别是照明科技水平的具体体现。我国目前进行夜景照明工程建设的北京、上海、天津、重庆以及广州、深圳等许多城市都是当今著名的国际化大都市。对这些城市夜景照明的调查发现，虽然在夜景照明工程中也应用了光纤、激光、发光二极管、导光管、电脑灯以及远程智能监控系统等高新照明技术，但是在整个夜景照明工程中高新技术的含量还很低，和这些城市的现代化水平及国际大都市的地位很不相称。因此，在建设夜景照明工程时将积极应用高新照明技术作为一条原则是必要的，也很有意义和影响。

1.1.9 切忌简单模仿，坚持创新的原则

随着国内外夜景照明的迅速发展，不少城市或地区的夜景照明都创造了许多夜景精品工程，这些夜景精品工程无不给观光者或前去考察的人员留下极为深刻的印象和美好的回忆。

好的城市夜景照明经验具有重要参考或借鉴意义。但是对夜景照明的调查发现，我国少数城市的夜景照明工程简单模仿现象较为严重，如有些城市将上海淮海路和北京长安街的灯光隧道，北京建国门和复兴门的彩虹门灯饰景观，大连的槐花灯，香港弥尔登道和拉斯维加斯的灯饰造型原封不动照搬照抄的现象，没有从本城市的地理环境、人文历史的实际情况进行设计，是不成功的模仿案例。

对待国内外其他城市夜景照明的经验和优秀作品，应以借鉴经验和教训的态度，从本城市的实际情况出发，紧紧抓住所设计的工程的特征，坚持创新的原则，进行精心设计，

创作出特征鲜明，富有创造性的夜景照明精品工程，切忌简单模仿或照搬照抄。

1.1.10 从源头防治光污染的原则

随着城市夜景照明的迅速发展，特别是大功率高强度气体放电灯在建筑夜景照明和道路照明中的广泛采用，建筑和道路表面亮度不断提高，商业街的霓虹灯、灯箱广告和灯光标志越来越多，规模也越来越大。然而夜景照明所产生的光污染也严重干扰和影响着人们的工作和休息，并引起社会各界和照明工作者的关注和重视。从20世纪70年代开始，国际上对这方面进行了大量研究工作，召开了多次国际会议，发表了不少有关防止光污染的技术文件，并采取措施，以减少光污染、保护环境。

我国城市夜景照明虽然起步较晚，但是夜景照明产生的光干扰和光污染问题已开始暴露，如部分地区夜景照明的溢散光、眩光或反射光不仅干扰人们的休息，使汽车司机开车紧张，而且使宁静的夜空笼罩上一层光雾，天上不少星星看不见了，给天文观察造成了严重影响。引起我国照明界、照明管理和天文部门重视，并利用照明刊物宣传其危害，普及相关知识，以防治光污染及其影响。

1.1.11 管理科学化和法制化原则

加强城市照明建设和设施的管理，对提高夜景工程建设水平，确保工程质量和设施的正常运转等具有重要意义。由于我国进行大规模的城市夜景照明建设时间很短，管理机构和机制不健全，管理人员短缺，管理法规空白，整个管理工作可以说从头开始。经过多年实践，人们开始认识到管理工作的重要性，开始加强这项工作，并取得了显著成效。

北京、上海、天津、重庆、深圳、广州、大连等不少城市组建了夜景照明管理机构，并有专人从事管理工作。上述城市制定了“城市夜景照明管理办法”，北京、天津、重庆和上海还制定了夜景照明地方法规。

上海、深圳、广州、南京和大连等城市建立了远程集中监控中心，对本城市夜景照明进行监控管理。北京、上海、深圳等部分城市对新建重大工程，特别是一些带标志性的工程，从工程规划开始到设计施工及竣工验收全过程同时考虑夜景照明，改变了以往竣工后考虑夜景照明的现象。

通过以上工作和措施，使城市夜景照明管理开始走上科学化和法制化轨道。坚持夜景照明管理的科学化和法制化原则，对我国城市夜景照明建设，特别是一些刚开始夜景照明建设的城市的工作将产生深远影响。

1.1.12 以人为本的原则

城市夜景照明设计应以人为本，注重整体艺术效果，突出重点，兼顾一般，创造舒适和谐的夜间光环境，并兼顾白天景观的视觉效果。

夜景照明设计中“夜景”即夜间“景观”，“景”可以理解为物，是强调感知的客观对象；城市景观包括城市所在地的自然风貌，更重要的是城市发展过程中所形成的人文景观。“观”可以理解为人，强调主观感受。夜景照明设计应坚持“以人为本”的原则。“以物为本”是“以人为本”的基础，“以人为本”是“以物为本”的升华。相对于人的欣赏，景观是人们通过视觉、知觉所产生的生理及心理上的反应，只有通过“人”和“景”，及感知者和客观实体的相互作用才构成“景观”。

“以人为本”的照明设计原则，就是要凸显人文特征，不仅仅具有直观的、视觉美学层面的意义，还具有抽象的、精神层面的意义，即在某种程度上还将承载文化的内涵，因此，城市夜景照明还应强调重视情感、文化，讲求文脉的设计手法，要求根据更高层次的精神需求营造城市夜间公共场所夜景环境。

“以物为本”的照明设计原则，就是重点在于物，力图提升载体视觉形象，对要素的选择与排序，对秩序和形式美的追求和是核心内容。设计成果是照明对象的分层次空间构架，其理论点是形式美学。任务就是根据美学原则组织物质环境的空间形式。夜景照明设计应充分利用夜景照明载体的特点，筛选并组织点、线、面等夜景观要素，有区别、有重点的表达环境景观元素，利用亮度色彩和动态差异突出重点，掩饰和淡化环境元素的缺憾，充分表达具有景观价值的城市空间和场所。“以物为本”的设计原则实际还是为“以人为本”铺垫。

照明设计应考虑物与人的互动关系，人的心理反应，将人对物的感知作为照明对象选择排序的考量因素，同时考虑实施保障层面的问题，与城市建设的契合，与城市管理体制结合。

1.2 设计应考虑的因素

影响夜景照明设计的因素很多，因此在设计时要全面了解景观设计者的构思与意图，并加以分析调查研究，才能设计出合意、适用的夜景照明艺术效果。影响夜景照明设计的主要因素有以下方面。

1.2.1 自然环境因素

自然环境是个极其复杂、丰富的自然综合体，有许多领域还没有为人们所认识，或者认识得还不深透，正有待于人们去发现、去探索。在此所讨论的自然环境，着重于与生物圈直接相关的自然环境，也就是直接与景观灯光相关的自然环境。按照环境构成因子的性质及其与人的适应方式，自然环境可划分为物理环境、化学环境、生物环境和社会环境等。

(1) 物理环境

物理环境的构成因子包括温度、气流、气压、声、光、放射线等。这些因子处于自然状态时，会给人以直接的刺激，人们会相应获得感觉，并做出行为反应。而在这些因子中，与景观灯光设计的接触最直接的就是“光”。光是一种语言，可表达建筑师的设计理念和艺术追求；光是一种隐形软件，控制着城市和建筑的功能运作及形象和色彩的演现；光更是“建筑的第四维空间”。因此景观灯光设计师在进行设计时，应主动地了解光，体察光，运用光，积极参与光环境的设计，把光融入自己的设计创作之中，为城市和建筑物增“光”添“彩”。

(2) 化学环境

化学环境的构成因子包括空气和各种气体、水、粉尘、化学物质等。空气对灯具的氧化、水对灯具的腐蚀、粉尘对光线的阻碍等都会对景观设计的最终结果造成影响。所以景观灯光设计师在选择灯具时，都要求其防水、防尘等级达到一定的标准，即通常所提到的IP防护等级。

（3）生物环境

生物环境是由动物、植物、微生物构成的，作为生物的人类自然也包含在内。对于一栋建筑物需要进行景观灯光设计时，同时要考虑到当地动植物的种类、生长状况及分布情况、现在及将来的发展变化规律。在对建筑物自身进行灯光设计的同时，也要对周边的花草、树木、休息设施等进行辅助设计，从而形成一个完整的灯光景观整体。

（4）社会环境

社会环境是指以人际关系为中心的人文环境，它的涵盖内容十分广泛，对景观灯光设计亦有一定的影响。

1.2.2 人文环境因素

人文环境是人类社会所特有的一个很综合、很全面的生态环境，包含政治、文化、艺术、科学、宗教、美学等等。完美的人文环境一定是符合自然的，是对自然环境的保护和完善。环境是文化积淀的反映，同时文化也在慢慢地影响环境。对于一个城市来说，固定的环境应该包括建筑、灯光、喷泉、草坪、雕塑等。但是当人融入其中时，人景两旺，就有了流动性。人与环境的交流，可以带动环境文化，同时环境对人的理念也会产生影响。这就是我们经常提到的动中有静、静中有动、动静相生的关系。

人文环境是影响景观灯光设计最主要的因素之一。景观设计师所做的灯光设计，实际上是营造一种气氛，一种呼之欲出的文化。这种文化是一种客观存在，可能你看不见摸不着，但是你能从中感受到，并同时演绎出你的感受、影响你的心境。现代城市中太多建筑物或景观的灯光，作为整体总是感觉到有些生硬，其实是因为建筑景观的灯光过于强调技术性，忽视了文化状态，让人感觉到是在被动地接受。景观灯光的着眼点应该是自然与和谐，所以设计师在进行设计时应综合考虑到建筑或景观的布局、线条、颜色、比例、尺度、质感、光线、节奏和韵律，让观赏者主动去寻找、挖掘、体会、琢磨其中的品位。设计师的职责是营造舒适的环境灯光和氛围，把人们向美好的方面引导，让人们主动追求美好，给人们一个舒适轻松的心情。

例如对天安门广场及其围合建筑的夜景照明设计，考虑到天安门是北京的中心，也是国家形象的代表，在平时，这里是人们游览观光的场所；在节日，这里是举行庆典、集会和演出的舞台。所以就需要创造一种让来天安门广场的老百姓觉得非常壮观、严肃，同时又透出几分高雅和悠闲的灯光效果。对于总体景观灯光设计，主要通过对构筑各建筑物之间在照明色调上的和谐和照明亮度上的梯度，使整个广场形成有机统一的整体，以暖色调为主，勾画出一幅宏伟壮观、欣欣向荣、统一完整的壮丽画卷；对华灯等固定照明设施，单体上看是一些亮点，群体上看又形成有规模的光链，使被照明的建筑物成为它们的依托背景，做到互相映衬，周边建筑起围合聚拢作用，华灯又能调节宽敞空旷的广场气氛；通过照明强化表现各围合立面在构造上的共同点，如各建筑檐口上由琉璃瓦形成的横向线条、各立面上的柱廊等，形成维系广场共性的纽带；城楼上的红灯笼表示喜庆，符合我国的风俗习惯，且与两侧的观礼台的搭配非常和谐。在设计时，充分考虑了技术与艺术的结合，传统与现代的结合，灯光与周围环境的协调等等。

人文环境不良的方面有光污染、视觉污染、颜色污染、心理污染等。从现有景观设置的灯光来看，主要存在以下四个方面的问题：

1）被照物所用的灯光颜色、表面照度和被照物的功能、性质以及周边环境不协调使人们感到不舒适；

2）不分场合采用大面积正面投光的方法设置照明灯具，致使被照物没有层次和立体感，同时光线通过窗户直接射入房间或投向附近的居民楼，严重干扰了人们的正常生活；

3）高大建筑物使用了大量大功率投光灯，由于投射方向、投射角度等因素的影响大约有 1/3～1/2 的光线射向了天空，形成光柱，使城市上空受到光污染，严重地影响了天文观测及飞机降落；

4）设置在园林、绿地、道路、雕塑以及景观周边的某些灯具对行人、车辆以及在该区域休息娱乐的游人产生干扰视线的眩光，不仅破坏了休息的环境且危害行车安全。

随着社会的进步、管理的规范化，相信它们一定会得到根治。同时，我们有责任向社会推广，改进环境现状，保护环境，保护自己。

1.2.3 建造或投资者因素

市场经济决定了业主必然从各自的经济利益出发，对实施夜景照明设计工程采取不同的态度：具有营业性的建筑或景观的业主，因为夜景照明的实施可以带来商机提高经济效益，因此积极性较高，但存在着互相比亮度、争高低，盲目地增加照明设施的现象。这样既增加了投资又破坏了该区域的整体艺术效果。非营业性建筑的业主，因夜景照明的实施只有经济投入而没有效益的回报，所以积极性不高或尽可能地减少投入，同样也影响了该区域的总体效果。同时，由于各个业主对建筑或夜景照明理解的深度及个人的思维、意识、爱好、审美观点的差异，形成了五颜六色的灯光效果，如政府性办公楼居然采用绿色光照亮，使人感到阴森恐怖，而不是政府大楼的严肃、庄严。其实，对于不同性质的建筑物或景观应该选用不同的光色。颜色和人们的情绪有密切关系，如蓝色使人感到安宁和满足，红绿交织让人感到强壮、可靠、坚毅，红、橙、黄等暖色可使人兴奋、气氛温馨等等。建筑物立面应慎用绿、蓝、紫色等冷色，采用不当很容易使人感到阴森寒冷。

1.2.4 照明设备的技术水平因素

照明应合理选择照明光源、灯具和照明方式；应合理确定灯具安装位置、照射角度和遮光措施，以避免光污染。

半个世纪以来，我国照明技术从光源、照明器具到照明工程设计都发生了很大的变化。20 世纪 50 年代我国生产和应用的光源很单调，只有白炽灯和直管荧光灯；60 年代初开始生产卤钨灯和荧光高压汞灯，比白炽灯光效更高、寿命更长；70 年代开始有了高压钠灯。80 年代是我国电光源发展最迅速的时期，多种高效新光源进入市场，先后生产了几种金属卤化物灯。不仅光效高、寿命长，而且有着较好的显色性能；80 年代中期紧跟发达国家之后生产出的紧凑型荧光灯，80 年代末以合资方式生产的 T8 型直管荧光灯，还有小尺寸的低压卤素灯等；90 年代除了继续改进、发展高效光源外，紧跟世界先进产品潮流，研制出管径更细的T5型荧光灯以及直流荧光灯等。进入21世纪，随着LED技术的不断成熟，夜景照明的光源已经基本被LED垄断。

在照明设备中，灯具发展较为缓慢，在较长时期内，灯具的重要作用往往被人们所忽视。在20世纪50年代初至70年代中，灯具产品单调、技术水平不高。工业厂房大多采用搪瓷灯罩，大致分为广照型、配照型、深照型三类，公共建筑则使用各种形状的乳白玻璃漫射罩灯具。而近20年来，随着新光源的发展，新的灯具也不断出现。这些新灯具有以下共同特点：

1）随着新光源的需要，研制了配套的灯具，如LED灯具、激光灯具等；

2）制造灯具的材料和加工工艺有质的飞跃。如反射面运用优质高纯度铝板作表面镀膜等先进的处理工艺，表面的反射率可高达88%～92%；灯具的漫射罩运用棱镜形塑胶板、乳白色防静电丙烯酸树脂板等材料，透射比高，防尘和抗老化性能好；

3）合理的灯具设计和先进的设计手段，针对使用场所的空间状况、环境条件和要求，确定灯具的配光类型，运用计算机辅助设计确定反射面形状，达到了很高的灯具效率；

4）经过权威的灯具质量监督检测中心测试，证明了灯具的性能符合标准，得出一套符合实际的照明计算参数，包括配光曲线、利用系数表等，供照明工程设计使用。

随着城市夜景照明的发展，高新技术和高科技照明器材开始在夜景照明工程上推广使用，如新中国成立50周年时，北京天安门广场夜景照明使用的激光照明系统、电脑探照灯和高空灯球，北京钓鱼台国宾馆、上海东方明珠等夜景工程使用的照明系统，上海外滩等使用的大功率激光照明系统，上海外滩和人民广场建筑群夜景照明的集中遥控管理系统，昆明世博园、石林公园和深圳荔枝公园等景点使用的水幕影视照明系统等等不仅收到了一般夜景照明方法难以达到的照明效果，而且使城市夜景照明的科技水平明显提高。

随着我国照明设备技术水平的不断提高，夜景照明设计师在进行设计时选择的余地大大增加，加上高新技术的不断出现，对夜景照明设计将起到画龙点睛的功效。

1.2.5 方案的可行性因素

城市夜景照明是灯光与艺术的有机结合，是将灯光与原有构景元素的巧妙安排，包括理性观点和感性观点。方案的可行性因素主要包括投资方、景观设计师构思与意图及现场环境三个方面。

景观的灯光设计在某种程度上不同于其他的设计，受投资的影响很大，满足功能要求是最基本的。如何在满足功能要求的前提下使夜晚的景观更美，就要受到投资规模的影响，而且随着近年来高新技术的不断发展，投资在夜景照明的实际应用中显得更加重要。

景观设计者应全面了解景观的属性、功能、环境、视点、外形特征、建筑风格和建筑饰面等，特别是要了解建筑或园林设计师、工艺美术设计师的创意、设计意图、所要表现的内容、景观设计的相关图纸等。大城市的众多大型公共景观，如政府机关大楼、高级写字楼、大型商场、高档酒店、剧场、博物馆、广播电视大厦、体育场馆等因功能各异，属性明确，个性鲜明。对于不同属性的景观，夜景照明设计如何用光、用灯、用色，达到什么目的，表现什么效果，则差别极大。夜景照明的环境定位，即景观的室外空间关系，在确定亮度标准时必须与环境协调，要亮得恰到好处，并非越亮越好，要克服相互攀比的心理，避免只强调本景观，而不顾及周围光环境。视点的定位，则是在分析有可能观看景观灯光的若干个视点（远、近、高、低、周边四个方位）的基础上，设定出主要视点和最佳视点，并由此出发，构思景观灯光的总体效果和具体方案。而研究景观的形态特征对著名城市的标志性景观和具有重大影响的纪念性建筑尤为重要。华盛顿的国会大厦、巴黎的凯旋门、香港特区的中银大厦、上海的东方明珠电视塔、北京的天安门都以各自独特的形态成为这座城市的标志性建筑，它们以极强的识别性深深地留在了人们的记忆中。作为夜景照明设计师在塑造其灯光时，无论采取什么照明方法，都必须尊重和依据它的独特的形态，不仅用灯光语言表述它的存在，而且在夜幕下同样在人们心里确立起它在白天享有的标志性地位。如果照明方式不当，扭曲了该景观固有的形态，就会被评价为"败笔"。同时，景观灯光要体现景观的风格，没有风格就谈不上个性，更谈不上品位。有的景观具有浓厚的民族风格，有的则富有现代气息，有的表现出时代风范，有的则极具地方特色，而这些风格往往会在景观的形态和外饰面上通过多种建筑设计手法充分表现出来。不同风格的景观，采取的照明方法和手法不尽相同。

现场环境包括景观背景的亮度、当地夜景照明的情况、当地人们对色彩的喜爱或偏好以及风俗习惯及电力供应情况等。

1.3 设计逻辑

很多人误以为夜景照明设计仅仅是玩创意或是玩美学，这是一个很大的误区。就如服装设计一样的，大家眼看的巴黎时装周玩着潮流，玩着概念，却忽视了一个服装设计师的所思所想：考虑着人形体的比例、站姿、坐姿、卧姿以及服装样式所带来的精神面貌与意义。同样的，夜景照明设计也是一门技术性很强的专业学科。

夜景照明设计不同于一般意义上的产品设计，它更接近于城市景观设计领域和建筑设计领域，但是它同时又遵循着一般意义上现代工业设计的视觉语言传达原则。夜景照明设计好比拿着城市或公园当画纸，但却又不是空白的画纸，是一张有着简笔速写的画纸，夜景照明就是要续写上明暗关系，续写上城市色彩。在一幅图纸上画出正确的明暗关系、合适的色彩搭配，这是任意一个行业的设计师都该有的基本功。但这却不是设计的重点，也不是设计的难点，设计的重点和难点是解释清楚你为什么这么做？一千人心中有一千个哈姆雷特，一千张白纸也有一千种上色的方案，但是哪一种是最合理、最有说服力的呢？这就反映出一个设计的核心内容——设计的逻辑。

我们知道设计师的核心工作是"把你的思想装进别人的脑子"，并让人认同。让别人认同你的设计，首先你的设计必须是正确的，什么是正确的设计？正确的设计必须要经过完整的逻辑论述，用逻辑论述的方式来佐证你如此设计的必然性与可行性。如何论述就是你方案的一个汇报过程，反映在方案的面板上就是你排版的逻辑。一个常规的夜景照明逻辑描述：第一，项目背景、项目概况（点明项目的背景与起源，体现项目实施的必然性）；第二，上位规划、周边环境、项目特征（讲事实、摆论据，反映设计的限制性）；第三，类似案例（正反案例，提出可行的方向与应该避免的情况）；第四，提出设计概念和设计目标（由论据提出论点，自然而然）。值得注意的这四点内容是一个因果关系，一二三都是陈述无法辩驳的客观事实，不必添加任何自己主观的想法，由客观事实得出目标结论，更具备说服力。设计概念和设计目标是承上启下的纽带，上面所有的论据都是围绕为什么提出这个概念和目标，接下来的具体设计就是紧扣这个概念和目标——具体的方案我们怎么做？第五，分析图、效果图（真正的设计阶段），在这个阶段我们才会启用创意、美学知识、设计手法来丰满和充实我们的论点。

规划现状是因，设计目标是果，分析图是因，效果图是果。所以设计方案必然是充满着因果的逻辑关系论述的，而不是仅仅的突发奇想和美美的效果图。人的审美本身是有差异的，设计师认为的美有时并不能为所有人所认同，而经历过逻辑论证的设计，它有时可能不那么尽善尽美，但是一定是正确的。

举一个观光塔夜景照明改造的例子（图 1-1）。项目概况：总高 98.2m，球体直径 21m，分为基座、塔身、顶层玻璃球体三个部分，由三瓣月牙式造型托合顶部的玻璃球体组成。周围观景平台宽 13.6m；整座观光塔共有 19 层：1 层主要是展览大厅；2～18 层为观光层；19 层为旋转餐厅。

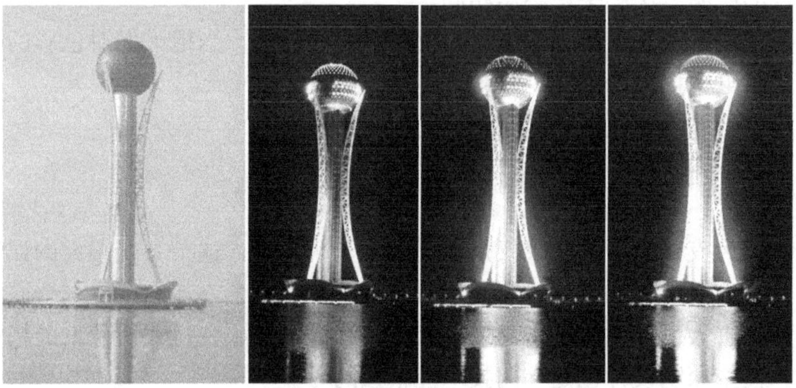

图 1-1　国内某观光塔照明现状

看到这个观光塔，任何设计师都知道上面的球体是设计的重点，而前任设计对整个球体的照明也是花了不少心思做了处理。但是在勘察过程和业主的沟通中我们了解到当前的照明都在球体外侧，无法维修，灯具长久运行很多已经不受控制。因为是改造工程，对观光塔现状做了调研并提出了三个问题：

1）现状灯具无法维修。

2）整体泛光太笼统没有突出重点。

3）平台缺少功能照明铺垫。

如何解决这三个问题，设计师提出了新的设计方案：

1）球体照明采用内透的方式，灯具维护方便。

2）为了突出球体压低塔身投光灯的角度，突出塔楼的地标地位，设置了激光灯增加动态视觉印象。

3）周围补充功能照明，作为环境光衬托。

业主当即就同意了我们的观点和方案，并让我们试灯后提供安装方案和灯具参数。至于后期的调试时候情景变化，从美学角度上来讲，圆形已经是最完美的情景了，突出了天空中这么大一个整圆，至于做成月亮还是地球还是其他的图案都不会丑了。因此这个方案的精彩之处是我们摆出事实（规划是事实，现状是事实，地标也是事实），然后提出问题，最后解决问题这么一个简单清晰的方案的逻辑思路，而不是他最后美美的场景（图 1-2）。

图 1-2 最终效果

照明设计既需要充分了解被照环境或被照物的特征，还需对灯具和光源进行准确把握和熟练运用。照明设计是一项在科学和艺术两个领域游走，充满个性和创造性的活动，只有充分掌握“光”的控制技术，才能对“光”进行合理科学的设计，才能满足人的视觉生理和视觉心理的需求。

第2章　设计步骤

夜景照明工程是一项复杂的工程，涉及建筑学、美学、人体生理学、心理学、环境学等多方面学科。夜景照明方案的设计是一项科学而严谨的工作，是科学技术与艺术的有机结合，是人们对美的追求与客观实际的完美统一，是对被照明对象赋予艺术生命的二次创作。从方案设计的流程来看，夜景照明方案设计必须依据该市《城市照明专项规划》对夜景照明提出的规划要求，对所实施的现场环境和该项目的投资方等做三个阶段的工作，即调研阶段、分析阶段和设计构思阶段。在方案设计中，一定要遵守科学的工作方法和其内在的发展规律，力求创作出既能符合人们审美观点，又适合本地环境的照明艺术作品。

2.1　设计流程

从城市夜景照明设计总体流程来看，共分为六个环节：前期调研、载体解析、方案初步设计、照明计算、灯具布置、供配电设计。在夜景照明方案设计的过程中，需遵守科学的工作方法与其内在的发展规律，力求创作出既能符合人们的审美观点，又符合当地人文特色、地理环境的艺术作品。

2.1.1　前期调研

调研指的是调查研究。“调查”是指深入实际了解，为了了解情况进行考察（多指到现场）。“研究”是指探求事物的真相、性质、规律等。调查和研究是两个环节，都要求一个“深”字，调查这个环节最重要的是“查”，研究这个环节最重要的是“究”。概括地说，调查研究是人们在社会实践中对客观实际情况的调查了解与分析研究。调研阶段在方案设计过程中占有重要地位，关系到设计方案是否具有合理性和可行性。调研分析的环节可分为 4 个步骤：确定调研对象—制定调研计划—实施调研—撰写调研报告。在进行夜景照明方案设计前，首先需明确调研对象，其包含 3 个方面：投资方、设计方及现场环境。

（1）投资方

投资方在方案设计过程中占有重要位置，从两个方面影响着方案设计的质量好坏。一方面，投资方从资金数量上控制着方案设计的深度和规模的大小。目前的夜景照明工程多数情况下还是在某一投资范围内实施。对于某一夜景照明工程，从进行方案设计的时候起，设计方就应先大致了解一下投资方的投资规模，从而确定被照部位的数量、照明及电器设备的档次（进口或国产）等一系列设计因素；另一方面，投资方往往是照明设计方案的定案方，虽然目前有不少城市专门成立了夜景照明管理部门（灯光办、夜景办、亮化办等），可以从宏观上对照明方案的设计进行把关，但是多数情况下，真正对某一夜景照明方案起到定案作用的仍是投资方。因此，在夜景照明设计前对投资方进行调研是极为重要的。

（2）设计方

这里所说的设计方指的是某一建筑或景点的建筑设计方。对于某一建筑或景点，其建筑设计师在进行设计时，一定有一个指导思想。换句话说，建筑师在进行设计时，一定有一个想要表达的主题，他通过这个建筑的风格、造型，从而向人展示他的设计初衷及文化内涵。所以有人说：建筑是伟大的艺术，是凝固的音符。在进行夜景照明设计前，一定要全面了解建筑设计师的设计意图、设计理念及设计风格，只有这样，在夜景照明的设计中，才能更好地展现建筑的魅力所在，才能更好地将建筑白天的景观与晚间的照明效果有机地结合起来。

（3）现场环境

这里所说的环境包括人文环境、地理环境两个方面。在对某一建筑进行照明方案设计时，一定要全面了解当地的人文环境，包括它的历史背景、文化背景及当地的风俗人情等内容；另一方面还要了解该建筑所处的地理环境，包括建筑物所处位置的重要性及特殊性，建筑物晚间的环境灯光（相邻建筑的照明情况及路灯照明情况）的明暗，当地政府及总体规划中对该建筑有无特殊要求等。这对建筑物夜景照明设计的质量有着十分重要的意义。

在对调研对象有所了解后，接下来便是运用科学原理与系统方法，完成调研计划的制定。它的制定，无论大小都应具有调研的起止时间、参与人员、组织机构、范围、方式和途径等。设计人员应根据调研目的拟定一个照明设计调研提纲。它是这次调研的主要内容，可以将设计人员在夜景照明方案设计中所需了解的内容都列出来。提纲应紧紧围绕调研目的，无须过长，简明精炼，重点突出。

制定好缜密的计划后，现场调研工作也是重要的一环，它的好坏将直接影响到调研结果的正确性。为此，设计人员必须重视现场调研人员的选择，确定调研人员能按规定进度和方法取得所需资料。

调研完成将收集到的资料进行汇总整理、统计分析后，可初步确定方案设计的总体指导思想、主视点的位置及重点表现内容。分析的环节应为调研工作的最后一环——撰写和提交调研报告打下基础。调研报告是调研工作的最终成果，撰写时应客观、真实、准确地反映调研成果，报告内容简明扼要，重点突出；文字精练，用语中肯；结论和建议应表达清晰；归纳为要点报告后应附必要的表格和附件与附图，以便阅读和使用。同时调研报告还应指出所采用的调研方法，调研目的，调研对象，处理调研资料方法，通过调研得出结论，并以此提出一些合理建议，按时提交成果。

2.1.2 载体解析

在完成调研任务并经过缜密的分析之后，就进入了载体解析阶段。前面所讲的调研分析，也是为方案设计的载体解析阶段服务的。载体解析阶段主要完成以下内容的工作：

（1）确定总体指导思想

在调研分析完成后，应确定一个总体的设计指导思想，这也是设计的依据与标准。这个指导思想应包括设计对象中各构景元素的相互关系、设计对象与环境的关系、设计方案所要表达的主题思想、设计用光的标准及光源颜色等内容。

（2）确定主视点的位置

根据总体指导思想及现场的调研情况，应确定地判断出该建筑或景点的主视线方向及位置。换句话说，设计人员要将自己置身于一个观看者的位置进行分析，真正做到“以人为本”的设计理念。对于某个单体建筑而言，一般是指临街的方向或是面向重要机构的方向；对于某一区域而言，就是要找出本区域的轴线方向或主行方向。只有这样，才能设计出真正具有可行性的照明方案。

（3）确定重点表现的内容

每个建筑或景点在设计时都有它独特的设计风格和意图，而这一思想往往体现在某一标志性构筑物或某一雕塑小品上。因此，设计时要严格把握住每一点，在灯光的运用上要将这一点作为重中之重，通过细致的手法突出这一重点之所在，这也是画龙点睛之笔。

2.1.3　方案初步设计

在完成调研任务并经过缜密的分析阶段之后，就进入了方案初步设计阶段。

照明方案设计是设计师对构筑物赋予艺术生命的创作，它基本流程共分为以下 5 步骤：确定照明设计目标—提出照明设计主题—搭建方案基本框架初步方案设计—深化方案设计—方案定稿提交成果。

（1）确定照明设计目标

这是结合投资方要求以及市场分析结果所做出的具体目标确定。照明设计目标明确而直接界定了照明设计的具体方向和设计目的。从整体照明设计过程来说，设计目标的确定实际上还是其实现效果的预测。确定单一项目的照明设计目标，应当把握时效性、准确性和独特性的原则，将投资方的需求以明确、凝练的特质予以界定，从而指导整个照明设计活动的全过程。

（2）提出照明设计主题

提出照明设计主题，是一个创意的过程，是体现其创造性的重点。对于设计师来说，设计创意不仅需要具备对单一运作项目进行创意的能力，还要拥有组织实施创意过程的把握能力以及对创意结果的判断和修正能力。通常需要以组织讨论的方式，研究、分析、互相撞击思维，得到创意的主题概念。设计师应当担当起组织、主持的工作，引导大家通过广泛的讨论获得最佳创意。同时也应牢记照明设计主题是照明设计的核心和基础，是照明设计成败的关键因素。

（3）搭建方案基本框架初步方案设计

搭建基本框架是方案设计中较重要的环节，也是形成照明设计实体的前奏。因此在这个环节中，设计师应严格把握创意主题、创意图形、创意符号等所形成的艺术性、技术性、真实性和思想性的各个因素，对夜景照明设计创意进行细致、周密的多角度分析，使照明设计创意能够以独创新颖、真实有效、艺术性强的形式为照明表现奠定基础。

初步方案设计主要内容包括：空间中光的分布，照度设定、色温的设定与空间的相互关系，光的照射方式，夜间景观和白天景观的关系与整体协调。此阶段从城市定位、环境及建筑的特点和文化等角度寻找依据。同时，从城市、建筑和人的生活尺度三方面对建筑做出光环境方案的解释。通过分析项目背景、国内外同类项目现状、发展趋势、存在的问题、设计新动态、新技术、新思想与新方法等，探索出本项目设计范围、内容、深度、方法等内容，并形成合理、可行的项目设计结构图、技术路线与设计大纲。

围绕所确定的照明设计主题概念，初步方案必须拥有相应的风格与品位的表现手段。不同图像、符号、色彩和构图所形成的设计风格与品位趋向，确定了照明设计表现的不同艺术效果，也决定了照明设计诉求的不同价值取向。因此，在照明设计初步方案中，把握风格和品位的表现形式，是有效传达整体照明设计信息的关键。根据项目的情况初步方案设计进度与深度应达到项目该完成工作量的60%以上。

2.1.4 深化设计

在进行深化设计前，设计师先对投资方了解初步方案后的诉求进行解读，按要求对夜景照明方案进行调整和修改，并在满足投资方诉求的同时，对设计方案进行进一步深化、提高。深化设计方案是完善中期评议或最后设计成果所必不可少的一环，它能准确体现中期成果或直接制作设计成果。根据项目的情况深化方案设计进度，其深度应达到该项目完成工作量的90%以上。

深化设计包含确定照（亮）度、确定照明方式、进行照度计算三个方面。

（1）确定照（亮）度

光的本意和作用是代表光明和前景，生成有向前的诱惑力。趋光性也就成为生物的一种本能。因此，光照不足，灰涩朦胧，有悖于光的本意，自然不会有好的视觉效果，也就不可能有好的作品；但是过于“亮”的图像又会对人的视觉产生强烈刺激，引起不适，形成光污染，也是夜景照明设计的一大忌。因此，这就要求设计人员在进行照明设计时，一定要确定好一个适度的照（亮）度设计值。这个设计值既不能过高，防止产生光污染，也不能过低，以防达不到照明效果。

在进行照（亮）度值的确定过程中，一定要考虑到两方面因素的影响：

1）照明前景。照明前景也就是被照物体，是相对于照明背景而言的。对于不同的被照物，有着不同的物理特征，包括被照物的颜色及被照物的反光特性。在进行彩色光的运用时，一定要考虑到被照物的固有颜色，避免产生颜色上的反差。第二点是要考虑好被照物的反光特性，不同质地、不同颜色、不同形状的物体产生不同的反光特性；另外，对于具有透光性的物体也要考虑到物体的透光系数及反光系数；

2）照明背景。照明背景是指被照物体周围的环境光及相邻建筑（景观）的光照情况。明亮永远是相对的，依背景而立，并随环境的明暗而变。如果被照建筑物的背景较亮，则需要更多的灯光才能获得预期的照明效果；如果背景较暗，则需要较少的灯光就能达到所需要的照明效果。总之，要想突出照明前景的效果，则一定要使用照明前景的亮度高于照明背景的亮度。

（2）照明方式

夜景照明方式主要有泛光照明、轮廓照明、内透光照明、灯光投影等。选用哪种照明方式并无固定模式可循，要根据被照物的具体情况而定，最重要的是要分析被照对象的功能、特征、风格以及周围环境的条件等，选择出适合被照对象场景的照明方式。大量的工程实践和城市夜景照明发展趋势表明，照明方式逐步由单一向多元化转变，即向多元（多种方法）的空间立体照明方式转变。事实上，夜景照明同时使用多种照明方式（图 2-1）比单一照明方式的效果要好，一方面利用轮廓照明打造城市天际线，同时又利用投光照明表现建筑物的立面及细部，这比以前单一使用轮廓照明（图 2-2）的效果要好得多。

图 2-1 多种方式的楼宇照明

图 2-2 单一方式的楼宇照明

(3) 照明计算

对于大面积建筑立面的照明计算有多种方法：单位容量法、光通量法、逐点计算法。一般在初步设计时，可采用单位容量法估算照明用电量，采用光通量法计算平均照度或灯具数量；在进行施工图设计时，则用逐点计算法计算被照面的照度。

1）单位容量法。单位容量法能够粗略地估算出被照面所需的光源功率和灯具的数量，其基本计算公式为：

$$P = \frac{P_{\mathrm{T}}}{A} = \frac{NP_{\mathrm{L}}}{A} \tag{2-1}$$

式中 P——单位面积功率，$\mathrm{W/m^2}$；

P_{T}——被照面所用泛光灯的总功率，W；

A——被照面面积，$\mathrm{m^2}$；

N——被照面所用泛光灯的数量；

P_{L}——每套泛光灯的功率，W。

$$N = \frac{E_{\mathrm{av}}A}{\Phi UK} \tag{2-2}$$

$$\eta = \frac{\Phi}{\Phi_1} \tag{2-3}$$

$$\eta_1 = \frac{\Phi_1}{P_{\mathrm{L}}} \tag{2-4}$$

由式（2-1）~式（2-4）得

$$P = \frac{E_{\mathrm{av}}}{\eta\eta_1 UK} \tag{2-5}$$

式中 E_{av}——被照面的平均照度，lx；

Φ——每套泛光灯发出的光通量，lm；

U——利用系数，通常取 0.7；

K——照度维护系数，灯具安装在室外时通常取 0.7；

Φ_1——每套泛光灯中光源发出的光通量，lm；

η——泛光灯具的效率；

η_1——光源的发光效率，lm/W。

2）光通量法（平均照度法）。由光通量法确定所需泛光灯数量或已知泛光灯的数量计算被照面的平均照度，其计算公式为：

$$N=\frac{E_{av}A}{\Phi_1\eta UK} \tag{2-6}$$

3）逐点计算法。比较精确的计算应该采用逐点计算法。逐点计算法计算工作量比较大，也比较烦琐，主要是要求所选用灯具的光度技术参数全面且准确，采用计算机编程计算将变得非常容易。目前大多数的照明设计公司均有这方面的设计软件，虽然具体编程不同，但基本原理相同。

（4）灯具光束角计算

灯具的光束角有两种解释，一是半峰发散角，一是光束扩散角。半峰发散角为 1/2 峰值光强的方向所包含的角度。光束扩散角是灯具 1/10 最大光强之间的夹角。

我们平时讲的光束角指的光束扩散角，用于描述投光灯类别。光束角反应在被照墙面上就是光斑大小和光强。同样的光源若应用在不同角度的反射器中，光束角越大，中心光强越小，光斑越大。应用在间接照明原理也一样，光束角越小，环境光强就越大，散射效果就越差。半峰发散角为 1/2 峰值光强的方向所包容的角度，一般而言，窄光束：半峰发散角<20°；中光束：半峰发散角 20°～40°，宽光束：半峰发散角>40°。根据投光灯与被照面的空间，按照几何学原理，可以计算出灯具的光束角参数。

2.1.5 方案定稿成果

在照明方案形成正式成果前，应完成完整的设计文本、图纸及合同所要求的成果，并应完成合同签订的项目设计任务，履行合同的全部责任和义务。每个设计项目成果完成后都要进行项目技术总结和管理总结，以总结问题和经验为主，突出的设计技术、设计特点和优点也可总结，与项目完整的资料交档案管理人员备案。

2.1.6 灯具布置

照明灯具的布置要严格按照照明计算所定出的灯具数量进行，至于灯具的安装位置要综合考虑以下几个方面的因素确定。

（1）白天景观

晚上观看所确定的灯具安装点，必须确保照明设备的外观美观大方且无碍白天的景观。能隐蔽设置的灯具设备一定不要暴露出来，当建筑结构不能满足隐蔽安装的要求时，一定要对外露灯具设备作一些美化处理，比如做灯架、做装饰等，形成晚上看光、白天不见灯的理想画面。

（2）眩光问题

在大多数投光照明方案中，投光灯具的光度特性都有产生不可接受的眩光问题。因此在进行方案设计和方案审查时，一定要考虑周全，包括直射和反射所产生的眩光，尤其是在建筑入口处或建筑临街处的灯具，一定要考虑到对出入行人、附近居民和驾驶员的影响，避免产生光污染。

（3）维护和调试问题

在照明设备正式投入使用前，必须进行调试；为了保证照明设备的正常运行，必须进行定期检查、维护。因此，在选定灯具安装位置时，一定要考虑这两方面的要求，选择便于调试、维护的位置。

2.1.7　供配电设计

对于照明系统的供配电要求较高，以确保照明系统的正常工作和安全。目前国内较普遍采用的是三相五线制，其中有一根专用的保护接地线。在照明系统中，所有外露可导电部分一定要与专用保护接地线可靠连接。一般照明电压采用 220V，在有触电危险的场所，宜采用 36V 以下的电压。根据国家标准，照明灯的端电压偏移为＋5%～－10%，在线路设计时一定要进行电压损失计算。

在气体放电灯的回路里，由于电感组件较多，所以要适量接入补偿电容，以补偿回路中的无功功率。对于补偿电容的接入，宜采用单灯补偿的方法，每套灯经过补偿后的功率因数不应小于 0.85。在用电负荷的分配上，要尽量做到三相平衡。

在照明系统的控制方式上，一定要贯彻灵活、实用的原则。目前，对夜景照明的控制要求是做到平日、一般节日（包括双休日）和重大节日三级控制，在平日和一般节日里只开部分灯具，这也是为了节资省电的目的。

2.2　核心内容

综合国内外城市夜景照明的发展，结合我国当前城市发展背景和城市规划工作的特点，确定城市夜景照明设计的核心内容包括以下三个方面。

2.2.1　视觉环境质量

如前所述，景观的概念今天虽然有了更为广义的内涵，但其最具有表现性的视觉美学意义在现实中始终占有重要的位置。从世界范围看，发掘“景”的美学和人文价值，追求优美的视觉效果始终是城市夜景照明的核心目标。

（1）城市夜间形态与秩序

由于人眼的视觉特性，夜间的城市形象几乎完全依赖人工照明，因此城市夜景照明对城市夜间视觉形态和秩序的形成具有决定性的作用，城市夜景照明的初始定位也往往偏重于视觉艺术的布局，任务是根据美学原则组织物质环境的空间形式。城市夜景照明应充分利用城市夜景的特点，筛选并组织点、线、面等夜景观要素，有区别、有重点地表达环境景观元素，利用亮度、色彩和动态差异突出重点，掩饰和淡化环境元素的缺憾，充分表达具有景观价值的城市空间和场所，使得城市的架构在夜间更为明晰，形成美好而富有特色的夜间城市意向。合理的城市夜景照明可以充分协调诸多照明元素之间的关系，并让它们共同创造和谐的城市夜景，而不是互相攀比照度水平。

（2）城市夜间环境色彩

费伯·比伦曾在《照明、色彩与环境的科学化》中提出：“在设计现代环境时，必须充分了解颜色对人的重要性。事实上，在人无意识的注意领域中，总是先注意到所视对象的颜色，然后再是它的外形。”城市白天环境色彩由全光谱的自然光来表现，夜间环境色彩则由人工光源来塑造，人工光是塑造城市夜间形象的关键元素，在夜间的环境中扮演的角色十分重要。

对同一场景，城市夜间环境可以借助不同光源实现不同的色彩效果，具有视觉冲击力强和色度高的特点，大面积黑色天空背景有夸张颜色的作用，所以色彩感比白天强烈。

我国城市夜景照明发展迅速，但由于重“量”不重“质”而导致城市夜间环境色彩或缺乏特色，或过分花哨。光源色彩的随意使用在一定程度上形成了城市夜间环境的“色彩污染”。匈牙利教授J. Schanda曾在伊斯坦布尔国际照明学术会议上提出，不慎重地使用光源颜色导致城市夜间环境色彩混乱，不仅不能带来美感，反而会降低城市环境的品质。他呼吁国际照明委员会（CIE）应当对夜景照明中色彩污染的问题制定相关的规范。随着城市夜景照明的发展，这一问题在世界范围内开始得到特别的关注。

（3）视觉舒适

主要表现为对眩光的控制，以及符合情境需要的照明氛围的营造。适宜的照明水平和明暗对比：人对夜间环境的辨识度和视觉舒适度，很大程度上取决于视觉场景内各元素亮度的绝对值和对比关系，不同亮度背景下，达到相近的视觉效果，对目标的亮度要求可能会有很大差异。比如北京长安街上建筑立面的亮度一般在20cd/m^{2}左右，但感觉上还远不如亮度为4～12cd/m^{2}的国家游泳馆，因为后者的背景亮度远低于前者。所以城市夜景照明应将背景亮度作为决定亮度指标的重要考量因素。

2.2.2 社会活力与和谐

现代城市的兴起将目光更多的投向了社会与经济方面，美学意义在一定程度上让位于经济的发展和宏伟的社会目标。城市夜景照明对于在加强社会活力的作用主要体现在营造宜居环境、凸显人文特质和拉动经济发展三方面。

（1）营造宜居环境

社会民众越来越关注生活品质的提高，经常对城市公共区域设计质量提出更高的要求，城市夜景照明是将城市全天24小时保持活力，保证夜生活安全、丰富、舒适的重要手段，直接影响居民的生活品质，因此受到广泛的关注。如西方政府换届选举之前多有对公共夜景照明的大量资金投入，以赢得民众支持。夜生活指发生在城市空间的夜间活动。夜生活的强度与活动的各项特征在根本上决定着城市照明的效果和技术要求。本质意义上说，城市夜景照明是为夜生活创造空间、完善空间。夜景照明设计，应能保证居住区居民的安全；在繁华的商业餐饮集中区域，形成有吸引力的夜间景观，促进消费；合理安排夜间市民公共活动场所的分布，选择和市民活动相适应的照明方式，满足市民夜间公共活动需求。

（2）凸显人文特质

今天的城市管理者，都面临着全球化浪潮下，城市如何保持在吸引资金、技术和人才等方面的核心竞争力。在对欧洲部分地区和城市的研究中，将城市经济发展的动力归结于城市动力，而城市动力来源于城市的内在特质，即城市形象。城市形象是指一座城市内在的历史底蕴和外在特征的综合表现，是城市总体面貌和风格的表现。城市形象是在城市功能定位的基础上，包容城市的传统文化、经济水平、居民风俗，以及具体的工程规划、设计风格相结合的“神形合一”。Philo & Kearns（1994）等人也认为独特的城市形象能吸引媒体关注，能提升城市价值。根据Hall（1998）的定位说，从外部来区分时，城市是否具有良好的形象同经济发展一样受到重视。因此，城市发展要采纳并执行旨在提升城市形象的计划和行动，城市形象策划对于增强城市的吸引力与凝聚力就具有突出的现实意义。

城市形象视觉设计就是以现有的视觉景观为背景，结合城市文化和价值观，充分表达城市理念，突出城市个性，将城市景观中最具个性色彩的部分作为重点，使其成为人们对这个城市的自然联想，留下深刻印象。把城市的精神理念和地方文化融入夜景照明设计中，通过视觉的传达，表现城市个性和城市精神，可以使人们对城市产生一致的认同感。视觉设计和城市人文特征是相辅相成的整体，只有以城市理念为基础，融入了城市个性鲜明的文化价值观的视觉识别设计才能代表城市形象，也才能形成真正有魅力、有影响的城市景观意象。

（3）拉动经济发展

夜景照明可通过建立特色的夜间城市形象和夜景旅游路线，打造城市夜景品牌、提升城市夜晚观光旅游的吸引力、促进旅游业的发展。合理规划夜晚购物、休闲娱乐场所的分布和照明方式，吸引人们消费、拉动城市综合经济效益的提高、改善经济结构状况，具有经济上的巨大价值。

城市夜间环境改善，土地会升值，从而吸引投资者对旧城区改造；带动旅游商贸、会展、房地产、高科技产业发展，产生巨大增值；市民的向心力和自豪感增强，城市的凝聚力大为增强，这些都是无形的增值。

2.2.3　可持续发展

当前，绿色、节能、环保成为夜景照明重要的核心内容之一。夜景照明设计应对实现节能环保提出有效的实施保障手段。

在节约能源方面，夜景照明设计应对城市景观元素按重要性排序，有选择地进行照明，严格控制城市夜景照明的规模、数量；通过合理划分照明分区，对不同照明对象确定合理的照明标准（亮度、照度、光通量等），避免互相攀比，追求高照度导致浪费能源；制定合理的分期建设和维护管理措施，平衡发展和节能；推广应用高效能的光源、灯具和电气附件，以及先进的控制技术。

在保护环境方面，夜景照明设计应按不同区域提出控制上射光和溢散光的要求，消除光污染和光干扰；避免不当光照对动植物产生不利影响、鼓励使用生产过程中产生较少有害物质的照明产品。

夜景照明可持续发展的另一个方面是指对城市固有资源（地理生态、历史文化名城、人文）合理开发利用，长期协调平衡，持续促进城市发展的效率，而不是在经济或政治利益的驱动下，超越现实的经济实力，一味追求“三年大变样”的建设速度，最终得到的却是“千城一面”的结果。对人工资源（建设要素、可视资信要素）则应不断创新开发，尊重发展规律同时赋予尽量高的附加值。

第3章　夜景照明设计

"法无成法"，设计是一项充满个性和创造性的精神活动，设计师可依灵活多变的设计思维去设计创作。然而，设计更是一项与实际生产密切结合的实践活动。设计应遵循实践活动规律，古人云"离师无法，离法无成"，"大匠诲人必以规矩，学者亦必以规矩"。

3.1　建筑照明设计

3.1.1　建筑照明发展简史

（1）建筑照明的开始

对于照明而言，自从人类学会钻木取火以来，照明经历了火、油、电的发展历程。从19世纪末至今的一个多世纪，城市夜景照明经历了白炽灯、荧光灯、高强度气体放电灯以及LED灯四个时代。近些年激光、全息、光纤、导光管和发光二极管等技术的迅速发展及其应用，更使城市夜景照明更加多彩。"现代建筑照明之父"理查德·凯利指出："灯光是建筑设计不可分割的一部分"。建筑照明是基于照明设计技术发展基础上不断更新变化的。建筑照明设计重新定义建筑与人的关系，对光学加以利用与引导，营造出别具意境的美感，也更加贴合当代建筑设计的内涵。建筑照明最初是随着商业、娱乐和节日活动的需要而出现的。

（2）建筑照明的发展

1）国际建筑照明发展

建（构）筑物照明最初是附属于建筑与景观装饰的一部分，从20世纪50年代的美国开始逐渐分离出来形成一个单独的行业，并在设计领域找到属于自己的位置。1952年，照明设计天才爱迪生·普莱斯在曼哈顿东河沿岸开办了一家小型设计公司开始，之后他发明了洗墙灯、暗灯、多线轨道灯，打开了夜景照明的新局面。随后又出现了很多开创性的照明设计大师，如理查德·凯利、克劳德·恩格尔。正是因为这些大师的工作，赋予了照明语汇具体的形态。建筑设计行业的现代派大师如勒·柯布西耶、费兰克·劳埃德·赖特，他们都强调建筑中的自然风光同现代照明技术相融合。现阶段，国外建筑照明的主要理念是以人为本、重视和谐发展、注重特色和追求整体效果。同时，将灯光与旅游相结合，形成旅游名片，举办一年一度的灯光节，将建筑装扮得绚丽多彩，吸引游客观光。

2）我国建筑照明发展

我国夜景照明的起始年限暂无从考证，但春秋战国时期已经有了雏形，如《周记·秋官》中"凡邦之大事，共坟烛庭燎"的记载。2000年之后，国内建筑照明经历了三个发展阶段，从传统光源灯具到LED灯具的产品升级，经历了从粗放到规范化管理的项目施工转变，更经历了从照亮到美化、艺术化的理念变迁。第一阶段，2000～2007年，城市经济迅速发展，照明逐渐被重视，但对灯光的要求不高；2006年4月，"照明设计师"被纳入国家职业资格认证体系。以传统光源为主，多使用卤素灯、金卤灯、钠灯、霓虹灯管、冷极管等。设计特点以泛光照明、轮廓照明为主；多为单色光，缺少变化，亮度较高。第二阶段，2008～2012年，LED照明技术逐渐成熟；2009年初，中国科技部推出“十城万盏”半导体照明应用示范城市方案，涵盖21个国内发达城市；北京奥运会、上海世博会、广州亚运会等重大城市活动的举办；2010年，我国照明设计师突破万人，数十所高校开设照明设计课程；2010年，中国LED产业规模达到1256亿元，被称为LED产业发展的元年；房地产行业的火爆，商业综合体的兴起，引爆建筑照明。这个阶段LED灯具逐渐替代传统光源。设计特点是光色丰富、动感变化；但因设计水平参差不齐，也出现了很多建筑立面被大量LED线条灯、点光源包围、覆盖的情况。代表项目有鸟巢外立面照明、上海世博会中国馆、广州琶洲WESTIN酒店。第三阶段2013年至今，2013年建筑行业由高速发展阶段进入走缓的时期，累及照明行业。自此，照明工业界开始洗牌，照明设计市场也从快速发展阶段进入沉淀期；控制技术达到新高度。这个阶段的技术是不断升级的LED灯具和控制系统方面的应用。设计手法丰富，各种理念、风格并存，媒体立面大行其道，大规模的建筑联动，灯光的互动性增强。代表项目有北京APEC、第十三届冬运会场馆室外照明哈尔滨大剧院、G20钱塘江沿线楼宇亮化。现在，“尊重建筑”、“表现建筑的气质”、“以人的感受为出发点”的设计理念在国内越来越受重视，并越来越多地被实践，建筑照明设计更富有艺术性，文化体验性，提升市民的生活品质，也使得城市夜景成为一张体验式的城市名片。

第一阶段：从暗淡到明亮（图3-1）；第二阶段：从刺激到内涵（图3-2）；第三阶段：科学精确控制（图3-3）。

图3-1　第一阶段

图3-2　第二阶段

图3-3　第三阶段

3.1.2 设计分析

（1）项目解读

通常情况下，做一栋建筑的照明设计方案，首先需要充分了解建筑所在的区域或街道的整体定位。可通过访谈、问卷、调研、网络搜集等方式获得这方面信息，原则上应该遵循区域或街道的城市设计和照明控规，在此基础上，开展目标建筑的照明设计工作。建筑的规划定位是指建筑的客观条件特征，即建筑的物理条件，包括以下三个方面：

1）建筑的地理位置与城市的关系，建筑与区域或街道中相邻建筑的关系

首先需要明确的是建筑处于这个城市的哪个区位，这个区位有什么属性，是否已有照明规划，在已有的照明规划中，建筑所处区位的照明有对应光色、亮度等标准要求，我们在设计中应符合上位规划；其次是建筑在城市或区域中担任的角色，是否是城市或区域地标、文化中心、商业中心等等，对于地标或者特殊意义的建筑，通常在上位规划中会有相对弹性的标准以突出其特殊性；最后，处于城市或者区域中的相同属性或者级别的建筑与本案建筑的位置关系、视线关系，例如雁西湖项目中会议中心与雁西塔的关系（图 3-4），同为岛上重要建筑，遥相呼应；又如长安街单体项目中单体建筑与周边建筑的关系（图 3-5），界面连贯，共同组成长安街整饬的界面。

图 3-4　雁西湖会议中心与雁西塔

图 3-5　长安街单体电报大楼与相邻建筑

2）建筑与自身周边环境的关系

主要指建筑周边道路情况的描述，包括主、次干道，人行道路与车行道路，甚至在一些特殊项目中，例如上述雁西湖项目还会有领导人专用流线等；除此之外，还应对建筑周边景观环境进行描述，是否有公共活动空间、景观绿化情况等。这两者都与人的活动息息相关，是决定建筑外立面照明的主次分布的重要因素。

3）夜间现状的调研

不管是新建项目还是改造项目，夜间照明现状调研的最主要的目的是了解建筑所处环境的照明情况，包括整体亮度、照明氛围、光色倾向等，特别是临近建筑的照明情况，设计过程中要考虑目标建筑的夜间形象跟环境和相邻建筑的关系。另外，对于改造项目而言，现有照明的基本情况需要掌握清楚，包括了解现有照明的亮度、光色、图示语言，照明存在的问题，照明设备设施的运行情况，应酌情借鉴。

（2）载体特征

载体特征是指建筑的物理特征，建筑设计中对于建筑的功能、风格特征定位及建筑的设计理念。对于建筑照明设计而言，主要关注点是建筑从整体到细节的视觉特征。

1）功能属性

即建筑内部的使用功能，它往往决定了建筑物给人常理上的形象印象，比如政府办公楼大多都庄重大方，文化展览馆往往在形象上体现地方的文化内涵，也有一些大的综合体，功能上比较多样，一般这类建筑在造型上比较现代，如常州文化广场项目中（图3-6），建筑在使用上分为四大区块，整体造型端庄稳重。另外，建筑的功能属性决定了最重要的使用人群，设计是为人使用的，照明设计也不例外。

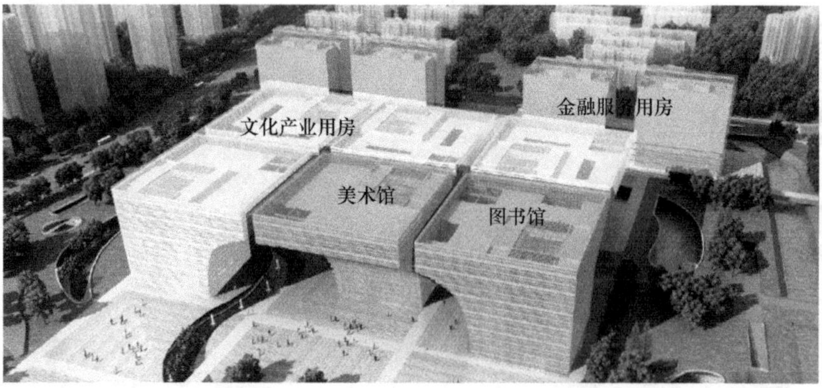

图3-6　常州文化广场项目功能分布

2）体型体量

首要的视觉元素，它决定了建筑给人的第一印象，对于不了解此建筑的人而言，往往会根据建筑的体型体量去判断其功能属性。其中要素包括：①体型特征，如均质肌理、体块组合、三段式等；②尺度和比例（高度、宽度、建筑面积等技术指标），它往往决定了建筑在所处环境中的视觉重要程度。

3）风格类型

建筑风格指建筑的内容和外貌方面所反映的特征，受时代的政治、社会、经济、建筑材料和建筑技术等的制约以及建筑设计思想、观点和艺术素养等的影响而有所不同。常见的有中式（图 3-7）、西式、新中式、苏式（图 3-8）、现代（图 3-9）等风格。

图 3-7　天安门（中式古典风格）

图 3-8　人民大会堂（苏式风格）

图 3-9　百子湾会所（现代风格）

4）表皮材质

建筑表皮材质的描述通常是为了确定更为合理的照明手法及安装方式，也是光色选择的重要因素之一。材质反射特性和颜色是照明设计需要重点考虑的要素，比如在滕王阁（图 3-10）和天安门（图 3-11）夜景照明设计中，如何把古建独特的绿色和红色在夜间呈现，让地标建筑有色彩但不艳俗，是照明设计成败的关键，这就需要对建筑表皮材质的色彩和反射特性充分了解，有必要用专业设备进行检测并进行反复实验。

图 3-10　滕王阁的绿

图 3-11　天安门的红

5）细部构造

抓住建筑最有特点的细部结构或构造特点，利用照明进行刻画，往往最能体现建筑的独特性，是建筑照明设计由大到小逐步丰富的必经过程。如广州海心沙（图 3-12）顶部充满秩序感的遮阳结构，以及花博会主场馆用钢结构和膜结构搭配出花的意向，这些细部特征都是照明设计需要抓住的关键点。

图 3-12 广州海心沙花博会主场馆

6）建筑设计理念

照明设计理念通常遵循、尊重建筑设计师的设计理念，特别是建筑设计师对于作品的亮点设计，需要在照明设计中重点刻画。如雁栖湖会议中心（图 3-13），建筑设计的灵感来源于大雁，建筑设计在顶部强调向上出挑的屋顶檐口，因此在照明设计中，屋顶的表现为重中之重。

图 3-13 雁栖湖国际会议中心建筑设计效果与夜景实景

（3）感知使用

1）服务人群

建筑的使用功能和外部环境一般都会有特定的服务人群，不同人群决定了其夜间的活动行为不同，活动行为的不同决定了对照明的需求不同，这就决定了在照明设计中要分清主次，学会取舍，既不能过于单一，也不能全盘考虑。如常州文化广场夜间活动人群包括场馆的使用者、来此广场休闲娱乐的市民以及来此参观的人群，不同的人群对建筑及环境照明有着不同的需求，同时建筑在夜晚主要的观赏人群、长时间停留与观看的地点决定了建筑最终的展现方式，完成由分析之初的物到之后的人的转变。

2）活动分析

人对建筑的主要感知过程可以分为初现、接近、进入、停留四个阶段，也是人由远及近接近建筑的过程，这个过程中从大的建筑风格、形态关系到建筑的立面材质肌理，再到建筑细部构建，是人在夜晚通过照明了解建筑的过程。人群活动的这一过程，伴随着建筑在夜晚的不同展示空间，体现的氛围也有所差异。例如常州文化广场照明设计中（图 3-14），对人在接近建筑的过程中的活动感受进行了描述，建筑远观形式上的月拱桥形的欢迎姿态，进入内部的感受是西式的透视感。

图 3-14　常州文化广场对人的行为感受的分析

在人的这个活动过程中，我们可以通过灯光来展现建筑本身的面貌，也可以赋予建筑新的元素，还可以帮助建筑“遮丑”，甚至可以通过这种分析在后续的方案中引导人进行设计师想要鼓励的行为与活动，满足人们更高层次的精神需求。

3）视线分析

视线分析是紧紧跟随人群活动的，包括以下三个方面。

到达路径上建筑的第一印象：指城市界面视点、道路界面视点中，建筑所展现的内容。例如地标建筑，在城市视点通常是建筑的上部结构及立面的展示；在城市宣传中，如紫禁城，建筑的第五立面，建筑屋顶，经常作为切入点向世人展示。这一步是为了在建筑单体的夜景设计中让人第一次看到它的时候产生观感上的吸引或者关注。

外部路径和本案之间视觉交流：建筑相邻路径视点，开始接近建筑后，对建筑与周边环境关系的了解。这个了解的过程，是为了建立人的感官体验，在接近建筑的过程中对情绪的一种铺垫。是延续周边建筑夜晚给人的感受还是提供完全不同的体验，都是建立在这个分析之上的。

通过、停留视点对应场景：区分主要视觉场景及次要视觉场景，强化对建筑细节的品味与内部空间感受的期待（图 3-15）。这与之前的客观条件分析息息相关，不同的空间会给人不同的观感，我们是强调建筑本身空间的观感，还是重新塑造完全差异化的心理预期？正是因为对直观场景的判断才能进而对这种心理预期进行环境的营造。

图 3-15　雁栖湖国际会议中心及酒店夜景设计视线分析

4）类比定位

类比定位的目的是借鉴相似案例好的经验，避免容易犯的错误，通过相似的案例佐证，明确设计方向和目标，也可以让设计方案具备更强的说服力，容易获取业主的认可。

以某古塔的照明为例，本案例中，为了佐证古塔整体光色和亮度上的价值取向，先举反面例子（图3-16）、（图3-18），再举正面例子（图3-17）、（图3-19），从而提出本塔照明方案的设计方向。

图3-16　西安长安塔：彩色光与古建筑风格不协调

图3-17　常州文笔塔：统一暖色光，体现文化古韵

图3-18　丰城和合塔：亮度层次混乱

图3-19　北京雁栖塔：亮度层次丰富，主次分明

5）理念策略

基于以上所有分析，理念策略是在项目解读和对业主需求充分了解的基础上，针对特定的目标而提出的价值取向和设计方向，利用照明语言强化建筑内涵，或赋予建筑新的外延。理念必须拥有相应的调性和风格，一般而言，商业建筑的夜景照明应该是热烈的，而

文化建筑的夜景照明应该是内敛的。古典、时尚、沉稳含蓄、高雅、朴实等，这些都属于设计理念的调性和风格。不同图像、符号、色彩和构图所形成的设计风格和品位趋向，决定了照明设计表现的不同艺术效果，也决定了照明设计诉求的不同价值取向。因此，在照明理念陈述中，把握风格和品位的表现形式，是有效传达整体照明设计信息的关键。可以是概念草图，也可以是示意图。仍然以古塔照明为例，通过上位规划、载体特征、感知使用、类比定位的分析，最后提出理念策略（图 3-20）。

图 3-20　提出理念策略

对于设计项目负责人而言，理念策略不仅需要具备项目的创意能力，还要拥有组织实施创意过程的把握能力以及对创意结果的判断和修正能力。通常需要以组织头脑风暴的方式，项目组成员研究、分析、互相碰撞思想，共同得到创意的主题概念。设计项目负责人应担当起组织、主持的工作，引导大家通过广泛的讨论获得最佳创意。理念策略是照明设计的核心和基础，往往是项目设计方案能否获得业主认可的关键因素。

3.1.3 方案设计

围绕所确定的设计理念，设计方案可以分解为光色搭配、亮度层次、图示语言三个方面展开陈述。

1. 光色搭配

（1）主色调

建筑夜景照明的不同主色调会给人不同的情绪感受，一般情况下，需要根据建筑业态和设计需求选择合适的主色调。一般而言，暖色调给人以温暖的视觉心理感受，比如北京饭店（图 3-21），设计需求上需要这种温暖的氛围让客人感觉到家一般的温馨；冷色调给人以现代、科技感的视觉心理感受，比如华能大厦（图 3-21）是一家国企单位的总部办公大楼，设计需求上需要体现这种“高大上”的视觉感受；丰富的色彩，给人以热烈、亢奋的视觉心理感受，如某些商业建筑（图 3-22）。

图 3-21　北京饭店和华能大厦照明实景

图 3-22　某商业建筑照明实景

（2）色温对比

不同色彩反映建筑形体的转折和空间变化，可以在夜间让建筑的空间层次更加凸显。比如中粮广场（图 3-23），在建筑内凹部分采用比正面更暖的光色，来强化形体转折和空间变化，从而产生了比在白天更强烈的视觉效果。

图 3-23　中粮广场白天与夜景效果图

（3）显色性

不同光源之间，光源的显色性差异很大，这是由于其光谱构成的差异造成的。但并不是说光源的显色性越高越好，应根据设计理念和效果要求选择恰当显色性的光源。既可以忠实建筑本色，能正确表现物质本来的颜色需使用显色指数（Ra）高的光源（图 3-25、图 3-27、图 3-29、图 3-31）；也可以忽略建筑本色，重新染色，选择诸如钠灯等显色性差的光源，实现高度统一的色彩表现（图 3-24、图 3-26、图 3-28、图 3-30）。

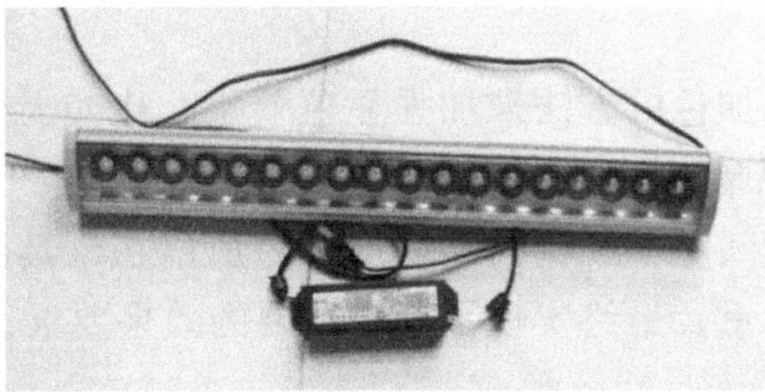

图 3-24 琥珀色 LED（显色性极差）

图 3-25 卤素 Par 灯（显色性极佳）

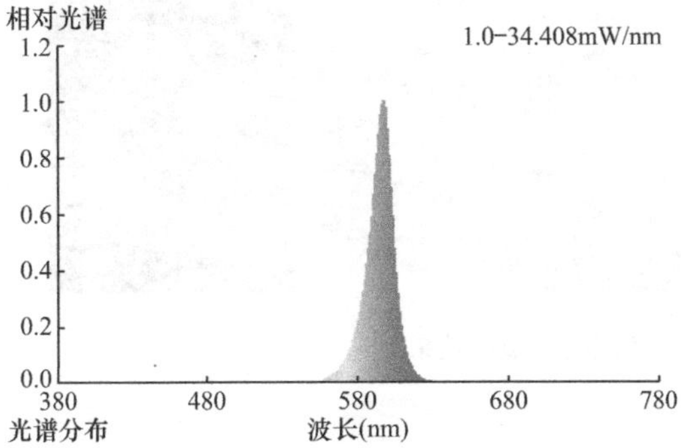

图 3-26 琥珀色 LED 的光谱构成 Ra=13

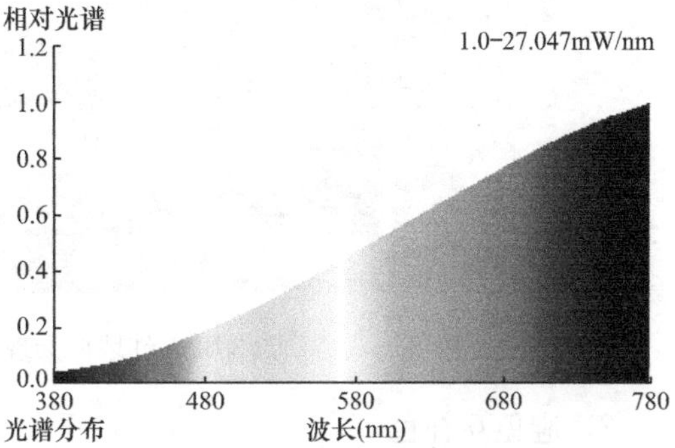

图 3-27 卤素 Par 灯的光谱构成 Ra=100

图 3-28 琥珀色 LED 标准色卡照明效果

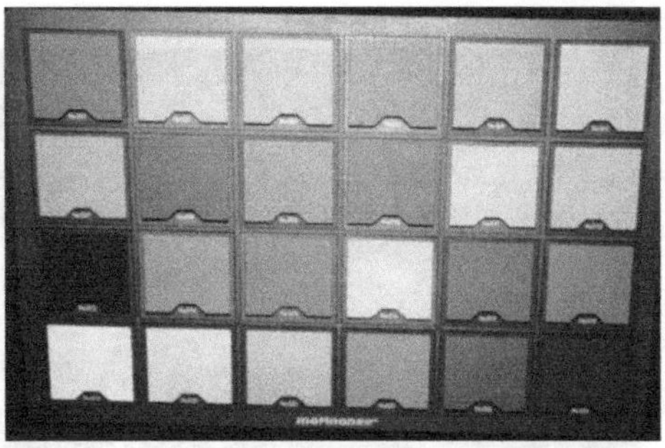

图 3-29 卤素 Par 灯标准色卡照明效果

图 3-30 设计效果需要高度统一的暖金色

图 3-31 设计效果需要高度还原色彩丰富的建筑本色

1）加色

假如需要鲜明地强调特定色彩，可以利用加色的方法来加强显色效果。比如天安门红墙（图 3-32）的照明，由于墙面本身色彩呈现暗红色“猪肝红”，常规高显色性的光源照射后的效果比较昏暗，但设计创意上需要在夜间呈现鲜明的红墙形象，所以在灯具上增加黄、红两种光色，经过多次试验，逐渐增加比重，最终实现了创意需要的效果要求。

图 3-32 红墙白天现状加色试验实施后效果

2）避免互补色

还有一点需要注意，一般情况下，应避免过于饱和的色彩，避免互补色直接碰撞（图 3-33）。

图 3-33 互补色直接碰撞

2. 亮度层次

（1）基本定义

什么是亮度？学术定义：表面上一点在给定方向的亮度等于包含该点在内的表面上无限小面积元在该点给定的发光强度，与该面积元在垂直于给定方向的平面上投影面积的比（图 3-34）。国际单位：cd/m^2，又称尼特（nt）。通俗解释：亮度是把某一正在发射光线的表面的明亮程度定量表示出来的量。在所有光度量中，它是唯一的能直接引起眼睛视感觉的量。对于相同照度的光量，影响亮度的主要因素是被照面的反射特性。

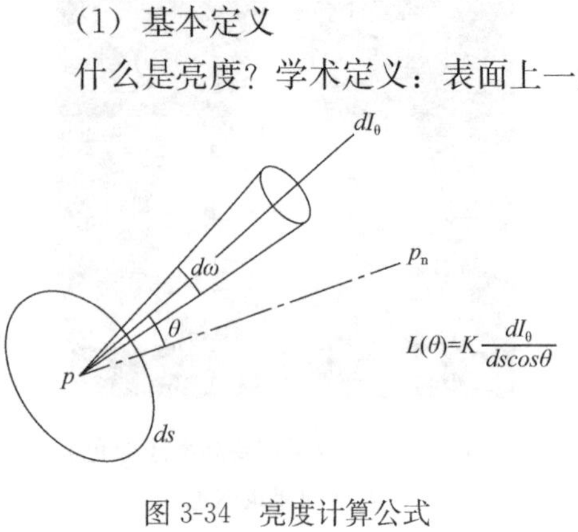

图 3-34 亮度计算公式

（2）材质反射特性与亮度

有一类发光体，其亮度不随观察方向改变，即在所有观察方向上其亮度相等。这类发光体称之为朗伯发光体，简称朗伯光源。发出郎伯光源的这类材料被称为理想漫射材料，比如抛毛的乳白玻璃，硫酸钡和氧化镁制品磨砂的陶瓷板（图 3-35）。

图 3-35 抛毛的乳白玻璃 硫酸钡 氧化镁制品磨砂的陶瓷板

理想的漫反射材料现实设计项目中遇到的情况极少，但是良好的漫反射材料经常会遇到，这类材料也就是常见的适合做泛光照明的建筑外立面材料，比如涂料、石材、砖。这类材料实际实施后的项目实景（图 3-36、图 3-37）。

图 3-36 涂料石材砖

图 3-37 天安门（涂料） 人民英雄纪念碑（石材） 奥体公园下沉 2 号院（砖）

还有一些建筑材料，属于不好的漫反射材料，当遇到这一类材料时，就应该慎重的进行泛光照明设计，这类材料有高光泽度金属、玻璃、抛光的石材等（图 3-38）。

图 3-38 高光泽度金属玻璃抛光的石材等

那么，亮度值应该如何确定？应该综合考虑环境亮度、建筑的重要程度和设计定位和理念，再根据建筑材料反射特性，选择恰当的光源和灯具加以实现。不同城市规模及环境区域建筑物泛光照明的照度和亮度标准值材质对于光的反射效率和效果差异（表 3-1）。

不同材质对于光的反射效率和效果差异　　表 3-1

建筑物饰面材料	反射比 ρ	城市规模	平均亮度（cd/m²）				平均照度（lx）			
名称			E1 区	E2 区	E3 区	E4 区	E1 区	E2 区	E3 区	E4 区
白色外墙涂料，乳白色挖墙釉面砖，浅冷、暖色外墙涂料，白色大理石等	0.6～0.8	大	—	5	10	25	—	30	50	150
		中	—	4	8	20	—	20	30	100
		小	—	3	6	15	—	15	20	75
银色或灰绿色铝塑板、浅色大理石、白色石材、浅色瓷砖、灰色或土黄色釉面砖、中等浅色涂料、铝塑板等	0.3～0.6	大	—	5	10	25	—	50	75	200
		中	—	4	8	20	—	30	50	150
		小	—	3	6	15	—	20	30	100
深色天然花岗石、大理石、瓷砖、混凝土，褐色、暗红色釉面砖、人造花岗石、普通砖等	0.2～0.3	大	—	5	10	25	—	75	150	300
		中	—	4	8	20	—	50	100	250
		小	—	3	6	15	—	30	75	200

注：1. 城市规模及环境区域（E1～E4 区）的划分可按本规范附录 A 进行；2. 为保护 E1 区（天然暗环境区）生态环境，建筑立面不应设置夜景照明。

（3）亮度对比

相对于亮度的绝对数值，亮度层次（对比）更加重要。在夜景照明设计中，光在建筑空间中的分布（亮度层次），反映了设计理念中照明部位的取舍和主次关系的设计。亮度层次反映了照明设计的基本功是否扎实，一般初学者假如设计的不好，容易走向两种极端，一种是整体通亮，缺乏层次（图 3-39）；一种是重点错位，过度对比，缺少中间层次，难以接近（图 3-40）。

图 3-39　整体通亮，缺乏层次

图 3-40　过度对比，缺少中间层次

亮度对比度的定义：视野中识别对象和背景的亮度差与背景亮度之比。若它们之间的

亮度差 ΔB 临$=L_o-L_b$，人眼刚能识别目标时，目标与背景间的亮度差成为临界亮度差，此时的对比度称为临界对比度。

$$C_1=\frac{L_o-L_b}{L_b}\quad C_2=\frac{L_o}{L_b}$$

《城市夜景照明设计规范》JGJ/T 163—2008 中给予了亮度对比度的参考值，建筑物和构筑物的入口、门头、雕塑、喷泉、绿化等，可采用重点照明凸显特定的目标，被照物的亮度和背景亮度的对比度宜为 3～5，且不宜超过 10～20（表 3-2）。

需要强调的被照物的亮度和环境亮度的对比度　　表 3-2

照明效果	对比不强调	较微强调	强调	很强调
亮度对比度	1∶2	1∶3	1∶5	10

一个合格的建筑照明方案，必定会在整体亮度布局上做统筹考虑，哪个部位最亮，哪个部位过渡衔接，哪里亮度最弱，有所交代。再深入一步，对于每一个部分，再进行细分，不同结构构造亮度上的主次和对比是如何考虑的，都要有所设计。以某单体照明设计方案为例，首先根据环境亮度，确定建筑物整体的基准亮度 A，然后根据建筑特征，整体上分成上、中、下三段，亮度分布上设计为上∶中∶下＝3∶1∶3，顶部再进行细分，设计要求柱子从下往上照亮，尽量均匀，底部暗斑高度控制在 0.1m 以下（图 3-41）。

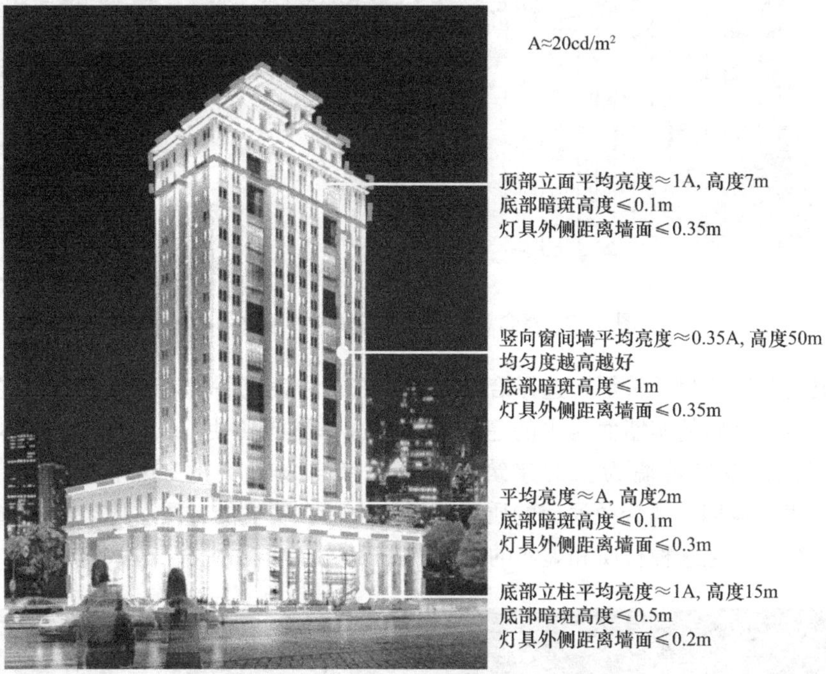

图 3-41　某建筑照明方案亮度分布说明

3. 图示语言

（1）根据载体的形态特征，确定整体图示手法。

比如中银大厦大楼（图 3-42），形态类型为体块组合型，建筑由不同形状体块组合，有明显转折和空间变化，对应的塑形策略为光的变化（亮度、色温）跟随体量转折和空间变化。

图 3-42　中银大厦白天、中银大厦夜景 效果图

再比如中国社科院大楼（图 3-43）是研究社会人文学科的国家文化单位，建筑立面以均质的竖向线条形成均质的韵律感。图示语言为统一的泛光照明，强化均质的竖向装饰条，形成稳定的节奏和韵律，取材自代表文化意向的“竹简”，重点表现建筑竖向装饰条，通过灯具的辉度调节和缓慢的动态控制，营造翻阅竹简而产生光影浮动的意境，从而达到了在夜间强化社科院大楼文化内涵的设计目标。

图 3-43　概念意向“竹简”概念方案效果图

（2）根据载体的材质特征，选择恰当的照明方式和表现手段，表现建筑的虚实关系。

石材、砖等材质的实墙面为主的建筑，适合选择泛光照明（图 3-44），以体现实墙结实稳重的特点；玻璃幕墙为主的建筑，适合选择自发光类的装饰照明或内透光照明（图 3-45），表达玻璃幕墙轻盈通透的质感；建筑中存在明显的材质对比时，可选用不同的照明方式，有意强化这种材质和虚实的对比（图 3-46）。

图 3-44　天安门夜景现状（泛光照明）

图 3-45　凯晨世贸夜景效果图（装饰照明＋内透光照明）

图 3-46　国旅长安大厦夜景效果图（装饰照明＋泛光照明）

3.1.4　深化设计

（1）节点安装

1）尽量减少对建筑的破坏

对于新建建筑而言，照明设计方案应与建筑、结构、幕墙各专业在深化设计阶段充分沟通，对灯具电源、安装附件、管线、配电箱、控制器等核实安装条件，结构和空间是否允许，是否方便维护，提前预留出位置。

对于改造建筑而言，新的照明设计方案应尽量利用原有照明设施，比如接线箱、灯具安装件、管线等，避免对建筑的二次破坏。以天安门城楼走廊功能照明为例，为保护文物建筑，灯具安装方式选择抱箍，把对文物建筑的影响降到最低，并且为了尽量消除灯具在白天的影响，将灯具和抱箍件均刷成深绿色，跟建筑额坊的彩绘融为一体（图 3-47）。

2）尽量隐蔽

原则上灯具应该尽量做到隐蔽安装。安装位置特殊的可以协调幕墙和灯具生产商，为安装创造条件，提出定制灯具要求。形成见光不见灯的效果（图 3-48）。

图 3-47 天安门城楼走廊的功能照明灯具

图 3-48 南昌滕王阁灯具和管线遮蔽措施和夜间照明效果

3）灯具必须外露时，颜色、造型风格与建筑风格协调

可以利用灯具造型及其光色的协调，融入建筑的气氛和意境，体现一定的风格，增加建筑艺术的美感，外漏的灯具表面喷涂要与建筑色彩一致。

（2）校验

1）计算

软件模拟因计算速度快、调整灵活，在照明设计师中应用非常广泛。目前，主流照明设计软件分两类：一类是侧重表现照明效果，通过模拟结果可预见逼真的实施效果，常用的软件有 Vray/Arnold/Mental Ray/Lightscape/3D Studio Max 等；另一类是侧重计算照明指标，如亮度、照度、均匀度等，通过模拟结果可验证设计方案是否满足标准规范和设计对基本照明指标的要求，常用的软件有 DIALux、AGI32、Radiance 等。

经过比对实验（图 3-49），计算模拟对预测设计效果有一定的帮助，但是计算特别依赖计算数据的可信度。需要注意以下几点：①实测 IES 文件并非像厂家提供的 IES 那么完美，如有条件，尽量选用第三方实验室实测的 IES 文件；②灯具安装条件要计算文件中要跟实测情况完全一致，否则由于 IES 的不完美，安装上微小的偏差可能造成的亮度差异却很大；③有些厂家 IES 文件给出的灯具效率过高，特别是带扁光镜的灯具，得修正过来，维护系数根据用灯环境酌情选择。

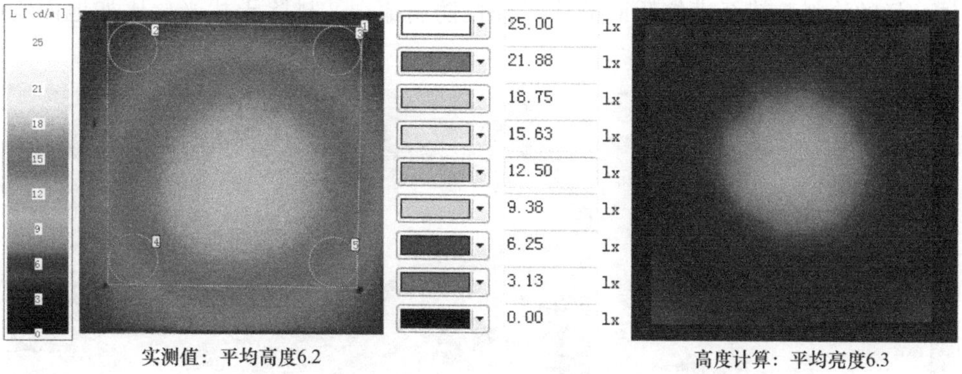

图 3-49　某应用面照度计算结果和实测值的比对实验

同时，常见的计算软件还存在很多弊端，对设计师而言仍然存在诸多不便。以 DIAlux 为例，存在如下弊端：①必须等计算完成才能预览灯光效果和数据；②没有真实的材质系统；③不支持 VR/Oculus 头盔各种外接设备；④没有摄像机漫游、第一人称视角展示等相关功能；⑤不支持各种针对程序的定制和修改，可扩展性为零。以 Vray/Arnold/MentalRay 为例，存在如下弊端：①渲染的只是一张静态图片；②做预览动画依附于大量的渲染机器花费很多时间才能输出动画；③无法读取各种照明数据；④另外 MentalRay 官方已经停止开发。

综上所述，在革命性的模拟软件出现之前，模拟计算可以作为参考，如果有条件，设计师应尽量通过模拟实验或现场实测的方式对设计方案进行效果把关。

2）模拟试验

模拟实验是指设计实验场景来模拟实际应用场景，观察模拟照明效果，测量照明指标（如亮度、照度），并反复调整灯具类型和安装条件，然后针对效果需求提出解决方案，或验证设计方案的可行性。相对于软件模拟更加直观，观测结果更接近实际实施的效果，具有更高的可信度。设计师需要具备一定的测量方法和仪器操作能力，至少应掌握亮度计和照度计的操作，常见的照度计和亮度计（图 3-50）。

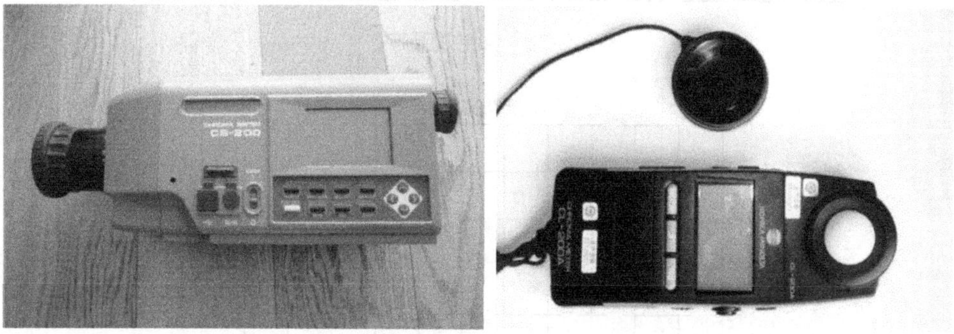

图 3-50　实测所用亮度计（左）和照度计（右）

以某立交桥模拟实验为例，被照面是一个内凹弧面，长 5 米，兼顾了洗墙和正投两种类型的应用面。设计师为了确定合适的灯具参数（功率、角度等），设计制作了一个 1∶1

的模型断面。有几点需要注意：①被照面的反射特性尽量跟现状桥体一致，模型中选择了跟桥体一样的涂料，甚至模仿桥面喷涂了油性防腐漆；②排除干扰光，比如地面刷成黑色，避免反射（图 3-51）。

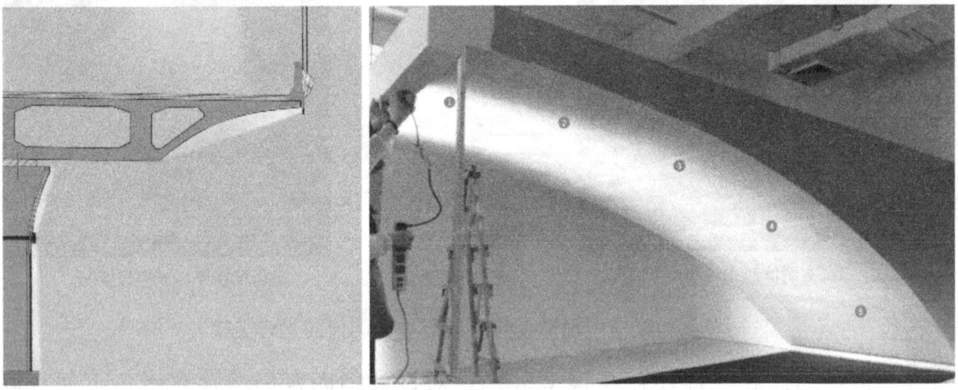

图 3-51　根据设计图纸搭建的 1∶1 实验场景

设计师征集了十二款灯具，参数各异，进行实验比对。在相同的安装条件下，首先进行目视效果筛查，把明显存在瑕疵的灯具淘汰掉（图 3-52、图 3-53）。

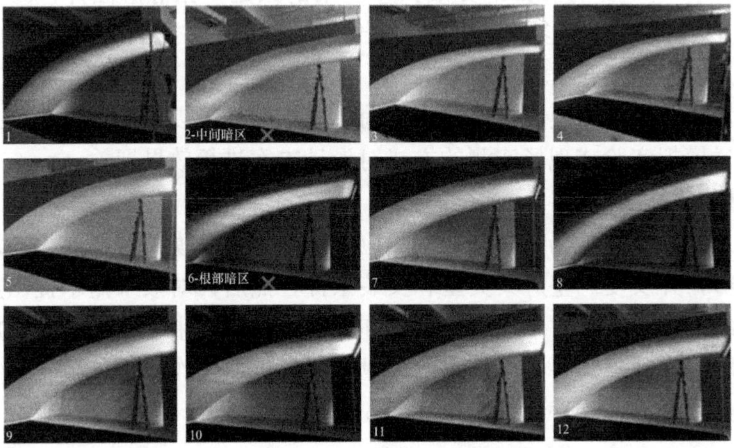

图 3-52　目视效果筛查

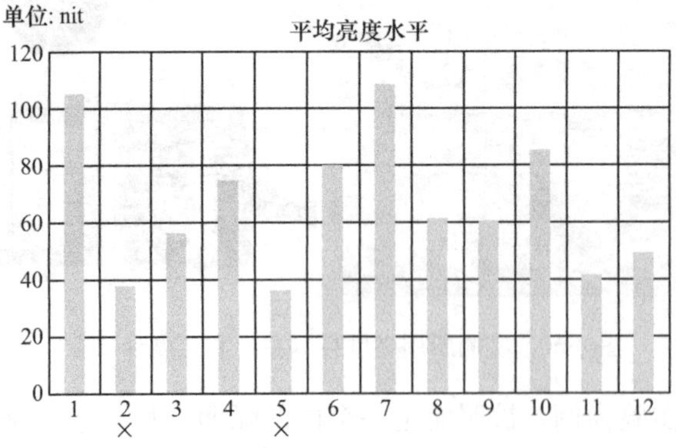

图 3-53　平均亮度 40nit 以下的灯具淘汰

接着根据设计要求，平均亮度 40nit 以下的灯具淘汰，进一步把范围缩小（图 3-54）。

	1	2	3	4	5	平均亮度	均匀度
1	48	48	51	56	44	49.4	0.89
2	120	50	46	47	40	60.6	0.66
3	149	56	59	66	45	75	0.60
4	75	30	31	33	22	38.2	0.58
5	150	40	35	43	40	61.6	0.57
6	108	48	47	47	32	56.4	0.57
7	70	29	29	34	20	36.4	0.55
8	104	31	26	26	22	41.8	0.53
9	268	78	72	69	55	108.4	0.51
10	220	75	58	48	28	85.8	0.33
11	80	136	111	50	24	80.2	0.30
12	250	120	74	52	31	105.4	0.29

图 3-54 均匀度筛查表

最后，再根据设计要求，均匀度取 0.5～0.7（图 3-54），确定符合设计效果要求的灯具。至此可以根据入选灯具的参数，制定出施工招标灯具参数文件。同时，如果再参考成本，可以协助业主有效的选择最佳性价比的产品。

3）现场试灯

假如条件允许，可在业主协调下，在项目实地开展试灯工作。优点有，一方面可让设计师对设计效果有充分的把控，不管是在样板段还是建筑载体本身的试灯，无论是亮度测量数据还是目视效果，几乎可以 100％预见方案实施后效果；另一方面，可让施工单位通过试灯，筛选合适的灯具产品，同时，业主可全程参与并决策，风险可控。天津民园样板段试灯和人民大会堂实地实验的场景（图 3-55），可以直观对比不同色温的光照射到真实建筑材料上所呈现的不同效果，综合考虑各方因素确定参数和产品。

图 3-55 天津民园体育场样板段及人民大会堂照明实验

4）研发

对于重大项目中的重要技术难点，有时候常规的灯具和解决方案不能满足需求的，这时候就需要采取特殊的安装做法或对灯具产品进行研发。以天安门山墙的照明改造提升为例

（图 3-56），原有照明主要存在三个问题：①眩光太严重；②色彩失真；③灯具外露，影响白天美观。初步设想解决方案是研发一种装置，通过可升降的镜子反射光线，解决以上问题。

图 3-56　天安门山墙原照明

首先，设计师和运维部门进行沟通，细化要求：①灯具平日高度与矮墙高度相同，外观形态简洁不突兀；②在有绿植的情况下，需要山花照明时反射装置可升起，超过绿植高度；③要求对防风有充分的考虑，保证反射装置的稳定性；④要求能自清洁免维护，防止昆虫落叶等进入灯体产生安全隐患。

有了明确的需求，研发就有了明确的方向。经过多次实验室试验、现场看样、修正设计，多厂家的比对，业主的全过程参与，最终实现了比较好的效果，得到了业主认可（图 3-57、图 3-58）。

图 3-57　改造前色彩失真改造后色彩饱满

图 3-58　改造前眩光严重改造后无眩光

3.1.5 实施

（1）招标

结合大量的工程实践，收录多个应用面需求，并通过滚动式的实验对比，不断优化解决方案，将不同性价比的解决方案集成，形成实时更新的数据库，帮助业主提出合理的技术需求文件。根据深化设计确定灯参，进行招标，对投标灯具进行检测，比对检测结果。评判结果，结合报价选择最佳方案。同时协助业主核验灯具效果与品质。

（2）调试

在施工后期，灯具调试和设计变更往往会带来事半功倍的效果，甚至能在实现效果的前提下节约施工和维护成本，但需要现场经验非常丰富的人员对项目长期跟踪监督。以某楼宇外立面照明为例（图 3-59），照明效果在调试后（蓝色箭头处）比调试前（红色箭头处）有了质的改变。

图 3-59　某项目现场调试前和调试后的比对

（3）验收

施工验收是工程运转的收尾环节，它包含施工质量和效果质量两方面的内容。其中效果验收的工作内容是依据相关国家标准和设计要求，对照明工程的效果进行检测和评估，发现问题并查明原因，并作为问责的重要依据。如北京某高速收费站项目（图 3-60），项目验收时，用色度仪实测发现，南侧斗拱洗墙灯光色不一致。施工方整改后，业主方同意进入验收程序。

图 3-60　北京某收费站照明验收前后

3.2　园林照明设计

3.2.1　园林景观（照明）发展简史

（1）园林景观发展

从古埃及园林出现至今，世界造园已有5000多年的历史，但以城市公园的形式出现，却只是近一二百年的事情。

17世纪中叶，封建王朝被资本主义革命推翻。在“自由、平等、博爱”的口号下，新兴的资产阶级没收了封建领主及皇室的财产，把大大小小的宫苑和私园向公众开放，统称为“公园”。这些园林具备城市公园的雏形，为19世纪欧洲各大城市公园的发展打下了基础。1843年，英国利物浦市动用税收建造了公众可免费使用的伯肯海德公园，标志着第一个城市公园正式诞生。1850年，代表了20世纪主题游乐园的先驱锡德纳姆公园落成，开启了大型收费公园的先河。

现代意义上的城市公园起源于美国，由美国景观设计学的奠基人弗雷德里克·劳·奥姆斯特德提出在城市兴建公园的伟大构想，他与沃克共同设计了纽约中央公园，它标志着城市公众生活景观的到来。受纽约中央公园的影响，19世纪末，奥姆斯特德在波士顿市规划建立了第一个公园系统，推动了城市公园的发展。苏联在1917年十月革命后，创建了一种按功能分区规划的文化休息公园，很大程度上影响了中国现代城市公园建设。1938年，布劳姆提出“公园能形成在城市结构中的网络，为市民提供必要的空气和阳光，为各个年龄的市民提供散步、休息、运动、游戏的消遣空间；公园是一个聚会的场所，可以举行会议、游行、跳舞，甚至宗教活动；公园是在现有自然的基础上重新创造的自然和文化的综合体”。

世界古代园林三大体系包括古希腊园林、巴比伦园林、中国园林，可见中国园林历史之悠久。中国古典园林的命题、构思以及造园表现手法与中国山水画同出一辙，完全是伴随写意山水画而产生的，因此这类园林又称为“文人写意山水派园林”。中国古代文人园林的建筑空间非常狭小，其中的亭廊只能供一二人游览使用。景观的设计也是静态的，只能是个别人细细品味其中的韵味，其根本不属于大众游览的景观场地，是绝对的私人场地空间，只有寺庙名胜和自然风景地是公共游览观赏地。

现代城市公园是通过外来文化打开国门的。1868年在上海建造的黄埔公园是知名度最高的、中国最早的现代公园，其造园思想直接来源于欧洲的造园实践和理论，有大片的草地和占地极少的建筑。1949年新中国的成立尤其是20世纪80年代改革开放以来，由于国家对人民文化娱乐活动的关心和对城市园林绿地建设的重视，全国各个城市扩建、改建、新建了大量的公园。20世纪50年代后期，我国开始学习苏联城市绿化建设的理论和经验，强调园林绿化在改善城市小气候、净化空气、防尘、防烟、防风和防灾等方面的功能作用，按城市规模确定公共绿地面积，设置公园、林荫道、滨河路，在一些大城市还建造了植物园、动物园、儿童公园等。自1978年改革开放以来，随着社会经济的快速发展，我国的城市园林绿化建设也取得巨大成就。据统计，1981年我国城市人均绿化面积为$1.5m^2$，到2006年底已增长到$7.94m^2$。近年来，一些获得“园林城市”称号的地区又对绿化提出了更高的要求，开展了建设“生态园林城市”的活动，深圳成为获此称号的首个城市。一些城市的绿化成绩也得到了国际组织的认可，扬州、南宁等城市获得了联合国最佳人居奖。

（2）园林夜景照明发展

国内早期的园林夜景照明兴起在改革开放之后，以园路的功能照明为主，为市民的夜间散步休闲提供基础亮度，仅仅满足于照亮道路，缺乏对景观载体的塑造（图 3-61）。

图 3-61　某城市公园仅满足于照亮道路

21 世纪初随着城市夜景照明浪潮的兴起，园林照明也走向了另一个极端，许多公园成为灯具的博览园（图 3-62），不仅见树照树、见景照景，甚至一个公园内的庭院灯种类都各色各异，粗犷的照明方式虽然如今看来存在诸多不足，但不可否认，当时的园林夜景照明着实反映了经济的繁荣和人们对照明的向往。

图 3-62　见树照树、见景照景

在照明理念不断更新、照明技术不断发展的今天，越来越多的夜景照明正逐步走向精致的空间塑造，对载体的选择更加慎重，对光色、亮度的控制更加精确，对灯具和安装方式的选择也更加合理，为使用者提供了舒适的夜景氛围（图 3-63）。

图 3-63　精致的空间塑造

近几年灯光与声光电的结合以及互动技术的应用，为夜景照明注入了新的活力和无限可能，人们不仅仅是观赏者，也是光环境的参与者，夜间的景观更有情感、更有乐趣（图 3-64）。

图 3-64　光与声光电的结合以及互动技术的应用

3.2.2　照明解析

1. 项目缘起和项目范围

（1）项目缘起

推动园林景观、景区建设照明的项目大致缘起于三类成因：有些是在城市大事件推动下，落实夜景照明架构、形成城市夜间特色形象（图 3-65）；有些项目的建设目的纯粹为了打造旅游产品，在已有景区或未建成景区开发夜间旅游，进一步拉动旅游经济（图 3-66）；有些项目建设是完善和提升公园景观带等民生建设，在已建或有建设计划的公园绿带基础上，完善夜间出行的功能及美学方面的需求，服务市民。

图 3-65　城市大事件推动

图 3-66　打造旅游产品

（2）项目范围

园林景观及景区的照明建设范围，通常是针对公园景观分类里的 G1 属性绿地，但如项目范围较大，如包含山体、水体、湿地等载体时，有些业主尚未进行筛选，照明设计师在可研阶段需要对夜景照明建设范围评估，合理控制在必要的范围内。

根据《城市绿地分类标准》CJJ/T 85—2002 的分类原则，城市绿地系统分为五大类、十三个中类、十一小类。夜景照明的建设范围建议选择在以下有黄色填充的类型，具体各类型绿地概念详见图 3-67。

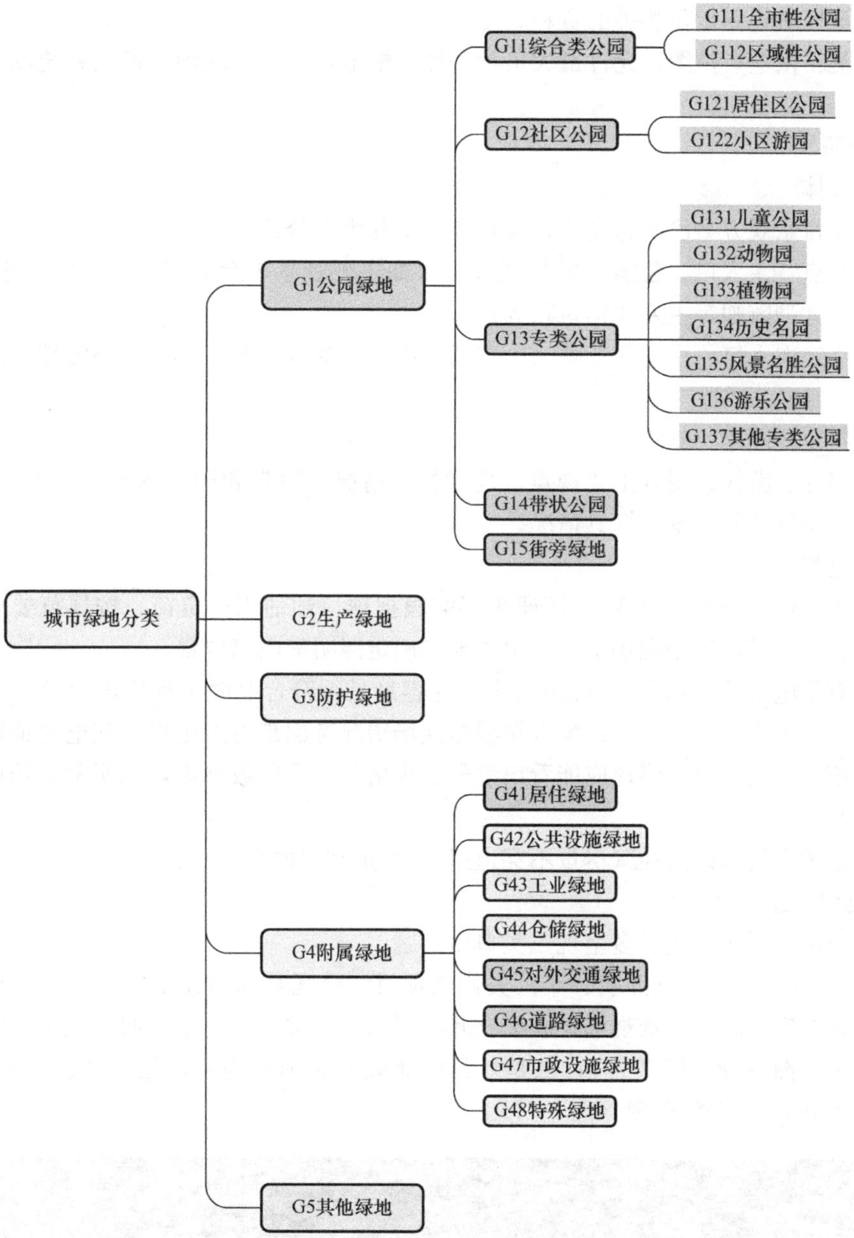

图 3-67 《城市绿地分类标准》CJJ/T 85

2. 基础资料收集

公园景观基础资料应包含三类。

设计类：基地航拍图、用地红线、基地现状苗木测绘图（如有）、景观设计方案及图纸（种植图、节点大样图等）、建构筑物方案及图纸、历史文化条件、基地及周边区域地形平面图（含等高线的基地地形平面图，如有）、水文条件（航运资讯、常水位、高低水位及防洪涝相关规定及计划等，如有）。

规划类：城市总体规划、城市照明专项规划（如有）、绿地系统规划（如有）、交通规划图等与该区域规划定位相关的资料。

电气类：供电点位图、允许最大负荷、照明配电箱原有系统图、控制系统图及设备规格参数。

3. 调研

（1）载体

如该项目景观方案已实施完成，应包含以下几大部分：

主要节点：主入口、公园主要景观节点（如主要观景平台、广场、山体、水景、塔、桥、大殿、大型雕塑等主要建构筑物等）。

次节点：次入口、小景观节点（小广场、小桥、滨水平台、亭子、小雕塑、配套服务点等）。

园路：主要园路、支路。

调研照片、游线、观景主要视点、现状植被情况（通常和种植图不太一致）、主要节点照明建设条件考察、现状灯具情况。

（2）电气

现状尚无供电电源（箱变）：调研现场需根据项目预估用电负荷，按规范要求确定预设箱变位置及容量，根据现场情况及甲方要求确定照明配电箱位置。

现状有供电电源（箱变）：现场核实箱变容量是否符合照明工程用电负荷，根据现场情况如不满足需申请新增箱变；配电箱根据现场情况考虑是否沿用现有配电箱或新设配电箱；配电箱内的电气设备照片应能看出型号、规格等各项参数标识，照明配电箱原有系统图（如有则拍）。

可实施的管线敷设路径（尽量不穿道路），尽量利用原有管线。

4. 典型问题

国内公园夜景照明建设多呈现三类典型问题。

1）第一类问题：缺乏照明、年久失修的项目。景观基础建设很完善，夜间环境光过暗，往往存在安全隐患、景观形象缺失。此类问题，通常成因一是照明设施过于陈旧，灯具缺乏维护（图 3-68～图 3-70）；二是灯具以非截光装饰型为主，能耗高、美学价值低、被照面达不到亮度/照度需要（图 3-71）。

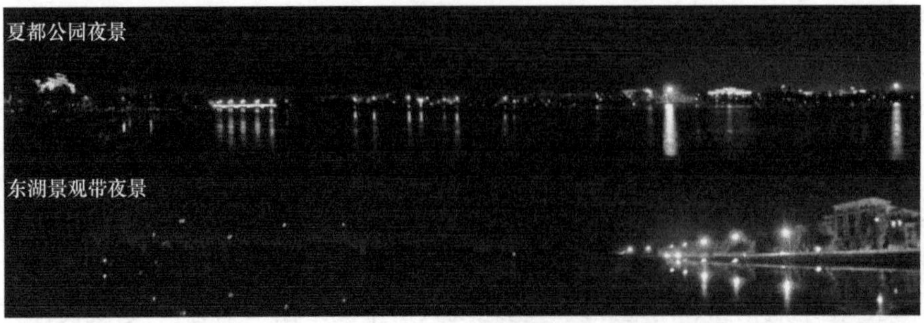

图 3-68 缺乏照明

图 3-69　环境过暗，安全性不足，无吸引人的景观亮点

图 3-70　灯具破损、缺乏维护

图 3-71　非截光型灯具作为功能照明，不能满足安全出行需要

2）第二类问题：过度照明，缺乏选择性的照明项目、功能密度过大、灯具选型问题、施工粗制滥造的已实施项目。一棵小树下数个灯具，不论载体美学价值一概照明，亮度均等缺乏主次关系，明显的眩光，管线明敷破坏白天景观等（图 3-72～图 3-74）。

图 3-72　功能密度过大，明显眩光

图 3-73　载体缺乏选择，功率密度大，管线裸露影响景观

图 3-74　定制非截光装饰型灯具使用过多，能耗大、光效低、维护成本高：

3）第三类问题：很多项目照明设计缺乏对原始景观方案的推敲和理解，丢失了载体明显的特色。如图 3-75 景观方案中，明确的中轴线结构，夜间被和周边绿化载体平均对待，两大建筑中心的节点夜间反而成为更暗的区域；景观设计中呈现的曲折肌理，夜间被忽视掉。

图 3-75　重点不突出

5. 载体选择

了解项目规划定位、项目原始的景观建设方案是照明设计师最初的工作，但照明不仅

仅是为了园林景观配灯。夜晚就像一张白纸，照明设计可以只体现白天景观之精华，剖析重点，不一定面面俱到。在筛选中，设计师需要尊重景观方案理念，考虑夜间各类人群活动的安全性、趣味性及夜间景观的吸引力。

（1）需对照明建设范围进行初步筛选

如果范围较大的项目，除了人工建设景观还包含自然景观及各类城市绿地，需对照明建设范围进行初步筛选。查阅基础资料（各绿地属性）及《城市绿地分类标准》，筛选出适宜建设照明的绿地属性。

（2）在可建设照明的范围内，从建设力度上筛选建设范围

在筛选建设范围的同时，对选定范围分区域设定亮度控制分区，也可限制相应的功率密度。以城市公园滨水带景观为例（图 3-76），本案例项目范围 38 公顷，对大面积的园林景观基础情况进行初步分类，选择适于夜间活动人群较集中的部分作为夜景照明主要区域，这一区域相应可设置的照明设施较多，功率密度相比其他区域较大；对载体比较单一、夜间活动人群较少区域，这一区域建议以园路、滨水驳岸为主，其他部分控制照明设施的设置量；而对于自然景观区域，人群夜间游赏存在一定安全隐患，夜间也不建议过度开发，照明建设可随景观建设计划一起列入分期实施计划，不建议在这一区域马上展开。

图 3-76 城市公园滨水带景观

（3）通过大尺度照片、重要观景点及主要游线照片进行视线分析

公园景观载体十分丰富，可能包括传统建筑、现代构筑物、桥体、广场、绿植、山体、岛屿等，载体建设年代、风格可能都会有差异，如果不做选择，很容易导致夜间效果杂乱、工程量浩大、能源浪费。因此，可以分远近视点、鸟瞰人行视点或夜间游线视点来选择被照载体。

如图 3-77 中多视点、多角度、出现概率高的载体入选照明载体范围。筛选各角度最为凸显的载体（如大型建筑、滨水景观节点、桥体）；大尺度场景中不易可见，但在周边道路上和主要游线上比较明显的载体（如体量略小的建筑、公园入口、主要游线经过的公园内节点）；公园内一些比较围合的节点，景观设计为了营造宁静氛围，位置相对隐秘、

在外围视点不可见的载体等。

图 3-77　视线分析

如图 3-78 中从外围道路上可见的公园大型建筑物始终可见，此建筑物作为照明选择的表现重点，需在夜间凸显。因此，夜景照明弱化公园临路的区域，将其亮度等级定位较低，从而烘托远景中一直处于视觉重点的塔。

图 3-78　红梅公园之笔塔、天宁寺塔

(4) 按照景观设计方案对载体的梳理，提炼后选择照明载体

夜景照明架构是从公园景观载体分布中提炼夜间需要表现的部分，不仅局限于照搬原始景观架构，设计者需要从夜间游线角度出发，分析夜间适当开放的部分作为照明架构。

如图 3-79 案例，照明方案在景观架构的基础上，提炼了主要园路、沿湖区域、主要构筑物节点及通往节点的轴线。照明方案通过夜间游线分析，筛选了部分景观载体作为照明建设的主体，照明架构和景观本身结构分布并不完全一样。

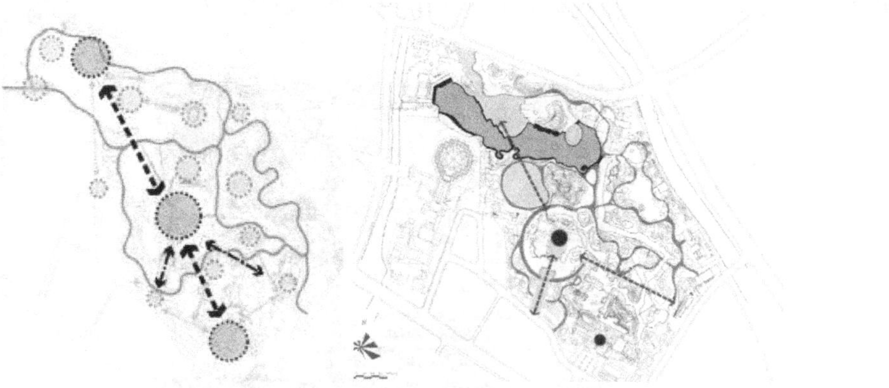

图 3-79 景观及照明俯视图

6. 设计定位

照明设计理念定位，是从城市特色、上级规划要求、原始景观设计理念、安全性、绿色照明等方面，整合各类基础资料分析和实地考察分析的结论性总结。

首先，从上级规划定位入手，找到该公园景观在城市总体规划、城市照明专项规划上的相关定位，作为指导本设计定位和指标设定的前提条件（图 3-80、图 3-81）。同时，照明设计还需提炼景观设计理念以及城市地方特征。

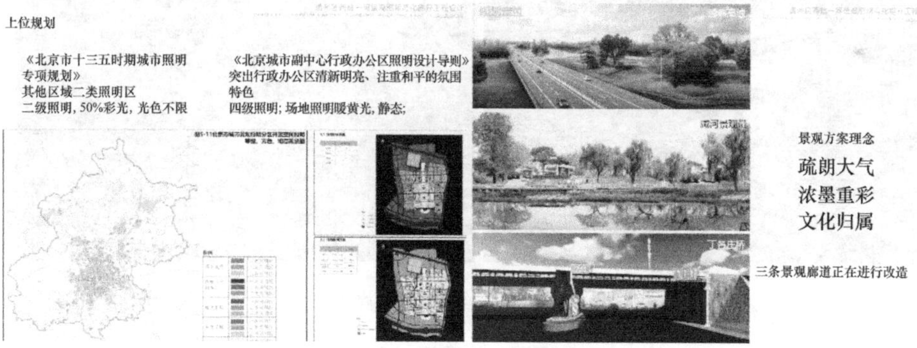

图 3-80 规划定位景观方案理念

图 3-81 地理风貌特征历史文化特征

其次，正面及反面举例对引出符合该项目的目标非常重要。找到反面案例，排除一些不推荐的理念和目标，或找到适合的优秀案例、借鉴成功经验（图 3-82）。

图 3-82　成功案例借鉴

7. 成功案例借鉴

夜间形象定位、设计目标确定后，应形成公园夜景照明设计理念和大体结构，以及各载体的亮度分级、光色定位、动态要求、功率密度分布、游线等策略（图 3-83、图 3-84）。

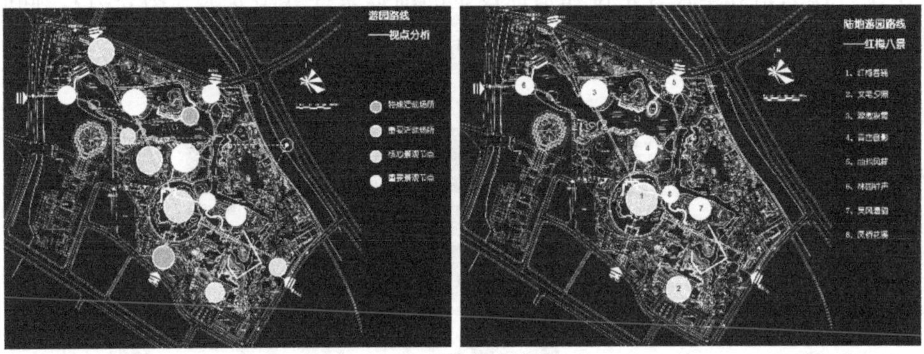

图 3-83　节点级别夜间游线

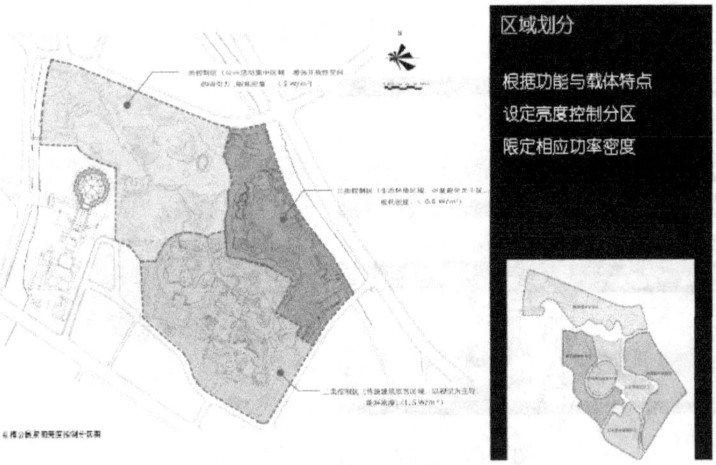

图 3-84　功率密度分区

(1) 节点一

通过视线分析、景观节点的分级，得出该节点的照明策略。建筑物暖黄光色；照明亮度等级，中心对景建筑大于后排建筑，后排建筑亮度根据节点分级定位确定；植被暗化，局部株形好的重点照明，忌用绿光；广场上对景观建筑前设置引导功能照明（图 3-85）。

图 3-85 一级亮度二级亮度

(2) 节点二

沿水界面植被、滨水节点、桥体设置夜景照明，形成倒影效果，忌向水面投光；光色冷暖交互运用，形成节奏感（图 3-86、图 3-87）。

图 3-86 滨水界面滨水节点

图 3-87　水景照明滨水界面

3.2.3　照明设计

（1）功能照明

夜景功能照明是夜间开放公园景观最基础的照明系统，包含园路照明、开敞空间照明、台阶照明、滨水警示照明、复杂地形区域照明等。它不仅可以保证夜间交通安全，也可以满足人们心理对安全感的需要。同时，照明设施应注意眩光问题，公园景观与人的活动密不可分，近人尺度上需要保证视觉上的舒适性。功能照明灯具多以截光型灯具、低位照明为主，尽量避免非截光型灯具的使用。

公园功能照明示意图（图 3-88～图 3-90）：

图 3-88　庭院灯照明

图 3-89　滨水警示照明

图 3-90 低位功能照明

指标依据：车行道路建议照明设计指标参考《城市道路照明设计标准》对支路的要求（表 3-3）。

机动车道照明标准值 **表 3-3**

级别	道路类型	路面亮度			路面照度		眩光限制阈值增量 TI(%)最大初始值	环境比 SR 最小值
		平均亮度 L_{av}(cd/m^2)维持值	总均匀度 U_0 最小值	纵向均匀度 U_L 最小值	平均照度 $E_{h,av}$(lx)维持值	均匀度 U_E 最小值		
Ⅰ	快速路、主干路	1.50/2.00	0.4	0.7	20/30	0.4	10	0.5
Ⅱ	次干路	1.00/1.50	0.4	0.5	15/20	0.4	10	0.5
Ⅲ	支路	0.50/0.75	0.4	—	8/10	0.3	15	—

注：1. 表中所列的平均照度仅适用于沥青路面。若系水泥混凝土路面，其平均照度值相应降低约 30%。
2. 表中各项数值仅适用于干燥路面。
3. 表中对每一级道路的平均亮度和平均照度给出了两档标准值，“/”的左侧为低档值，右侧为高档值。

人行空间对广场的照度要求，根据《城市夜景照明设计规范》功能照明指标（表 3-4）定位应首先区分广场的功能属性，分市政广场、交通广场、商业广场、其他广场几类。市政广场需要体现开敞明亮的氛围，照度设定值可较高 15～25lx。交通枢纽站前广场、商业综合体周边广场这类人流聚集程度高的广场，同样也需要较高平均照度 10～20lx 为宜。其他照度要求不高的广场平均照度不宜低于 5lx。广场照明可通过高杆灯补充核心区照明，步道、坡道、台阶、滨水交界处及高差处均需设立照明装置，以满足使用需求。主要出入口需要较高水平的照度保证引导人群的作用。

广场绿地、人行道、公共活动区和主要出入口的照度标准值 **表 3-4**

照明场所	绿地	人行道	公共活动的区				主要出入口
			市政广场	交通广场	商业广场	其他广场	
水平照度（lx）	≤3	5～10	15～25	10～20	10～20	5～10	20～30

注：1. 人行道的最小水平照度为 2～5lx；
2. 人行道的最小半柱面照度为 21x。

人行空间对园路的照度要求，可参考 CIE 国际照明委员会《步行者道路照明标准》（表 3-5）。

CIE 国际照明委员会《步行者道路照明标准》 **表 3-5**

道路特征	照明等级	整个使用路面保持的水平照度（lx）		半柱面照度
		平均	最小	最小
高知名度的道路	P1	20	7.5	5
步行者或脚踏车晚间大量使用的道路	P2	10	3	2
步行者或脚踏车晚间适度使用的道路	P3	7.5	1.5	1.5
步行者或脚踏车晚间较少使用的道路，至于相邻财产联系保持村的或环境的建筑特征很重要	P4	5	1	1
步行者或脚踏车晚间很少使用的道路，至于相邻财产联系保持村的或环境的建筑特征很重要	P5	3	0.6	0.75
步行者或脚踏车晚间极少使用的道路，至于相邻财产联系保持村的或环境的建筑特征很重要	P6	1.5	0.2	0.5
只要求灯具发出的直接光线提供作为视觉引导的路线	P7	不适用		

注：P5 \ P6 \ P7 三个等级只能用于可以忽略犯罪危险的地方。在犯罪危险可能高的地方应考虑选择比不存在犯罪危险的地方高一级，或者更严重的高二级。

通过人行与车行道路指标的对比，可以发现人行空间照明指标各标准均未规定均匀度要求，因此，除了均匀的步道照明效果以外，有规律、有节奏的光影也是人行空间功能照明的表现形式。同时，人行空间照明指标增加了半柱面照度要求，它是夜间人行区域内最重要的照明质量评价指标。合适的半柱面照度，有利于辨认出附近其他行人的特点，以便提供必要的安全感和心理准备，无论来人是熟人、陌生人还是有恶意的人，步行者都需要有足够的照度去辨认，以便做出反应。

灯具布置：园路灯具选择应具有引导性，依据道路宽度、园路形式合理布局。在满足照明指标要求的同时，应注意从相近区域和建筑借光。灯具与路宽的配合是园林道路照明设计中的主要内容，参见下表（表 3-6），灯具布置图（图 3-91）。

园林道路照明灯具布置要求 **表 3-6**

路宽（m）	灯具高度（m）	灯具间距（m）	灯具名称
≥5	4～7	30	庭院灯
3～5	3～4	25～30	庭院灯
2～3	2.5	15～20	庭院灯
≈1～1.2	≤0.8	5～8	草坪灯

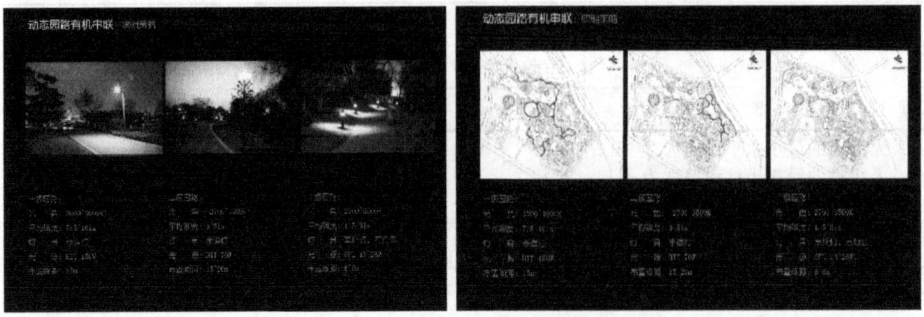

图 3-91 照明意向及灯具布置图

灯具形式（图 3-92）：灯具外形应符合园林景观整体风格，能体现城市地方文化特色更佳。通常同一道路同一款灯具的高度、造型、尺寸应一致，简化备品备件采购。除特殊需要，同一园区不同道路的灯具，应选用统一风格、造型相近的灯具，最好是选择一个系列的灯具，可以有效地保证整体环境的协调性。

图 3-92 灯具形式

灯杆形式（图 3-93）：鼓励多功能灯杆应用。将照各类载体的灯具集中安装，如植被照明与步道照明可集中安装于同一灯杆上，避免过多灯具的散布，有效减少地面灯具安装数量及对灌木、地被植物的破坏，对白天景观也有积极影响。此外还可以将公园广播系统、监控设备等集成设计。

图 3-93 灯杆形式

（2）景观照明

1）植被照明

植被照明是照明设计师都会强调表现的载体。但出于对植被的保护及近距离观景的考虑，不建议大功率、高亮度长时间照射植被。同时，不应对古树等珍贵的名木进行近距离照明。随着 LED 光源在植被照明领域的成熟应用，它有光效高、能耗低、显色性也越来越好的特性。因此，当今的植被照明已不建议大量应用白炽灯和气体放电光源，建议采用高显色 LED 光源表现植被，还原植被本色。

在植被层次比较丰富时，注意图底关系（图 3-94），形成植被的夜景节奏和层次。

图 3-94　图底关系

乔木的照明方式的配光选择，通常根据树形和不同方案理念而定。树木近景照明，通常选择由下向上的照明，灯具地面安装，投射树冠下部，可采用但不限于图 3-95 的照法。这种照法应特别注意眩光问题，灯具光束角建议不大于 40°，同时，建议灯具增设防眩光附件（如格栅、遮光罩等）。安装在地面的灯具应注意隐藏（图 3-96），避免影响白天景观，灯具及安装位置裸露的出线外表面喷涂应尽量和环境一致（如土色、绿色或不明显的深灰色），或者可安装于一些隐藏物体内部（如陶土罐、仿真石头、矮灌木后面等）。

图 3-95　灯具地面安装，投射树冠下部

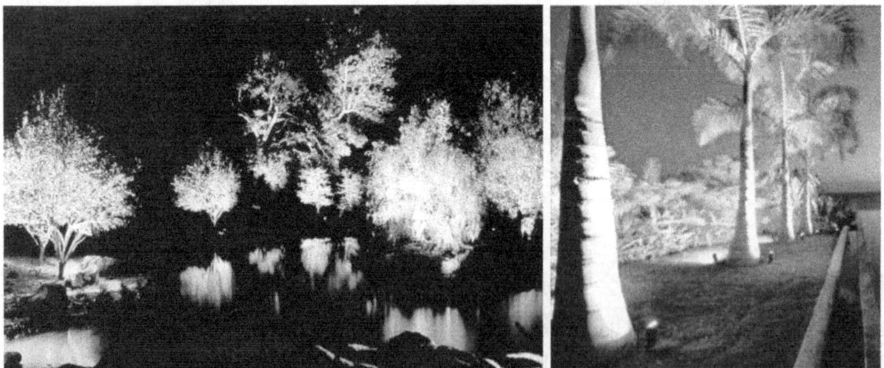

图 3-96　灯具应注意隐藏

同时，也可以选择由上向下的月光照明形式（图 3-97）。灯具安装于树上，向地面投射，从而在地面形成树影光斑，可供人近距离欣赏。在树上安装灯具应特别注意对树木的保护，灯具和电器设备应采用有松紧的绑带固定（如皮带、尼龙带），避免限制树木生长。

图 3-97　月光照明形式

1 公里以上远景观赏时，照明方式有别于近景观赏照明。远景观赏要求的亮度更高，因此相应灯具的功率更大，通常远景观赏选择较高大的、易形成界面的和树冠饱满的大中型乔木，不选择 8 米以下的小乔木。照明方式建议立杆安装，投射树木的一侧树冠最大受光面（图 3-98）。

图 3-98　立杆安装投光

照明设计应充分考虑树木的生长期，从刚移植到长成其形状会有很大的变化，树木长成后或经过修葺后轮廓和姿态都会和刚移植时有着很大区别。因此，照明设计师需要了解被照植被品种长成后的大致形态，对近几年就会发生很大变化的树形，灯具选择可调角度的产品，并且在电气设计时，应为可能增设的灯具考虑预留容量，对照明设备的照射范围留有必要的可变空间。

2）滨水照明

滨水景观通常包含植被、驳岸、步道、亲水平台等载体，植被和滨水人行活动空间（步道和平台）是照明的重点。在远景中比较倾向于表现临水区域连续的、有序的、美学价值高的载体，这样夜间灯光照亮这些载体时，不仅会形成延展的画面，也会在水面形成丰富的倒影，实景和虚景交相呼应形成独属于滨水景观特有的景致（图3-99）。

图3-99　滨水景观通常包含植被、驳岸、步道、亲水平台等载体

驳岸照明首先需要考虑当地水文情况，根据常水位和汛期水位变化，确定是否有照明的条件（图3-100）。有些驳岸虽然建在常水位以上，但位于汛期水位线以下，照明设计调研应充分收集水文信息，避免在汛期水位以下设置照明设备，造成安全隐患或不必要的浪费。

图3-100　水位和汛期水位变化

对于滨水景观带在汛期水位以下的部分，照明可设置于水位之上，采用投光方式照明，建议灯具采用窄光束，避免过多眩光给游人造成不适（图 3-101）。

图 3-101 采用投光方式照明

驳岸照明通常表现连续的岸线，设置连贯统一的照明方式，选择的载体有栏杆、挡墙、堤岸临水面、植被、步道等串联岸线的元素，配合沿线临水建筑、景观节点形成节奏感（图 3-102）。

图 3-102 栏杆、堤岸等岸线元素

驳岸照明通常以统一照明方式串联栏杆、堤岸，已经形成了照明设计的固有模式，这种照明方式也需要注意载体的条件，对投光洗墙的照明需要评估远视点的可见性和载体本身是不是干净、整饬，适合被表现。

如图 3-103 所示，未考虑堤岸立面色彩和整饬程度，洗墙照明不适宜。

图 3-103 堤岸不整饬，洗墙照明不适宜

驳岸照明需要评估视点的距离，再确定表现内容和表现手法。远景中可见驳岸表现界面形成一条线，这样考虑过多细节和植被照明对于远景视点没有过多意义，反而简单的亮度、光色设定才是需要考虑的；对于船行视线，需要研究船行游线到驳岸的距离，选择适宜的照明方式；对于近景视点，多以驳岸上活动的人行视点为主，照明可以加入一些细节元素供近视点欣赏（图 3-104）。

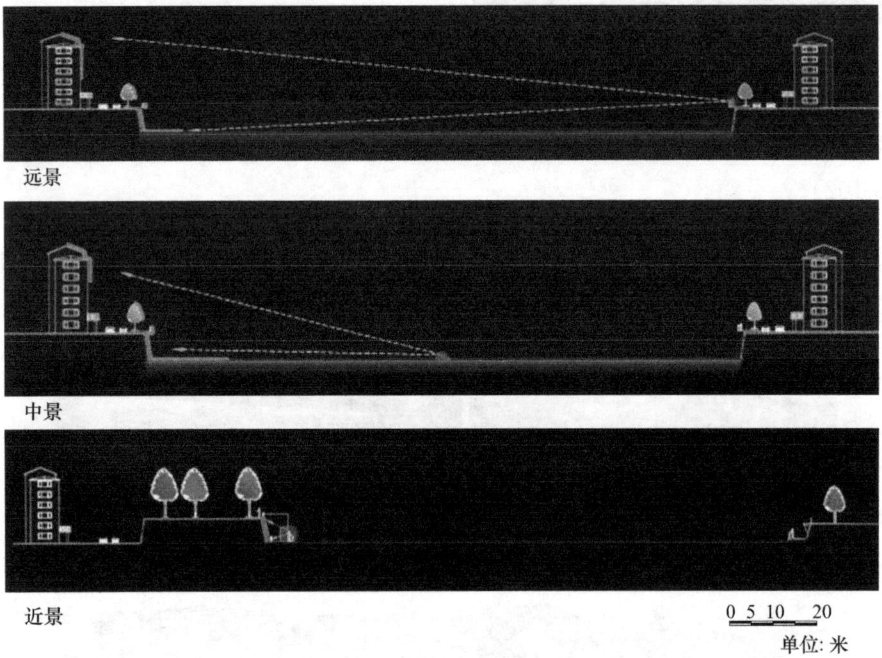

图 3-104　远景、中景、近景

远景案例（图 3-105）：

图 3-105　未考虑观景尺度，照明元素过于复杂

远观驳岸需考虑的照明元素追求简单、连续、高亮度、色彩变化有序，可衬托其他载体（图 3-106）。

图 3-106 远观驳岸案例

近景案例（图 3-107）：

图 3-107 多以投光照明为主，同时需注意灯具隐藏，合理控制眩光和亮度

随着各种照明技术的出现，驳岸变成了展示空间，可以满足不同距离的观赏需要。如下图案例（图 3-108），远景可欣赏驳岸上的剪影，近景可解读驳岸投影内容的故事，船行中景视点还可以启动感应装置，使驳岸变成了电影胶片，可以赋予一定的故事情节。

图 3-108 剪影+投影技术

3）节点照明

园林景观中的节点通常就是园林景观中吸引人群驻留的地方，包含广场、亲水平台、主要构筑物，以及观看自然或人工景观的观景点，是整个公园、景区最重要的区域。照明设计中，需要注意以下两方面内容：

① 边界围合感的营造——空间界定

节点照明通过对边界垂直面的表现，强化界域关系和空间形态。原则上建筑整体界面的秩序统一要高于单一建筑的特色表现，选择性表现周边植物、其他构筑物，补充缺失边界的围合感或展现边界的层次关系（图 3-109）。

图 3-109　边界围合

② 可识别的图示风格——理念元素

节点是最佳的展示地点，照明设计应提炼地方历史文化特色，应用于设计中，打破载体惯常的同质化思维，唤起观赏者的共鸣，形成独属于该方案的特征图示。

例如一些大型节点就是景区名胜之物，比如大佛、宝塔、山体、水体等，照明设计可以多种手段来展现地方故事、风土民情、历史文化（图 3-110）。

图 3-110　互动设施的设置——人的活动

随着科技的发展，LED 产业作为电子产品为照明领域带来更多的可能性，互动技术（图 3-111）也随控制系统的研发更广泛的应用于广场、商业空间、公园景区，较为常见的是互动投影、地砖灯、媒体立面，可以捕捉人的行为、动作而配合发生视觉、听觉互动，为市民活动提供更多的趣味性，也大大提升了节点的吸引力。

4）照明形成景观

在重大节日、重大活动的推动下，通常有一类项目需要在道路、街旁或城市主要广场上设置临时性夜景照明设施。此类项目规模差别较大，通常分为两大类：临街灯饰和主题灯光装饰。此类项目，有时不仅局限于照明设计的范围，还同时涉及载体本身的设计范围，对设计师的综合素质要求较高。

氛围照明，指在春节、国庆、城市等重要假日和重大活动时，主要街道或重要路径的临时性照明装饰。

图 3-111 互动装置

节日氛围照明最常见的形式以串灯为主（图 3-112）。串灯安装需要注意的是，悬挂拆装尽量制作骨架，避免无序安装、拆除对植被的破坏。这类手段需具备安全方面的考虑，近人尺度安装时需选用低压产品，减少游人触碰时的安全隐患。

图 3-112 串灯照明

节日期间路灯装饰也较为常见，如春节前固定在路灯灯杆上的红灯笼、中国结，运动会期间的标志、吉祥物等，这类装饰以自发光灯箱形式居多（图 3-113）。

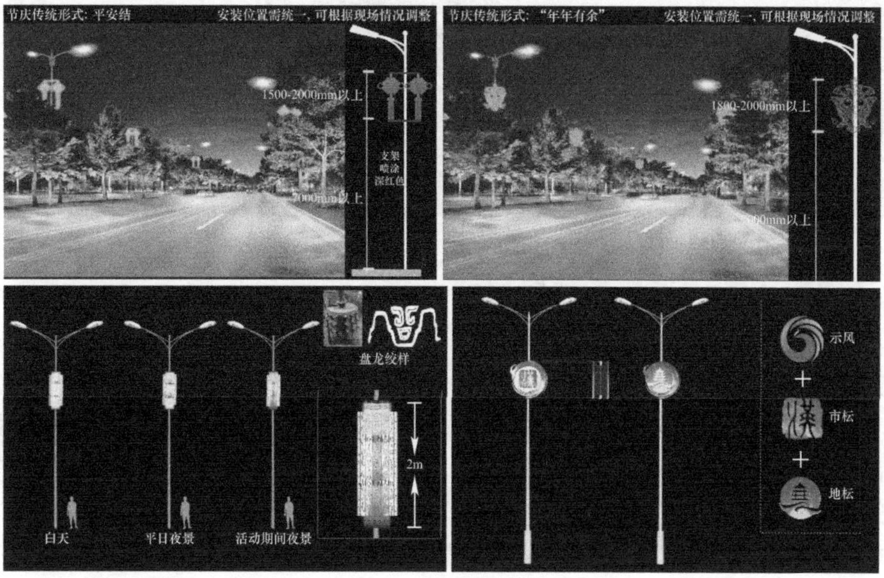

图 3-113 城市道路照明灯饰

节日灯饰主题灯光装饰设计项目多以灯光节、圣诞节、元宵节、美食购物节等节日活动为主要项目背景。这类装饰设计照明方式各异，手法不限，给予设计师充分的想象空间，但不论采用何种照明方式，都需要注意对眩光的控制，给观赏者创造一个舒适、安全的观赏体验。

a. 大型光雕塑案例

首届广州国际灯光节雕塑——生命之树（图 3-114、图 3-115），高 13.5m，树冠最大直径 40m，属于超大体量建筑小品。这类异形的小品实施阶段结构实现的难度都较大，需要设计师与结构工程师反复磨合、研究。设计理念以广州本地的榕树为母形，采用伞状树冠造型，内部设置多个 RGBLED 投光灯统一变色，采用光纤模仿榕树树需自然垂下来，LED 扁带灯装饰树干。同时，配合森林鸟语的背景音乐，大树呈现多种动态变化。

图 3-114　实景照片

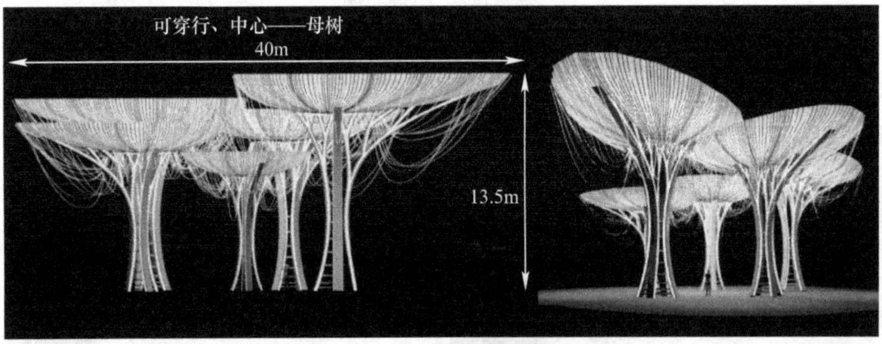

图 3-115　方案图

b. 小型灯光小品案例

照明载体设计。对于每年重大节庆时临时照明装置设计，载体的设计创意远比照明手段的设计更为重要。这类载体需要考虑反复利用率和便于拆装的问题，尽量使照明装置多次、灵活的重复利用。如七巧板（图 3-116）的装饰设计考虑到了多种组合拼插方式，可以反复变形来应用于多个节日。

串灯照明小品（图 3-117）。串灯是非常常见又可塑性很强的照明手段，在有主题、有寓意的形式塑造后，已成为节日临时照明不可缺少的手段之一。

图 3-116 七巧板

图 3-117 串灯照明小品

灯光音乐结合的小品（图 3-118）。借助 LED 产品控制方面的优势，灯光设施和音乐结合起来形成多种色彩和图示的变化。

图 3-118 灯光音乐结合的小品

（3）配合运营

带有旅游性质的景观园区，呈井喷式增长的态势，在竞争激烈的市场环境下，夜景照明设计要与运营管理相结合，增加夜景的吸引力和夜游经济的收益。

精准定位特色鲜明。主题景区、特色小镇以及商业街区，夜景照明要通过主题元素的引入，强化自身特征。以江南片区的古镇为例（图3-119），云集一地，夜景照明却是千镇一面，同质化现象严重，降低了古镇单体的吸引力。

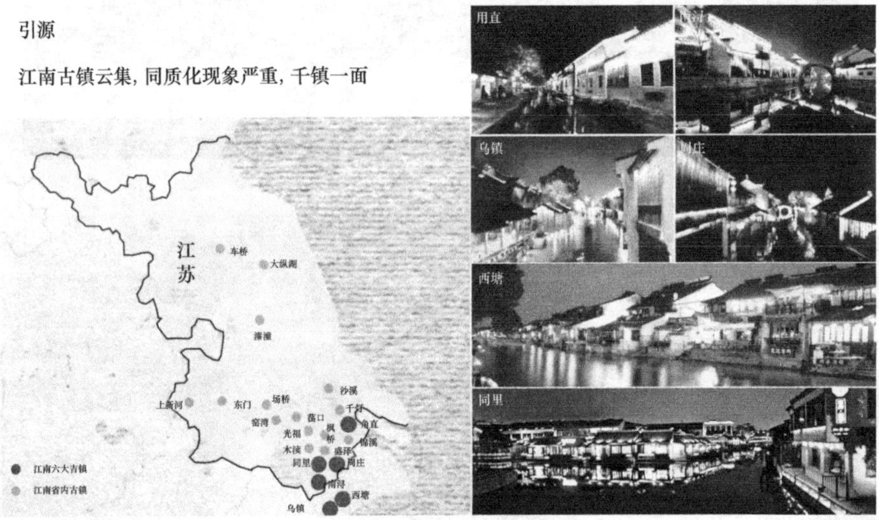

图3-119　江南古镇夜景分析

旅游街区可提炼地方特色元素统一应用于设计中，在强化特征意向的同时，作为景区故事融入宣传运营之中，提升景区软实力。以武当山玉虚街为例（图3-120），庭院灯的设计上加入了道教意向的仙鹤、云纹、八卦等元素，且装饰文字均来自于道教文书，且各不相同，体现道教韵味的同时，传递景区专业精细的形象。

图3-120　武当山玉虚街夜景照明

夜间运营还应结合景区的地理条件，推出独属的夜游观景路线，拉动经营收益。例如，在沿江、沿河的区域，可策划游船观景游线，串联各沿江景观节点，游船是音乐解说的播放节点，吸引游客登船观景，船体也可通过广告冠名或其他配套服务的形式增加收益。

有些景区会通过真人表演吸引游客，实景演出在一段时间内争相涌出，《印象系列》、《长恨歌》（图 3-121）等优质节目都出现了一票难求的现象，极大地带动了景区夜游经济的发展。演出舞台照明前期投入及维护费用颇高，最重要的是一套节目无法实时更新，很难形成持续的吸引力。

图 3-121 《长恨歌》演出

在景区建设方面，应推崇一次性硬件设备投入可以创造的 N 种可能性，为软件上的变化提供更大空间，策划出灯光、水景、音响、配套服务等多方面的不同组合变化，来保障可持续的运营模式。多元主题通过不同片源和不同活动策划的配合持续更替（图 3-122），强化项目自身知名度。与此同时，一个景区的成功运营还需要商业宣传、配套设施的完善、景区管理的保障等方面共同实现。

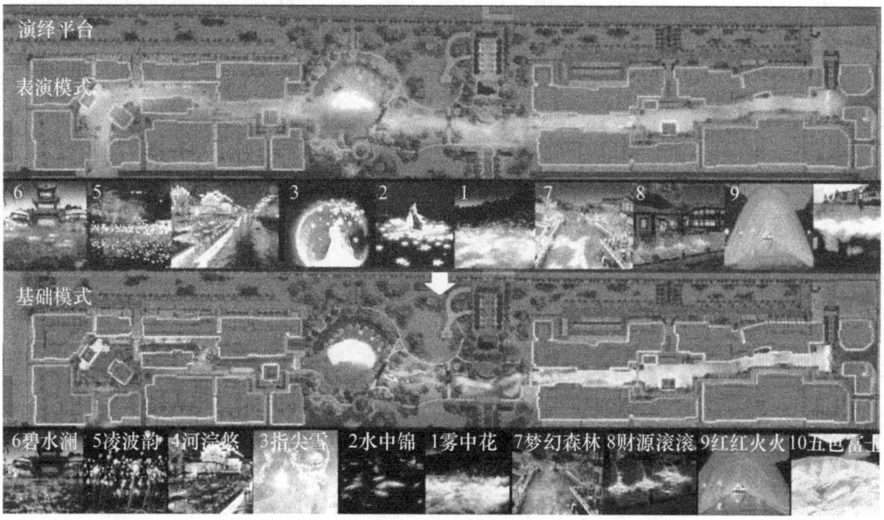

图 3-122 光影演绎平台

（4）模式控制

能耗估算不仅是所有范围内照明设备的总用电量，还应根据每晚开启时间，计算出日用电量、月用电量及年用电量，该项目的电费大致多少，照明设计师需要做到心里有数。

分模式控制是节能的主要手段之一。如某公园夜游根据冬夏两季不同的开放时间，模式上分三个不同时段控制，因重要节点每晚设置了灯光表演，因此，在表演之前的一个半小时先是基础模式——开启功能照明、景观照明单色呈现；然后的 2 小时内切换到表演模式——开启表演照明，功能照明除表演场地周边的关闭其余部分开启，景观照明随表演同步变色；最后两小时切换为节能模式——仅开启功能照明（表 3-7、表 3-8）。

平日、周末、节假日、不同季节，灯具开灯时间表　　表 3-7

	平日（周一至周四）			节假日、周五至周日
冬季	17：30-19：00	19：00-21：00	21：00-23：00	表演模式顺延 30 分钟，其余模式同平日
夏季	19：30-20：00	20：00-22：00	22：00-24：00	

基础模式、表演模式、节能模式开关灯情况　　表 3-8

控制模式	基础模式	表演模式	节能模式
开关灯具	功能和景观照明全开、单色	表演场地周边功能照明关闭，其余部分功能照明开启 景观照明全开、变色 表演照明开启	功能照明开启，景观照明关闭

3.3　滨水界面照明设计

3.3.1　文献综述

（1）发展历史

1）载体定义

通过相关文献的梳理，城市滨水界面定义和理解为城市实体与水域之间的过渡和分界面，以及在其中发生的活动。即包含了起分隔围合作用的实体空间，也包含人在其中产生的活动这两类要素。

起分隔围合作用的实体空间又可分为垂直界面和水平界面两大类。人们对于垂直界面的要素主要以观赏审美为主，对于水平界面的要素则以体验感知为主。

垂直界面指垂直于水平面的界面，主要有滨水建筑和滨水景观带组成（图 3-123）。

图 3-123　垂直界面

水平界面指平行于水平面的空间要素，由开放空间、景观带、建筑底部围合界面和道路等要素组成。水平界面中的活动也可分为观赏和体验感知两大类（图 3-124）。

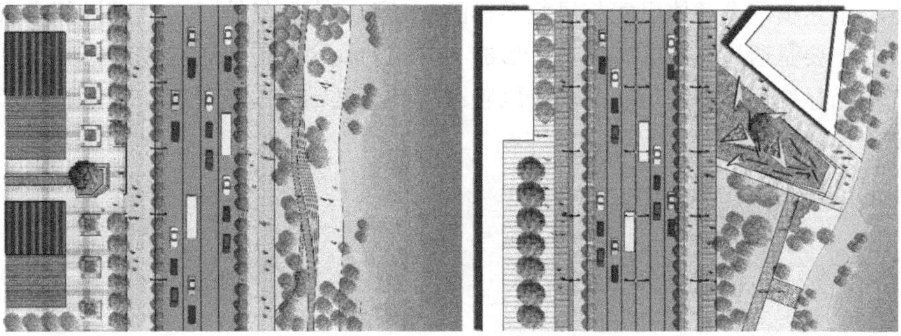

图 3-124 水平界面

2）载体历程

纵观滨水界面发展的历史，可以总结为形成、兴旺、衰落和复兴四个阶段。

形成阶段：工业时代来临之前，自古以来人类因生存的需要依山傍水的聚居，滨水界面往往是一个城市最为繁华的区段，人与水和谐共生，水体也承载着水运商贸的功能。

兴旺阶段：工业时代伴随着工业革命，滨水地区因其交通优势，成为工业港口的聚集区，空前的繁荣，无论建筑景观还是夜景照明都是城市中最发达地区。

衰落阶段：后工业时代随着经济结构的转型，重工业的衰退，大部分城市的滨水地段都经历了一个较为萧条和衰落的时期。

复兴阶段：当代随着城市经济的发展，公共空间的价值提升，滨水界面重新回到了城市的重要区域，更多的承担展示城市形象、提供休闲游憩活动等相关功能。

（2）国外经验

1）西方经验

悉尼 Darling 港湾夜景照明（图 3-125）是在悉尼照明总体规划下进行的，包括远景的城市背景、街道和广场的亲和力，人的文化活动的本身也成为照明对象，加之较为成熟完善的城市照明规范，对光源的选择的高要求，强调建筑的均匀肌理和体块特征整体上形成统一的形象和秩序。在形成整体形象和秩序的同时部分地标形成特异，呈现出简洁内敛兼具活力的夜景氛围。

图 3-125 悉尼 Darling 港湾

2）东方经验

横滨港（图 3-126）集商务，餐饮，购物，娱乐等多功能于一体，商务高楼与大型娱乐构筑物林立形成迷人的天际线。以红砖仓库为主的传统风貌与以商务办公楼为主的现代风貌并存。虽然横滨港载体更能与风貌多样的夜景形成大场景统一，形成局部丰富特异的夜景效果。主要是通过在亮度和光色上形成了鲜明的秩序，传统风貌载体暖光低亮度，高显色性光源凸显红色砖墙的色彩。现代风貌载体高亮度，冷白光形成，均匀肌理形成块面感，塑造界面的整体感。

图 3-126　横滨港

(3) 国内现状

1) 回顾之前的经验

回顾之前的经验可以看出近些年来滨水界面夜景照明的四个发展阶段。第一阶段：快速城市化条件下的野蛮生长，民俗情趣和西方审美混杂。从整体上来讲滨水界面的建筑载体各自为政，缺少统一的规划和秩序，造成整体混乱和平庸的形象。

单从个体上来讲，个体的设计手法贫乏，符号化图形化的设计方式过度，造成可辨识意象的丢失，或是意象选择牵强随意，建筑本体形象缺失。

因此在这一阶段出现了大量只是被照亮了的滨水界面（图 3-127），虽然带来了热闹的氛围，但是热闹的背后，是城市整体面貌是热闹的同质化，照明语言并未对创造特征意象做出贡献。

图 3-127　被照亮的滨水界面

第二阶段：对于第一阶段快速城市化条件下野蛮生长的反思，滨水界面夜景的建设不再满足于只是“亮”，而是逐渐关注城市的特色与整体的秩序美学。如在宁波的三江六岸（图 3-128）照明提升中，充分挖掘城市特征，从港口城市，中西文化交融，海、潮、河三江交汇几个方面入手，提出光影随波的设计理念，根据余姚江，奉化江、甬江不同的文化意象，赋予相应的光色属性。夜间随潮水的涨落，江水流向的转变，建筑、桥体、驳岸灯光统一流动变化，在大尺度上完成夜间景观的视觉震撼与统一。同时在设计中对于大量使用现代的照明设计语言，通过泛光塑形、均匀肌理、体块组合等设计手法充分表达出载体本身的美学秩序。

图 3-128 宁波的三江六岸

第三阶段：滨水界面的夜景不再满足于单纯的形象秩序的构建，而是逐渐转化为滨江夜游驱动下的城市特征展示。在重庆渝中半岛项目中（图 3-129）应用到了媒体立面的手段来完成主题信息的展示。

图 3-129 重庆渝中半岛项目

第四阶段：滨水界面夜景在大事件和旅游需求的双重驱动下，不再满足于单纯的展现特征，更多的走向媒体化，演绎化。如杭州钱江新城 G20 夜景设计（图 3-130）中在双重驱动下滨水界面通过媒体立面的方式演绎水、城、光三个篇章的主题故事。表现大事件的多面国旗交错飘动的影像也是深入人心。

图 3-130 杭州钱江新城 G20 夜景

2）展望未来的趋势

回顾国内滨水界面夜景照明的四个发展阶段，可以发现规律趋势是滨水界面的夜景照明越来越注重整体形象，越来越多的承载演绎功能，与城市文化城市事件越来越贴近。展望未来，随着照明技术及信息技术快速的发展会赋予城市滨水界面越来越多的可能性。

如城市滨水界面可以作为信息中介与城市中的人、天气等要素发生密切的关联，每天的光影甚至是每个时段的光影都在变化着。市民的参与直接影响到滨水界面光影的形成，可以拉近人与城市空间的关系。相信随着技术的发展，未来滨水界面夜景会给城市带来新的活力。

3.3.2 项目解读

（1）背景缘起

1）城市目标

滨水界面区域往往是一座城市的历史发源地和现代商务核心地，肩负的责任是城市历史面貌和现代形象的展示窗口。因此，在做设计之前应该充分了解城市的发展目标，思考对于滨水界面的夜景打造会怎样助力城市达到此目标。

武汉新的城市目标是成为国家中心城市和世界旅游城市。两江四岸（图3-131）连接武汉三镇，是武汉核心地带，具有独特的空间特征和众多历史文化遗存，选择这一地带提升夜景照明，有利于用最少的投入，提升城市的标识性和魅力，产生显著的社会、环境与经济效益，支持前述城市目标的实现。

图3-131 武汉两江四岸

2）范围对象

滨水界面是个空间概念，横向上一般按照桥体或重要建筑确定设计范围，纵向上一般包含到三个层级：第一层级，水岸线近景亮化，包括桥体以及沿江趸船、码头、游船、江滩、堤岸等；第二层级，一线楼宇中景亮化，包括沿江主干道临街建筑、山体、绿化等；第三层级，城市天际线远景亮化，包括沿江纵深二、三线游船可视高层建筑（图3-132）。

（2）夜景现状

1）发展历史

总结项目历次照明工程的成果与问题发觉，有助于确定新的设计思路和需要避免的问题。

重庆渝中半岛，20世纪80年代“字水宵灯、万家灯火”城市灯光由人们生活用光，随机组合成了夜景画面。2000年光彩工程展示改革开放发展成果，快速城市化条件下的野蛮生长。2006 年夜景工程进一步发展，民俗情趣和西方审美混杂。虽然夜景照明配合城市建设发展，进行了统一建设提升，色彩和照明手法趋于丰富多元，已有一定基础，但还有很大提升空间（图 3-133）。

图 3-132　杭州钱江新城

图 3-133　重庆渝中半岛

2）现状问题

通过发放调研问卷或者座谈会的形式，采访百姓及管理者，了解使用者对于夜景照明的看法，主要通过以下三个角度。

照明偏好——彩光、暖色光、冷色光；

夜景特点——丰富、热闹、杂乱、单调、没有地方特色；

总体评价——非常好、一般还有待提高、很差。

其中，关键问题往往反映在以下三个方面：

视觉形象：建筑天际线零散无序，立面手法各异且大量缺失，驳岸缺少整体处理，总体画面感不强，缺少秩序（图 3-134）。

图 3-134　重庆渝中半岛

活力不足：滨江绿地照明不足，与城市空间缺乏联系和互动，市民和游客参与活动的意愿较低，未得到鼓励和充分激发（图 3-135）。

图 3-135　活力不足

粗放贫乏：仅有基础模式，只是表现建筑形体，广告设计粗放，灯光没有提供新的视觉信息和文化意象，没有为旅游提供独特的题材和景源（图 3-136）。

图 3-136　粗放贫乏

（3）案例类比

1）滨水城市

城市临江或临海而建，有较好的展示界面。在这一尺度中人所感受到的是整个城市或城区的总体印象。因此，城市区域的夜景天际轮廓线，以及建筑与环境的空间关系是设计的关键。

上海，空间层次单一，建筑载体以公共建筑为主，品质优良（图 3-137）。

图 3-137　上海陆家嘴

香港，以山为背景，载体以公共建筑为主，品质优良（图 3-138）。

图 3-138 香港维多利亚港

2）滨水山城

建筑依山而建，地势特征明显。

雅典，建筑以住宅为主，形制色彩相近，立面较完整，适合单一光色泛光照明（图 3-139）。

图 3-139 雅典

圣米希尔山，尺度较小，通过建立单一规则，由暖到冷的光色变化即可表现层次与核心（见图 3-140）。

图 3-140 圣米希尔山

3.3.3 载体分析

（1）条件特征

1）地貌特征

地形地貌反映着一座城市的空间格局，对于滨水城市来说，一般要处理好山、水、城三者的关系。针对不同的地貌特征制定对应的照明策略和理念主题。

内蒙古黄河流域，山体以石灰岩为主，植被不发达，城市坐落在山脚下，临河而居。四川长江流域，山体植被茂密，以重庆为例（图 3-141），自然条件“峰回又路转”地势起伏，滨江路与游艇提供了环岛丰富视看层次。武汉地势平坦，城市天际线平直，河道宽阔，滨水界面缺少进深层次。

图 3-141　重庆渝中半岛

2）建筑组团

在滨水界面的尺度上，建筑组团的空间格局是指横向和纵向分布空间关系。例如杭州钱江新城的空间风貌（图 3-142），建筑群体呈人造“山”的形态，近江低远江高，将新城划分为临江组团、近江组团、远江组团及中轴组团。

图 3-142　杭州钱江新城

四川南充嘉陵江滨水建筑（图 3-143）分为三类组团样式：①住宅组团（中低亮度、仅重点部位照明）穿插办公地标楼高（亮度、整体明亮）；②住宅组团（低亮度、仅重点部位照明）穿插滨江商业（中亮度、整体明亮）；③住宅组团均质（顶部形成天际线，立面上亮下暗）。

（2）视觉分析

1）由远及近

以重庆渝中半岛为例（图 3-144～图 3-146）。

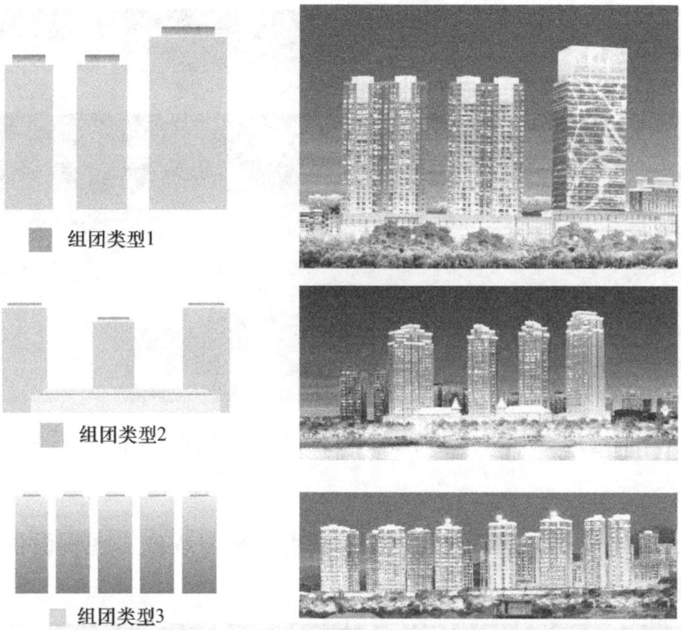

图 3-143 四川南充嘉陵江涪水建筑

图 3-144 远视点（平远）——一棵树，观景台位于重庆市南岸区南山上，可俯瞰整个渝中半岛

图 3-145 中视点（深远）——对岸滨江路自山前而窥山后，视看建筑立面长卷

图 3-146　近视点（高远）：游船自山下而仰山巅，视看建筑立面、结构底板，照明突出特征层次

2）分类分析

按绝对高度、建筑形式、建筑性质、相对高度、新旧程度、视看面积、天际线长度分类，分析适合照明的分类角度（图 3-147）。

图 3-147　模型分析

地标：对建筑不同属性进行打分，加权综合后得出建筑重要性排序，分值明显比其他建筑高的为地标。

组团：山顶点与最近的山脚底点围成的区域，构成六大山体组团，结合建筑综合得分，筛选各山体组团的核心建筑，组团之间的低矮建筑区域为山谷组团。

（3）载体分类

1）地标建筑

地标建筑无论从建筑的体量和构造都是超前的，是整个城市建筑的主角，对建筑的天际线贡献及视看频率最高，通过现场调研对不同建筑进行打分综合评定，对现场建筑进行排序，罗列出地标建筑。

地标建筑夜景照明设计应突显建筑本身特征，亮度最高根据建筑的外形结构及外墙材料设置照明方式，强化重点、突出建筑灵魂的部分。要在深入研究其周围环境的基础上，借助照明手段，恰当地突出被照主体在环境中的地位，并且和周围环境照明协调一致。对于主体应采用重点布光，加强关键部位和装饰细部的照明。亮度的变化应当过渡自然，层次分明，确保夜景照明的整体效果（图 3-148）。

图 3-148 地标建筑夜景照明示意图

2）山体组团

组团建筑是由几十栋建筑组成的场景建筑，其形象更能代表城市发展的新形象、新面貌，组团建筑区别于单体建筑，能更好地去阅读城市的文化属性和地域特征。以渝中半岛为例，根据视看条件及视看距离，建筑划分为六大山体组团。

任何建筑都是环境中的建筑，在进行组团建筑夜景照明设计时应综合考虑周边建筑的亮度、光色及图示关系，不能脱离周边建筑环境关系孤立地单体建筑进行设计夜景照明，建筑间的亮度、色彩及图示动态的过渡不能太过跳跃，色彩淡雅，亮度过渡柔和，图示平缓（图 3-149）。

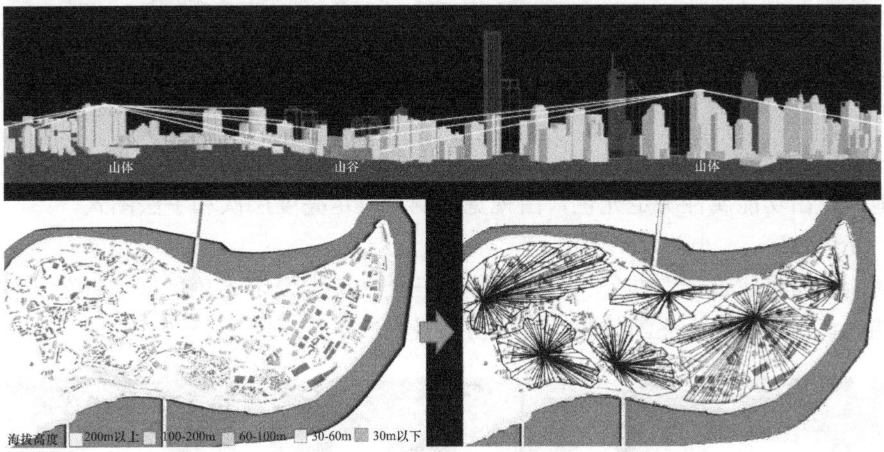

图 3-149 山体建筑平面及立面分析

3.3.4 设计策略

（1）基础秩序

地标单独设置规则，其他建筑由功能属性决定光色，由视觉影响力决定亮度层次和手法图式。

1）地标建筑

地标建筑具有突出的视觉影响力和历史文化价值，应单独设置规则，和背景应形成较强光色或亮度差异。

具有突出视觉影响力的地标建筑，比如重庆渝中半岛的联合国际大厦、英利天成、保利国际广场、环球金融中心、新闻智能大厦等（图 3-150）。统一采用最高亮度、基础照明在尊重建筑本身特点的基础上采用统一的垂直线条，使地标建筑能够从背景环境中凸显。

图 3-150 地标建筑夜景照明示意图

具有历史文化价值的地标建筑比如武汉的滕王阁（图 3-151），塑造金碧辉煌古建的同时压暗周边环境的亮度，以达到凸显主角的目的。

图 3-151 滕王阁

2）其他建筑

其他建筑由功能属性决定光色，由视觉影响力决定亮度层次和手法图式。

(2) 光色秩序

按功能性质将建筑分为办公、酒店、住宅三类。按类设定光色区间，办公、住宅、酒店，基调以黄白光为主，逐渐趋暖，统一协调且层次丰富（图 3-152）。

图 3-152 办公、住宅、酒店按类设定光色

如果滨江建筑呈组团式分布，那么同一组团建筑光色基本一致。例如杭州钱江新城建筑分为三个层次，临江组团3000K，近江组团4200K，远江组团5000K（图3-153）。

图3-153 杭州钱江新城

（3）亮度秩序

按视觉影响力可将建筑分为主题建筑、氛围建筑和背景建筑。所谓主题建筑是指视看频率高或建筑造型独特，在主要观景点观景，效果最佳的建筑；氛围建筑是指以主题建筑为核心，形成景相关系，非核心高大建筑；背景建筑是指位置远离江面或者楼层低，没有景观价值但是对于构成滨江完整界面作用重要的建筑（图3-154）。

图3-154 主题建筑氛围建筑背景建筑

亮度秩序为：主题建筑一级，氛围建筑二级，背景建筑三级。具体数值除了参考相关规范以外，还应该在测量本地现状照明亮度范围的基础之上，制定适合本地特征的亮度数值。可参考《城市夜景照明设计规范》JGJ/T 163—2008表5.1.2不同城市规模及环境区域建筑物泛光照明的照度和亮度标准值。

例如重庆渝中半岛（图3-155），现状亮度高低分布不规则，具体设计阶段应进行实验，依据市民主观评价，考虑多雾天气的影响，确定不同天气各照明等级合理的亮度数值，但相邻级别亮度比应在1.5～2。

（4）动态秩序

主题建筑动态不限，氛围建筑缓慢动态，背景建筑静态。

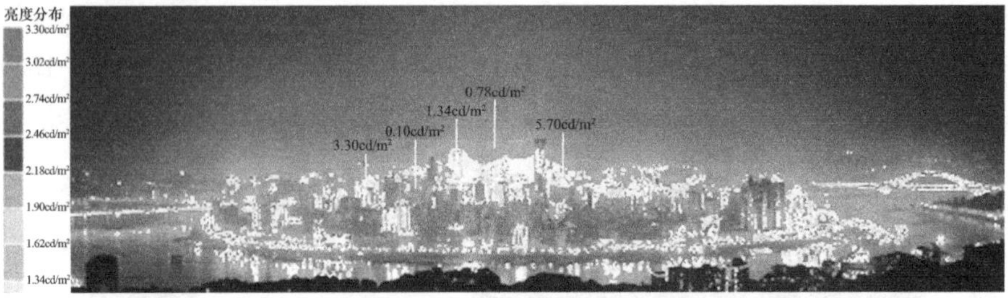

图 3-155 亮度秩序

（5）照明方式

因地制宜选择照明方式，需要从三个方面考虑：

1）视看要求：远观建筑，需要顶部高亮度，近处穿行，须控制建筑底部亮度，减少眩光（图 3-156）。

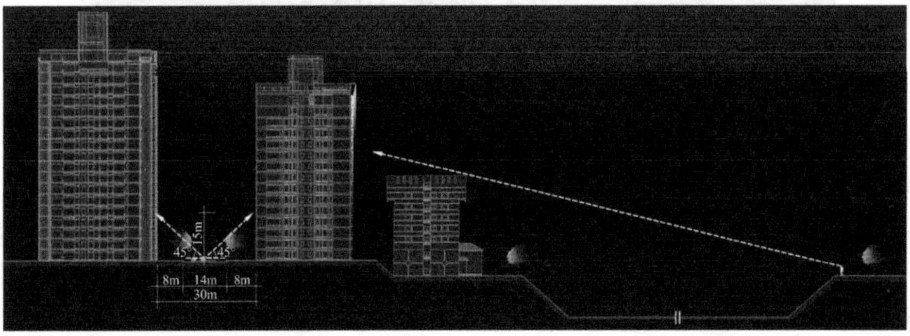

图 3-156 视角分析

2）气候：大多数情况下滨江界面雾多，LED 灯具可调光适应雾天可见度变化的要求。

3）光污染：大功率上射光受雾气阻挡，难以照亮建筑上部，反而形成强烈的光污染。

因此小体积的 LED 灯具，安装在建筑较高处，不会对白天造成影响，LED 结合小功率局部投光是最佳选择。

具体图案形式有多重可能性，需要根据设计方案确定。

① 方式 1

当界面载体较为丰富的时候，可以利用发光单元的疏密区分三类建筑，以简单规则覆盖所有建筑，并且能够形成丰富的视觉层次。例如武汉两江四岸项目以点阵构成竖向肌理成为统一语言（图 3-157），不同建筑疏密不同。根据建筑顶部轮廓特征和属性，使用不同图式，清晰标识建筑特征。

② 方式 2

当建筑载体条件较为平淡的时候，可以有意识地强调节奏感和画面感。例如南昌一江两岸项目（图 3-158），西岸建筑天际线平直，简单地照亮建筑顶部缺乏美感，因此立面照明借用被遮挡的西山轮廓作视觉重塑——在背景建筑组成的滨水界面上绘制出西山的轮廓线。东岸，天际线起伏优美，突出背景建筑顶部。还原城市天际轮廓线，形成建筑顶部组成的山形。

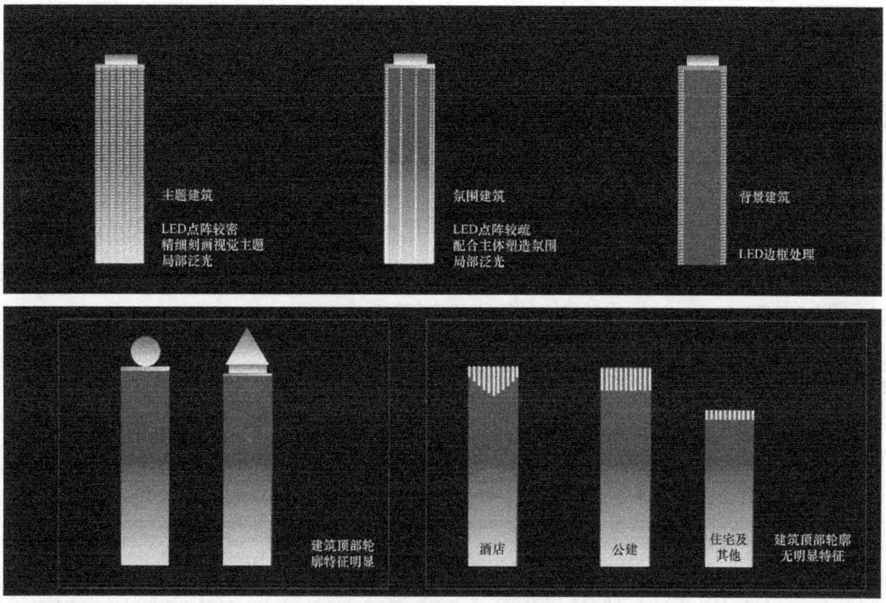

图 3-157 凸显建筑顶部天际线

图 3-158 南昌一江两岸

③ 方式 3

当建筑载体条件过分复杂的时候，要进行分组处理，组团化制定解决方案。例如重庆渝中半岛项目（图 3-159），载体分类依据的是山形母题，山顶点与最近的山脚底点围成的区域为一个组团，共构成六大山体组团。局部照明组合，形成上密下疏的竖向图式，强调立面拐角，表现建筑体量。

图 3-159 重庆渝中半岛

（6）主题意象

用灯光视觉化表现城市文化内涵的特征主题，在受众感知和时空风物间建立联接，用丰富情境展现鲜明的独有形象，用城市尺度的视觉冲击给受众以特殊震撼体验。

1）元素提炼

一般通过三个维度发觉主题意象。

时间维度：从古至今当地发生的具有典型代表的事件，例如古代的诗词歌赋、古物纹饰，近代的城市建设记忆，现代的城市发展风貌等，时空视窗借现场建筑遗存抽象化表达历史追忆（图 3-160）。

图 3-160 时间维度提炼元素

空间维度：城市与城市在体育、艺术、美食等方面的主题交流。例如武汉两江四岸项目（图 3-161），把武汉 17 个友好城市所属国家的国旗元素进行延展，以灯光形式表现，向各国致敬。

图 3-161 空间维度提炼元素

自然维度：取材城市地域景观，自然景观的元素。例如重庆渝中半岛项目（图 3-162）提炼重庆独有的“山、水、雾、舟、林”五种意向元素，附会于建筑之上，形成独特意象。

图 3-162 自然维度提炼元素

2）元素赋形

赋形方式有两种。

第一种：采用单纯的 LED 发光点，密集排布形成媒体立面，播放主题画面。

例如南昌一江两岸（图 3-163），绿色主题、古色主题、红色主题是在同一处建筑载体上通过变化画面内容实现的。

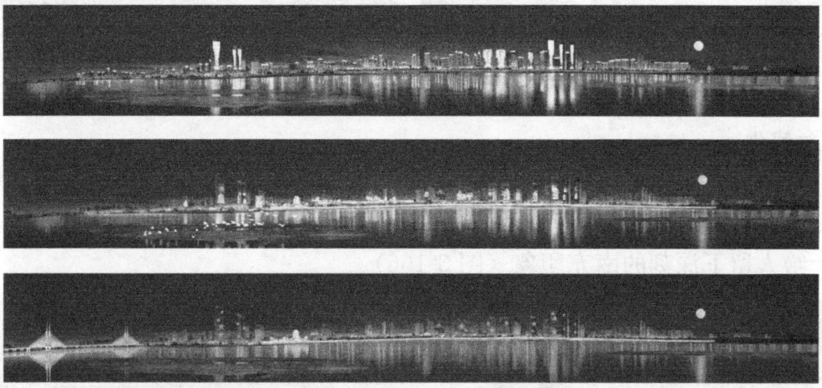

图 3-163 元素赋形：LED 发光点

第二种：给各个建筑组团赋予不同的固定的主题意象图案，根据主题意象、载体特征设定照明方式。

借鉴国画的派系，提炼手法特征，用灯光的形式表现在建筑之上。白描山水——线条组合；浅绛山水——灰阶层次；没骨山水——以面代线；水墨山水——点染随性；泼彩山水——色彩迸发。语汇传承—照明手法，勾、皴、染、点、擦等手法特征。例如渝中半岛 C 组团（图 3-164），主题概念是绿原青木，用横向线条表现山上高低错落的树木，体现森林重庆概念。

图 3-164 元素赋形：LED 线性灯

（7）独属故事

独属于本地的历史文化或城市发展夜色是最为有效的设计元素，可以快速使观看者建立起场景感，通过照明效果读懂城市文脉。

1）重庆故事

城市“生长”是重庆最大的特色，照明是唯一能在大尺度上复现这一过程，表达空间和时间关联的手段，通过对主题照明整体的动态控制，可以虚拟再现重庆城市“生长”的历史。重庆建城始于修筑城墙，城墙上“九开八闭”的古城门是重庆独特的人文景观，用照明手段，结合广告规划，在部分滨江建筑设置媒体立面，特定时分可用文字或图案表现古城门意象，寓意在古代人货流通的砖石城楼遗址上，再“生长”的是现代的信息门户（图 3-165）。

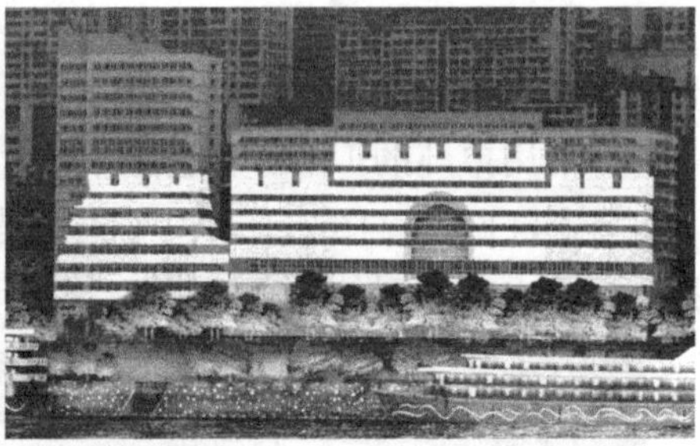

图 3-165 古城门意象投影

2）南充故事

鹤鸣山是南充最古老的记忆，相传唐代仙女谢自然升仙之日，此山群鹤飞鸣、久久不散，鹤鸣山由此得名。照明方案借鉴此故事，模拟白鹤在山水之间嬉戏的场景，配合动态音效表演，给人留下深刻的南充印象（图 3-166）。

图 3-166 激光动态表演

3.4 街道修规

3.4.1 街道（详规）夜景照明发展简史

（1）国外街道夜景照明发展

国外街道的夜景照明从功能照明发展而来，可追溯到 1653 年至 1667 年间巴黎政府为满足市民在天黑后出行需求而设置的街道功能照明。从此，街道功能照明在世界各地普及开来。随着物质生活的不断发展，市民不再满足于功能安全的需求，街道照明逐渐由亮向美的需求发展。在国外很多街道都会在节日、庆典、活动时设置大量灯光装饰来营造氛围，并逐步固化沉淀为一种传统或习俗，如牛津街有 57 年的圣诞点灯历史，每年都会在 11 月点亮各处街道上的圣诞灯，聚集人气（图 3-167、图 3-168）。

图 3-167 摄政街圣诞点灯

图 3-168 邦德街圣诞点灯

随着LED技术、控制系统技术、网络技术的快速发展，夜景照明由简单的开关模式演变成多元化的智能调节模式。1990年美国舞台灯光协会发布了舞台灯光控制器与灯具设备数据传输的工业标准（即USITT DMX512-1990），在舞台灯光的控制模式的影响下，DMX512协议逐步在城市级尺度的夜景照明中应用。

照明不仅能满足街区的亮化和定时开关功能，更实现了传统照明控制无法表现的艺术效果。动态、变化的光给予建筑更多的“表情”与“情感”，建筑也可以成为信息传递的载体（图3-169）。

图3-169 建筑也可以成光信息传递的载体

（2）国内街道夜景照明发展

我国街道夜景照明起步较晚，改革开放后的90年代初期，随着经济的发展与人们生活水平的提高，室外活动更加多元，很多商业街、步行街在功能照明的基础上用灯饰对建筑的形态做简单的勾勒。商业街氛围的营造可以吸引大量人群的聚集，当年主要采用霓虹灯为主，动态新奇，但色彩花哨（图3-170）。

图3-170 对建筑形态做简单的灯饰勾勒

2000年前后，伴随着大事件驱动，如香港、澳门回归，国庆50周年等，国内夜景照明出现第一个建设高潮。明亮繁华的街道，带来夜晚形象和氛围活力的极大提升，带给人们耳目一新的视觉感受。但随之很多城市“求亮”的刺激下，进行亮度攀比竞赛，整个城市街道越来越亮。另一面，商业街道照明大量使用“新奇特，跑跳闪”，色彩火爆，形式夸张。全国各个城市的照明手法单一固化，千城一面（图3-171）。

2010年左右，随着技术的革新与人们审美的提高，加之更多设计学科人员不断投身到照明行业，夜景照明的专业化、职业化初现，街道照明开始向艺术化、画面感方向发展。求亮、花哨的现象逐步改善，城市夜间氛围的表现越来越有特色（图3-172）。

图3-171　千城一面的灯光

图3-172　表现建筑特色的灯光

新时代的中国，提出文化自信，很多城市街道夜景照明伴随城市美化工程开展，一方面追求城市特征的差异化，另一方面从人的感知出发，结合城市的发展定位、文化特色而设计。街道是城市环境重要的组成要素，是串联城市功能的交通脉络，是感知一个城市最直接、最广泛的体验空间，越来越多的城市管理者也意识到，街道的夜晚生活需要形象、安全、舒适与活力，而光是性价比最高的建筑材料。

3.4.2　照明设计

1. 项目概况

(1) 项目缘起

项目的缘起通常分为四类：

1) 大事件驱动，打造新的城市形象代表，拉动土地价值；

2) 街区、街道、建筑缺少照明，需要完善照明系统，改善市民夜间生活，保障安全；

3) 已有照明设施陈旧过时、效果不佳，街区、街道的夜间吸引力降低，需要进行统一的提升改进；

4) 面向文化旅游产品，开发夜间旅游，塑造夜游路径，进一步拉动旅游经济。

(2) 项目范围

城市街道夜景照明建设范围，通常筛选城市中具有时代特征、历史意义、地域影响力、形象展示价值的重要街区、道路，如衔接城市出入口（机场、火车站、汽车站、码头、高速公路收费站等）的门户路径、串联重要区域组团的交通路径、具有经济价值的商业街、民俗街、历史文化街区等。照明设计对象包括街道两侧的建构筑物（如建筑、塔、门、城墙等）、路桥（如道路、桥梁、地下通道等）、设施（如雕塑、小品、灯杆、座椅等）、绿化（广场、绿地、水体等）（图3-173）。

图 3-173 天安门及广场区域

（3）基础资料收集

1）城市街道详规基础资料

① 设计类：基地航拍图、用地红线、道路现状苗木测绘图（如有）、景观设计方案及图纸（种植图、节点大样图等）、建构筑物方案及图纸、历史文化条件、基地及周边区域地形平面图（含等高线的基地地形平面图，如有）、建构筑物立面改造效果图与图纸（如有）。

② 规划类：城市总体规划、城市照明专项规划（如有）、街道系统规划（如有）、交通规划图等与该区域规划定位相关的资料。

③ 电气类：供电点位图、允许最大负荷、照明配电箱原有系统图、控制系统图及设备规格参数。

2）修规调研

街道修规的调研工作主要分为方案设计调研、深化及施工图设计调研，两者调研的目的与侧重点不同。

方案设计调研是针对设计范围内建筑、道路（车行空间、人行空间等）、植物景观等白天与夜间现状及使用人群的偏好进行初步调查，从而为街道提供因地制宜、切实可行的夜景照明创意方案。

深化及施工图设计调研是在方案通过后、深化设计及施工图设计开始前进行；需对范围内每个载体的每个被照面的尺寸、材质、安装条件、防眩光等进行准确细致地调研，确保灯具选择的准确性、安装节点的合理性、照明效果的舒适性。

① 调研范围

街道修规的调研范围为项目范围内所有照明载体，归纳为建筑、道路、设施、绿化（图 3-174）。

图 3-174 调研范围（一）

图 3-174　调研范围（二）

建筑：顶部、中部、底部（入口、商业空间等）、特殊结构/造型等。

路桥：车行道、人行道、天桥、高架桥、地下通道、桥梁等。

设施：雕塑、灯光小品、路灯/灯杆、亭台、座椅、智能导视系统等。

景观：小广场、小绿地、树木、水体、花坛、树池等。

② 调研内容

调研照片：单体与长卷的白天照片、相同角度的夜景照片、细部放大照片（可看清细部结构）（图 3-175、图 3-176）。

图 3-175　白天调研照片长卷

图 3-176　夜景调研照片长卷（相同角度）

载体特征：建筑的功能、风格、材质、反射率、尺寸等；路桥的性质、断面特征、路幅宽度、流量、桥梁尺度等；设施的类型、样式、材质、尺寸、表现氛围等；景观的植物的分类、特征（常绿、落叶）、色彩、尺寸、安装条件等。

基准亮度：各区域最合适的基准亮度（图 3-180）。

图 3-177　各区域基准亮度调研（一）

图 3-177 各区域基准亮度调研（二）

夜景照明现状的主观评价：夜景照明现状照片、亮度/光色/均匀度等指标记录。

电气及灯具信息：电气设备规格型号、主要参数指标、配电箱位置及功率荷载等。

主次视点/域记录（图 3-178）：主次视点（鸟瞰视点、车行/人行视点等）的位置、特色感知记录。

图 3-178 主次视点/域记录图示

区域人群访谈调查：业主/使用人群等的访谈及问卷调查、需求及特色征集。

③ 信息收集

信息收集包括设计资料、现状维护管理机制。

设计资料主要为城市规划、城市夜景照明规划、城市宣传资料、建筑及景观资料、现有建筑及夜景照明资料；一般情况下，建筑及景观资料存在遗缺，需要进行现场测绘。

建筑及景观资料：各栋建筑的施工（或改造）的整套 CAD 图纸，包含建筑及电气的平/立/剖面、幕墙 CAD 图、节点大样图等。

现有照明资料：建筑及景观的夜景照明电气施工图纸（CAD 版本）、灯具规格书等。

现状维护管理机制源于城市照明地方标准及法规、城市照明管理办法、城市照明管理部门各年度工作总结、城市照明控制办法（道路照明及夜景照明开灯时段及照明模式）。

（4）典型问题

纵观当前城市街道夜景照明建设，主要为秩序规则、特色表现、安全舒适三类问题：

1）第一类问题：缺少统一秩序规则，整体视觉层次混乱，形象不饱满。

① 建筑群体间照明手法较多（泛光、自发光线条、显示屏等并存），缺少统一规划，视觉感受零散、不够整饬，群体关系较弱（图 3-179）。

图 3-179 建筑群体视觉零散不够整饬

② 不同照明部位的亮度差异很大，且平均亮度低于规划要求，视觉感受偏暗。如图 3-180 所示，建筑顶部与中部缺少照明，与窗框部位的亮度对比反差太大，戏剧化太强；且右侧建筑亮度高于左侧建筑，很难形成舒适的视觉感受。

图 3-180 某道路一侧夜景照明

③ 建筑群体间光色冷暖差异较大，如示例展示（图 3-181），街道建筑光色由 2700K 到 4000K 到偏绿到 3000K 不断变化，光色混杂，随意性太大，整体性欠缺。此外，在商业街区，彩色大量使用，动态不舒适“跑跳闪”彩光变化无规律，低俗的照明策略很难传达出高雅的区域氛围。

图 3-181 建筑群体间光色差异

2）第二类问题：特色表现不充分，主题概念不明确，建筑及区域标识性不强。

① 整条街道缺少统一的概念主题，使用普适性照明手法，不同城市不同类型不同街道的照明策略一致，内容展示相近，千城一面，平淡乏味（图 3-182）。

图 3-182 灯光缺少统一的概念主题

② 对建筑的特殊造型、特殊材质、特殊颜色没有充分表现，降低建筑在夜间标识性；如当前广泛应用的大范围的媒体立面、简单的泛光照亮工程（图 3-183）。

图 3-183 光色没有充分体现建筑的特殊造型

③ 街道慢行空间普遍缺少具有区域特色灯光小品或装置，行走中缺少趣味，很难给人群留下深刻的记忆（图 3-184）。

图 3-184 灯光小品缺少趣味

3）第三类问题：车行道及两侧照明不足或过度，人行空间缺少功能及环境照明，缺乏安全感，降低舒适性。

① 车行道照度或均匀度不达国家标准，步行空间缺少照明，路面及环境很暗，严重影响行车行人的安全感与舒适性（图 3-185）。

图 3-185 车行道和步行道照明过暗、无安全感

② 部分城市道路两侧行道树彩光照明，动态变化过度，造成眩光，影响红绿灯指示，造成较大的行车安全隐患（图 3-186）。

图 3-186 道树彩光照明影响红绿灯指示灯

2. 载体选择

在城市街道修规项目中，完成街区/街道的方案设计调研后，创意团队将分析街区属性、建筑特征、氛围基调、主要视线视域等，并结合地区的城市夜景照明规划、国家/地方法规、管理者/使用人群的需求等，充分考虑夜景照明创意主题与理念，确定该街区的照明范围与载体。

首先，充分分析地方法规及管理条例、城市夜景照明专项规划中对该街区、街道的规划定位、发展目标、设计导向等相关内容，确定上位规划中设定的重点街区、重要节点与主要游览路径。

其次，对建设相对成熟的区域，现场走访体验各街区/街道的氛围、空间尺度，了解沿街建筑风格、功能等，确定上位规划中重要道路及重要节点内所包含的重要建筑、设施等载体，从上位规划层面筛选出该街道的照明载体。而对建设相对不成熟的区域，要根据街道未来规划定位进行照明规划和定位，并根据现状载体情况进行现阶段的照明定级。

最后，在上位规划筛选的照明载体之外，也对重要街道、重要节点与主要旅游路径其他节点进行细致的视线视域分析（远近视点、鸟瞰/车行人行视点等），判断各个节点视域画面的重要性，可将视域内建筑分为前景建筑、氛围建筑、背景建筑，并确定是否存在照明载体遗漏。对道路沿街视觉界面，道路交叉口、广场、景观、开放空间等载体条件和使用情况进行分析，筛选主要场景、次要场景和氛围场景。统一视觉界面，丰富行车和行人环境，同时对重要节点进行重点刻画，形成视觉和情绪焦点。

通过上述三个筛选步骤，从而确定整个街道修规范围内的所有重点建筑、道路、设施、绿化等照明载体（图 3-187）。

图 3-187　照明载体选择示意图

3. 目标定位

照明目标定位可以从城市定位、城市夜间照明需求、城市特色等方面入手，对城市基础资料进行综合分析，得出最终定位目标（图 3-188）。

城市定位，包括城市总体空间的规划、城市未来发展的目标、城市整体风貌等，分析街道处于城市空间的环节，从而了解街道在城市中的定位，夜间照明设计目标不能背离城市的目标定位。同时，还应找到城市的照明专项规划，街道的照明目标定位应在该规划下指导确定。

图 3-188 从城市定位、照明需求确定照明等级区域

城市夜间照明需求，包括市政需求、市民需求、节能需求等；城市夜间照明是为城市形象服务的，所以需要充分了解城市的需求，才能准确进行设计目标定位。市政需求，即照明建设针对某一重要活动，如长安街照明的国事活动和节日庆典、武汉城市照明为迎接军运会等，照明目标定位需根据相对应的活动主题确定；生活在街道上最多的就是市民，所以街道的照明目标定位不能脱离城市市民的意愿，除了满足出行的功能需求，也应建立城市公众心目中的城市夜景形象；在进行照明目标定位时，还应当考虑城市的可持续发展，以最小的投资及维护实现最大的设计目标。

城市特色，从城市层面，包括城市的历史文化发展、城市空间格局，从街道层面，包括街道空间氛围，建筑载体特征和设计理念等；每个城市意象五要素，道路、边界、区域、节点、标志物，都有独属于自己的内容，因而城市的照明定位应当有别于其他地区，具有很强的识别性。

综上确定照明定位目标，据此寻找类似规模、城市格局、建筑风格等合适的优秀城市夜景照明案例，以及不合适的设计案例，对比分析，取其精华去其糟粕。

确定城市夜间形象和目标定位后，可从城市特色中寻找具有可识别性的特点形成城市街道的照明设计理念，形成总体的夜间景观结构布局，确定照明主题；再根据相应的载体现状基础，进而提出相应的照明策略，确定区域的光色分布、亮度分级、动态要求、图式语言。

4. 设计内容

（1）秩序规则

街道空间涉及的载体众多，秩序规则是对街道中所包含的载体，即建构筑物、开放空间的夜景照明控制要素进行梳理与定义，夜景照明控制要素主要包括照明的亮/照度、光色、动态、图式及主题五个要素。根据所在街道需要解决的问题，建立逻辑规则。

1）亮/照度

街道空间的亮/照度的设定通常从宏观层面入手，基于整个城市的空间特征而定。通常位于区域最重要位置的建筑亮/照度设为一级，如位于区域中心、地区中轴线、重要交叉节点或重要路段等；次重要建筑为二级或三级，住宅或背景建筑一般为四级。有些项目中，如果某一个或几个建筑的地位特别重要，其亮/照度等级还可设置为特级。例如，长安街照明设计中（图3-189），以天安门广场为中心，城楼和纪念碑亮/照度为特级，城墙相对较暗为二级，以形成图底衬托，长安街东西段建筑则为一级，形成统一的道路界面。

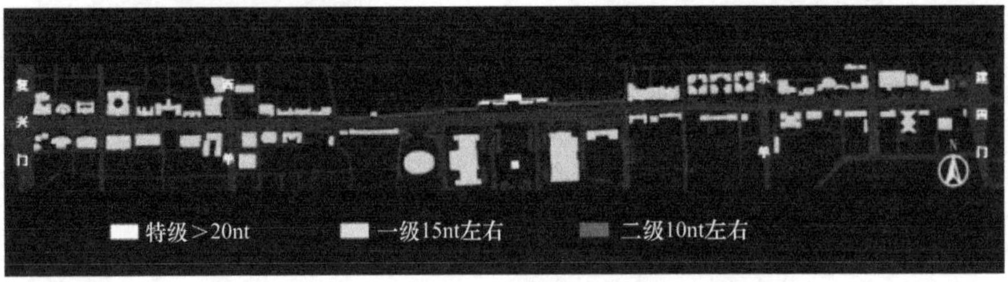

图3-189　根据区域位置设定亮/照度等级

2）光色

街道建筑的光色可根据建筑功能属性、区域环境氛围、区域历史文化特色等因素确定。例如通常以暖色光表现住宅建筑，冷色光表现办公建筑，而商业建筑或文娱建筑可适当加入彩色光。例如，长安街照明设计中，根据历史文脉这一因素，将整个街区划分为历史区、过渡区和外围区三个部分；其中历史区包括天安门及两侧红墙，采用低于2700K的暖光；西单至东单之间的传统长安街部分则属于过渡区，其建筑主要采用3000K；而外围区则有很多现代玻璃幕墙办公建筑，采用3000～4000K（图3-190）。

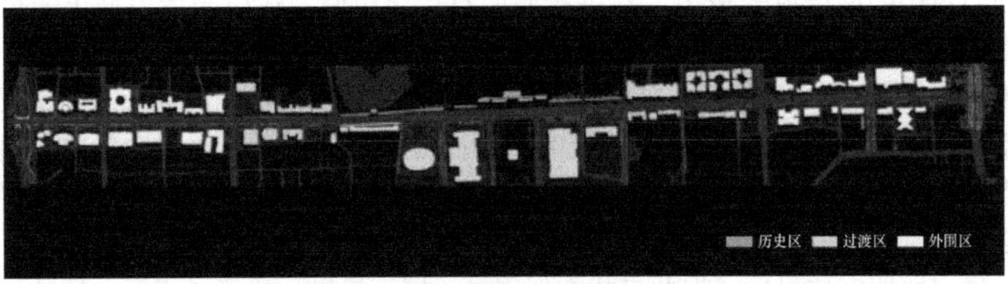

图3-190　根据建筑功能属性选择光色温

3）动态

街道建筑的动态情况也可根据建筑功能属性和区域环境氛围等因素而定。例如在商业文娱氛围浓厚的区域，可选择动态模式照明来烘托整体空间氛围；而住宅区或公园景观区域则不建议有强烈的动态模式。在设计动态模式的时候，还可考虑时间因素，比如节庆时段、平日时段，或夜间市民通常出游的时段，综合考虑剧烈动态模式、缓慢动态模式和静态模式的设置。

4）图式

建筑不同的空间结构特征决定了不同的照明图式语言。根据建筑空间结构特征，可大致分为体块组合、均质肌理和三段式三种。其中体块组合和三段式属于通常结构比较明显的建筑类型，因而一般则采用灯光强调建筑结构的方式，前者侧重于强调各个体块之间的拼接关系，而后者则通常会突出顶部和底部入口，弱化中间部分，形成照明层次；而均质肌理的建筑类型则通常难以一下抓住建筑的结构特征，除了可如另外两类建筑一样将其不明显的结构特征强化出来，也可以通过表现建筑肌理或重组肌理。

5）主题

照明主题可根据城市定位或夜景目标定位、建筑功能属性、区域功能属性和氛围、历史文脉、空间特征等多种因素而定。例如，某城市以大山大水而闻名，照明设计可提取山水元素作为图案在城市立面以灯光形式进行展示；某体育场馆照明设计，则可提取体育赛事图示作为设计元素；历史文化氛围浓厚的区域则可采用书画、文字、诗词等元素。

（2）单体表现

照明如何表现建筑，可大致分为两种手法，一是遵循本体，二是主题演绎。

1）遵循本体

① 体块组合

建筑在体量上可以划分成几个明显的体块，在夜间，通过不同亮度、光色的灯光对建筑不同部位的表现，突出建筑的体块感；体块可以根据建筑材料差异、结构构造差异等因素划分。如图 3-191 所示建筑，以明亮的暖色光照亮门洞，次亮的冷色光照亮外部形体，亮度和光色的区别表现形体转折。

图 3-191　用不同光色调突出建筑的体块感

② 均质肌理

建筑没有明显的体块划分，也没有特殊结构，其每个面或某一面的结构排布均质；在夜间，可通过灯光对这种结构肌理进行强调或者重新演绎。如图 3-192 所示建筑，以上下对照的冷白光凸出建筑的竖向结构肌理特征，强调韵律感。

图 3-192　通过灯光凸现建筑竖向结构特征

③ 三段式

建筑有明确的顶、中、底三个部分，通常可采取强调建筑顶部和底部入口，分层次对建筑进行照明。如图 3-193 所示建筑，强调顶部天际线，强调底部入口引人入胜，中部墙面弱泛光，体现建筑夜间照明的层次感。

图 3-193 分层次建筑照明层次感强

2）主题演绎

街道夜景照明设计通常考虑的是一个片区，而不是一个单一的建筑。在这种尺度下，单体夜景照明是服务于整个大环境的。为了保证整体的协调统一，首先会基于设计理念，建立区域的照明规则秩序，然后区域内的建筑都在该规则下进行设计，单体不需要突出自身特有的结构，而需要强化主题想要突出的内容。如武汉某项目位于大学城区域，照明主题设定为书海，将每一栋楼看作书页或者书简（图 3-194），因而在进行单体设计的时候，应当突出书脊（如山墙）和文字（如窗下墙），而忽略通常做单体设计时可能会照明的“书页面”大面积的实墙（图 3-195）。

图 3-194 书页、书简

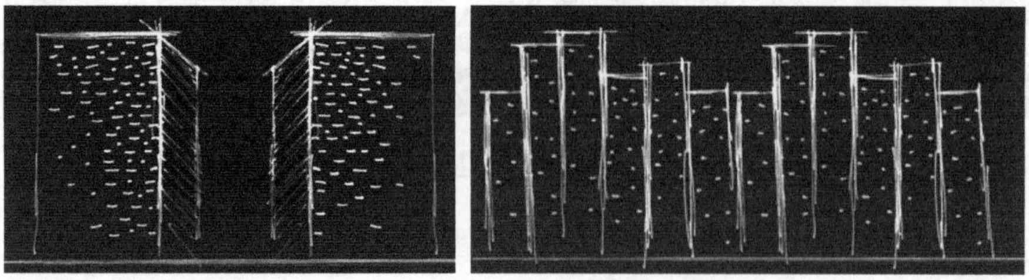

图 3-195 “书页面”墙体示意图（一）

图 3-195　“书页面”大面积实墙（二）

（3）空间场所

1）行道树

行道树是城市街道的第一道界面，是行车过程中最主要的观赏对象，而后是行道树背后的建筑。设计之初，应对道路断面进行归纳和总结，分析行道树与街道、建筑之间的关系，然后根据断面特征，确定相应的照明策略。如图 3-196 所示项目，连续照明行道树，加强道路界面的连续性；背景建筑照明衬托后排树木，形成空间感。

图 3-196　道路背景建筑树木的照明方案

同时，行道树照明还应考虑不同车行和人行视线的视觉感受，并注意防眩光（图 3-197）。

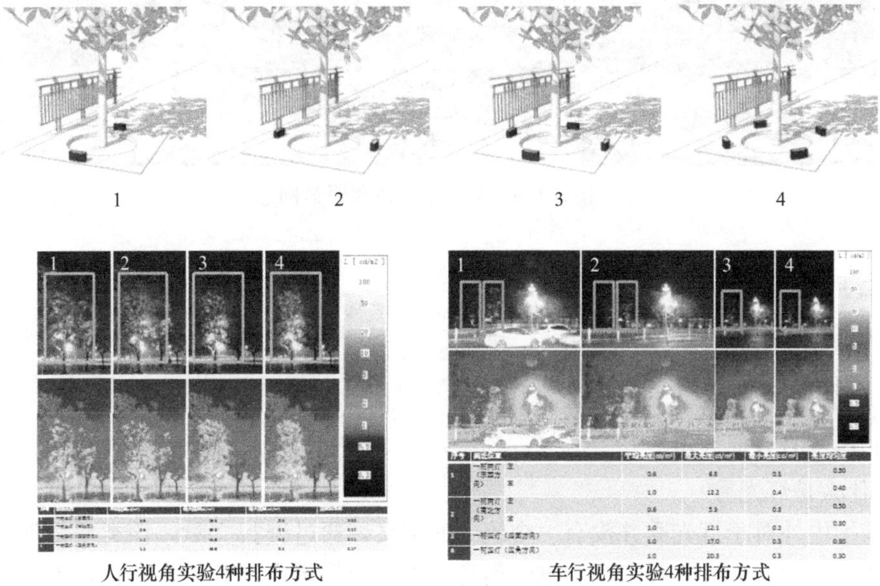

图 3-197　人行和车行布灯方式

2）人行空间

人行空间是城市公众“直接使用”的空间，其照明需兼顾功能照明和夜景形象的建立，也可增加适应人行为习惯的照明设施，结合城市街道景观小品灯光设计。如图 3-198 所示项目，灯具结合景观座椅和信息显示屏，形成夜间灯光景观，即满足城市形象需要，又满足市民使用需要，增加人行空间的舒适性。

图 3-198　多功能灯具和景观座椅

3）景观节点

城市景观节点，包括人行天桥、城市立交、景观雕塑等，作为城市街道上的点缀，可进行照明设计，并表现不同的主题。某城市项目中的天桥和立交桥照明设计（图 3-199），桥在该城市中为其一大特色，每个桥有自己特有的名称或造型，为强调这一特点，照明设计旨在加强每个桥的识别性，进而确定照明策略，即将区域特色的元素视觉化，赋予每个桥体的照明设计中。图中所示天桥坐落在一个美术馆旁边，因此提取国画中的山水之形作为特色元素。

图 3-199　某城市天桥照明案例

3.5　灯光秀

3.5.1　灯光秀概述

（1）概念及发展简史

1）什么是灯光秀

目前国内外对于灯光秀并没有一个统一的定义，通过查找文献，该类项目都是利用现代的灯光、音响、喷泉、投影以及电子信息技术结合特定空间载体，并且融入文化情景进行主题表演的艺术形式。灯光秀通常融入多种技术门类进行呈现，比如灯光结合喷泉的喷泉秀，投影结合建筑的投影秀等等，跟传统的功能和夜景照明相比，灯光秀是短时间的，追求强烈视觉刺激、向观众传达文化或者情绪信息从而达到共鸣。

2）灯光秀的发展简史

灯光秀的发展过程是从功能照明到庆典照明，再到演绎照明的发展过程，国外中世纪的欧洲实行宵禁，和宗教有关的节日庆典活动是“灯光秀”的雏形，最具代表性的是1852年的法国里昂灯光节（图3-200）。后来随着灯光和投影和数字技术的发展，灯光融合投影、信息技术、舞台艺术等内容发展成为今天的灯光秀（图3-201）。

图3-200 圣彼得堡教堂

图3-201 法国里昂灯光节

中国灯光秀发展追根溯源的话，千年前的节日灯会是灯光秀的雏形。中国灯会历史悠久（图3-202），汉朝时期就初露端倪，南北朝时期，就有人工制作的龙、象灯彩，隋唐开始兴盛，宋明时期成为大众的节日娱乐方式。

图3-202 中国传统灯会

20世纪80年代，随着中国改革开放进程，千年的传统灯会融入了现代科技的革新，中国式的灯光节、灯光秀正在发展中蜕变，最具代表性的是广州国际灯光节（图3-203）、天坛公园的3D视频灯光秀（图3-204）、上海跨年秀等。

图3-203 2010年广州国际灯光节

图3-204 2013年元旦北京天坛3D灯光秀

（2）分类及现状分析

灯光秀根据其表演形式、运行时间以及运营模式分为光动画、灯光秀和灯光节三大类。

1）光动画

光动画是最为常见的灯光秀表演形式，其特点是永久展示、免费观看，是城市夜景照明的组成部分，常见的表现类型有建筑立面、水幕喷泉、发光地砖、媒体立面等（图 3-205、图 3-206）。

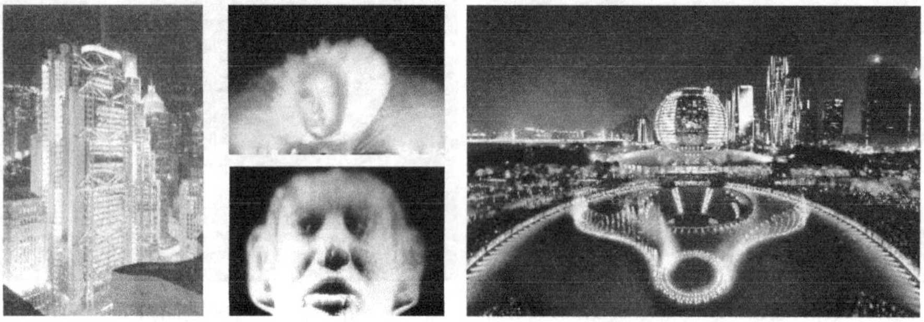

图 3-205　建筑立面　水幕喷泉（钱江新城）

图 3-206　媒体立面（G20 钱江新城）

2）灯光秀

灯光秀主要是指长时间展示、注重运营、观众需要付费观看的灯光秀形式，主要是由固定的视点来观看表演，根据表演形式可分为灯光演绎秀和有人参与的演绎秀两类。

① 灯光演绎秀

纯灯光演绎秀主要是通过多种科技手段与载体结合，打造绚丽的灯光表演空间，供游客观赏，如延安宝塔秀（图 3-207）、花舞森林秀（图 3-208）。

图 3-207　延安宝塔山灯光秀

图 3-208　花舞森林

② 有人参与的演绎秀

主要是通过人与光的故事情节演绎，更加生动形象的向游客展示当地文化，如又见系列、印象系列（图 3-209、图 3-210），都是在打造灯光表演的同时，创造了经济与文化的双丰收。

图 3-209 又见·平遥

图 3-210 印象·西湖

3）灯光节

灯光节是多个场所、多方赞助、多种形式短时间展示的灯光秀形式，国外以法国里昂灯光节为代表（图 3-211），每年 12 月 8 日开始，一般持续 4 天，是里昂最大的城市盛会之一，也是里昂人文精神的体现，每年有超过四百万的游客来到里昂观赏灯光节。

图 3-211 法国里昂灯光节

国内以广州国际灯光节为代表（图 3-212），广州国际灯光节从 2010 年开始，已成功举办了七届。采用“政府搭台、企业唱戏”的市场化模式，突出中国和广州的地域特点，发扬传统历史文化和艺术特色。

图 3-212 广州国际灯光节

(3) 灯光秀发展趋势

灯光秀的价值是复合式价值，是对城市空间的艺术和文化的诠释，更多地向观赏者传达精神、情怀，也是文化层次的宣扬与内涵的展现，最新的技术，令灯光秀的视觉传达可实现极大的煽动性和诱惑力。大事件驱动，打造新的城市形象代表，拉动土地价值，视听艺术和商业的结合，再加上地域文化的包装，灯光秀成为地方建设的宠儿。因此学科的融合将是灯光秀的总体发展趋势，会更加注重观看者的多感官沉浸式体验。

1) 技术进步

随着科技的迅猛发展，高科技的应用越来越多，游客将代替演员体验光营造的环境，并与光影互动，增加体验乐趣。表演舞台上的灯光，得益于光源与控制技术的进步，视觉表达更为自然细腻。色彩控制、数码显示与投影技术、材料技术提供了更多的手段（图 3-213）。

图 3-213　表演舞台上的灯光

2) 规模扩大

无论从空间分布，还是从投资力度来说，城市公共空间的展示性照明规模在不断扩大。里昂首先制定并逐步实施照明规划，灯光重塑自然和人文景观，特定节日灯光秀形成趣味中心，产生强大的吸引力，再合理组织观光景点和旅游路线（图 3-214）。

图 3-214　节日灯光秀观光景点（一）

图 3-214 节日灯光秀观光景观（二）

3）跨界结合

灯光秀产品已逐渐由静态产品向互动观赏产品，至空飘产品发展，光的理念及应用进一步转换到更高的艺术领域，表现为色彩、图像、音乐的结合。基于景区的文化底蕴，创意的灯光秀产品结合新颖的艺术化主题、形式，将会给观赏者视觉上新的冲击力，打破视觉疲劳。

灯光秀中，参与要素、情景设计、规模、展演媒介等因素越来越多，有效的将这些元素融合，需要立体化的展演空间，带给观众更加真实的体验感（图 3-215）。

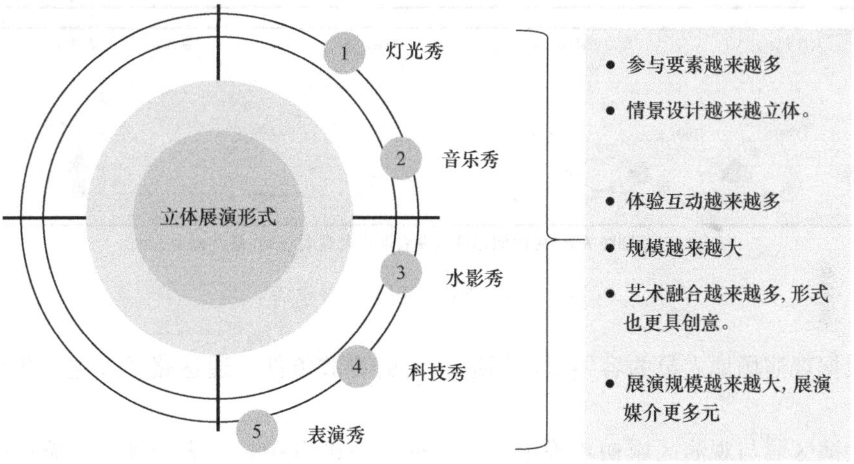

图 3-215 立体化的展演空间

3.5.2 创作流程

鉴于目前光动画和灯光节趋于成熟，此文主要以灯光秀中的灯光演绎秀为例，对灯光演绎秀的创作流程进行解析，由于灯光演绎秀涉及多个专业内容，技术实现部分对演绎秀中灯光部分进行重点解析。

（1）前期策划

以济南大明湖综合水秀为例，济南大明湖作为国家 5A 级风景名胜旅游区，是一座由泉水汇集、传统文化与历史名人齐聚云集的传统城市园林。在这样一个全民关注的大背景下，在大明湖水面上演绎一场大型的综合大秀是有着无形的压力的，也是要做充足的前期调研、访谈论证的，在明确做大明湖综合水秀的前提下，一般会考虑以下几个方面：

1）表演选址

① 结合主要城市背景环境（佛山倒影），视觉演绎核心位置（湖心三岛），初步筛选

表演区域（图 3-216）；

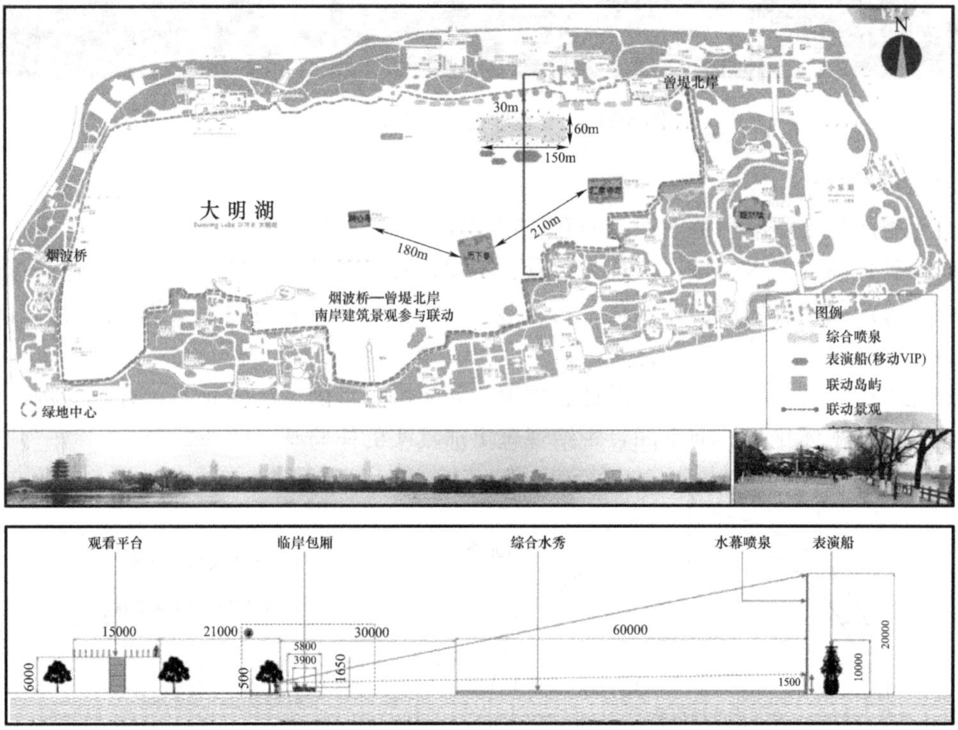

结合与三岛轴线关系，佛山倒影最佳视看面以及观看场地，最终确定选址1.

图 3-216 济南大明湖综合水秀

② 根据观演场地人员的容纳量、场地的人员疏散条件、通达路径等进一步确定表演区域；

③ 表演区域与观演区域初步确定后，根据观演试看距离、表演硬件设施的技术条件限定等最终确定表演区域位置，主观演区、次观演区及流动观演区（图 3-217）；

观看距离60m

图 3-217 济南大明湖综合水秀（一）

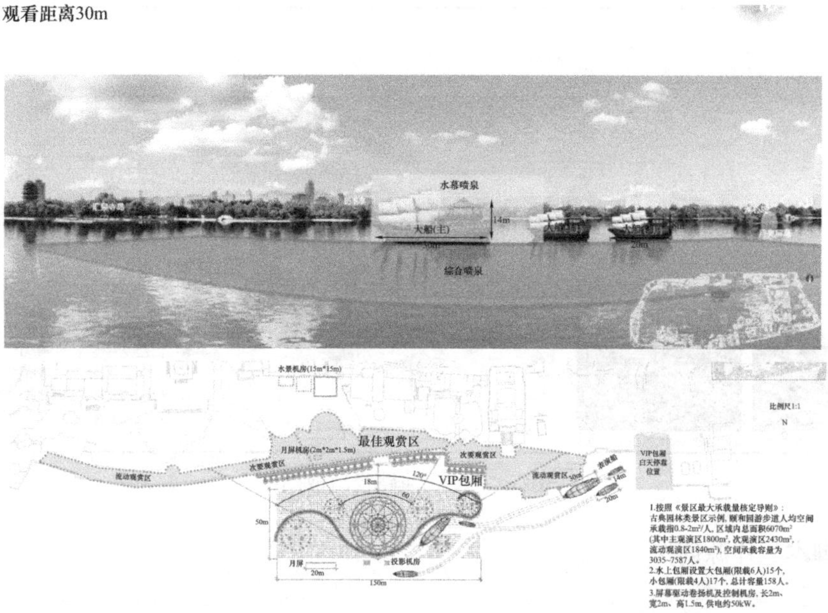

图 3-217 济南大明湖综合水秀（二）

④ 考虑运营回收，设置计费最佳观演区（如 VIP 包厢）。

2）软硬件设计与跨界团队的组成

① 硬件组成一是通过国际案例借鉴，国内案例考察，二是结合地域特色，糅合舞台元素与最新科技的应用；

② 软件设计具体根据详细产品独特属性设计；

③ 跨界团队的联合，照明作为实现最佳效果的技术平台纽带。

（2）组织预案

1）综合水秀与环境灯光的配合（图 3-218）；

图 3-218 综合水秀与环境灯光的配合

2）根据委托方的运营机制，结合周边旅游，初步制定表演时间，观演路径的疏散，配套设施的跟进，安保措施等（图 3-219、图 3-220）。

图 3-219 购票流程

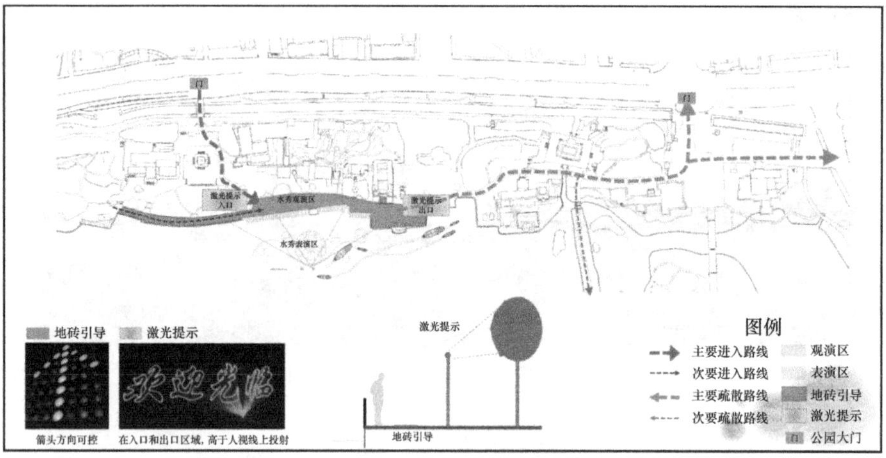

图 3-220　观演路径疏散图

（3）脚本、片源创作

1）概述

灯光秀脚本是一种文学形式，是灯光秀片源创作的文本基础，它是以代言体方式为主，表现故事情节，一般分为文学脚本和分镜头脚本两种形式，文学脚本主要用文字表述和描绘灯光秀的一种文学形式，分镜头脚本是在文学脚本基础上，以镜头为基本单位的脚本形式。片源创作是将脚本通过不同的表现手法以动态形式呈现给观众的创作过程，除了还原脚本创作的内容，还要对动态衔接、动画专场和特效进行二次创作。

2）灯光秀脚本、片源创作特点

① 类型多样，跨界融合。

灯光秀脚本、片源完全服务于灯光秀类型，灯光秀从诞生发展到现在，产生了纷繁复杂的样式和类型，表演方式从山水实景秀、到激光秀、投影秀、水秀、LED 媒体秀等，灯光秀作为新生门类并不断地推陈出新，所以某一个专业门类已经很难满足各类灯光秀的脚本、片源创作的需求，所以普遍是跨界合作，多专业融合的创作形式（杭州、延安案例）。

② 创作结合地域和空间特征。

灯光秀脚本、片源区别与传统的影视剧本和动画剧本最大的区别就是是否要结合地域或者空间特征进行创作，灯光秀主要依托于山水自然景观、建筑或者城市公共空间作为表演载体，脚本、片源创作脱离这些载体就缺少了骨架，这样放之四海皆准的创作，吸引力大打折扣。

③ 创作融合区域文化元素。

灯光秀脚本、片源创作中如果空间特征是骨架的话，区域文化就是灵魂，区域文化的融入创作出符合现代观众审美需求的灯光秀作品，使传统文化散发出别样的艺术光辉，避免千秀一面的窘态。

3）灯光秀脚本、片源创作流程

① 信息收集

创作离不开与当地的历史人文、风土人情和自然环境的结合，所以前期相关资料的收集是重要的环节，信息收集大概有以下几种形式，一是文献影像资料收集，主要途径有到当地博物馆、书店，展览馆、文化景区拍照和购买相关的文献资料，网络下载或购买相关影像资料。二是与文化人士座谈，文化人士把当地的文化精髓提炼归纳和总结，他们提供的信息更精准和有针对性。三是群众调查问卷，群众调查问卷是对未来的潜在的观众需求进行统计，统计结果有利于创作出更容易让广大观众接受的接地气作品。

② 条件分析

条件分析是在前期策划的基础上根据脚本、片源创作的需要对表演的空间载体，观看条件和表演设备可实现的效果进行综合分析，依次作为创作的依据。

表演空间载体分析：主要对表演的空间和载体特征进行分析，脚本和片源的创作寻找与特征载体，特殊的构造或者空间可以结合的点形成创意亮点甚至有可能成为整个秀的主线，灯光秀表演过程中可以与空间载体进行互动表演，表演更加生动，给观众留下深刻印象（如“长恨歌”利用山体做背景配合月亮装置），让每个表演形成独有区域特色（图 3-221、图 3-222）。

图 3-221　长恨歌舞台背景和月亮装置

图 3-222　龙虎山灯光秀

观看条件分析：脚本、片源创作最终是要呈现给观众，所以创作必须以观众的观看需求和视角为出发点进行组织，比如：移动观赏时就需要演出场景随着观众的移动不断变化，步移景异给观众丰富的视觉感受，而固定视点观赏时比如大明湖水秀（图 3-223），片源创作以核心观赏区看到的场景作为核心表演区，表演区域不宜超出人的正常视线范围。多点观赏时比如大红袍旋转舞台，表演场景根据表演节奏分布，高潮区域就会成为片源创作的重心（图 3-224）。

表演设备可实现的效果分析：脚本、片源创作是整个表演的软件部分，它是依托于整个硬件设备来实现，所以创作前先了解硬件设备可以实现哪些效果，可以进行哪些组合，在此基础上进行创作，投资允许的情况下也会根据创作的需求增加表演设备，让整个表演更加完美。

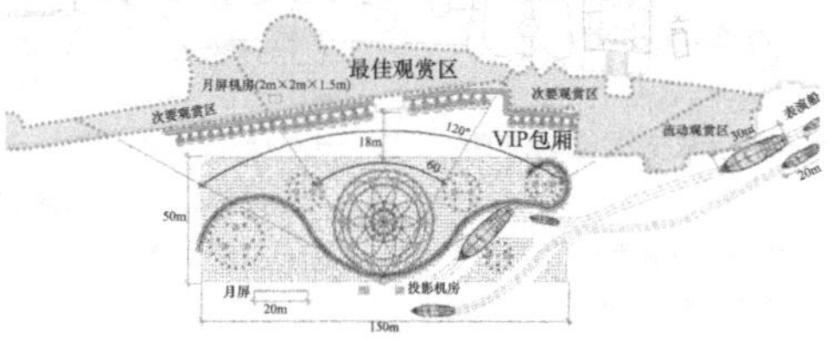

图 3-223　大明湖水秀观看条件

图 3-224　印象大红袍旋转舞台

③ 文学脚本创作

文学脚本主要两个作用，首先是用于与业主沟通确定大方向，方向确定之后指导后续的分镜头创作。脚本创作之前先要对前期收集的资料信息进行汇总整理，根据条件分析进行判断未来表现形式是抽象还是具象注重故事情节的演绎模式，根据前两个判断确定脚本的主题、章节、大概的元素，用文字串联成画面（图 3-225、图 3-226）。

延安宝塔山 视频制作文学脚本

主要体现：

三黄二圣（黄帝陵庙、黄河壶口瀑布、黄土风情文化、革命圣地 中华文化圣地）

地域特色　——　黄土地的诉说

红色题材　——　宝塔山的故事

新时代展现　——　新时代的颂歌

所选展现素材元素

1 红绸带　黄龙（黄帝）

2 陕北民俗剪纸

3 黄河壶口瀑布

4 黄土高坡的秧歌舞

5 毛主席及领导的形象（雕塑）　书法（名言）

6 延安大生产

7 鲁迅艺术学院

8 中共七大

9 四季更迭

10 时代风貌

11 红星 党徽

图 3-225　延安宝塔山　视频制作文学脚本

第一章　黄土地的诉说

旁白：

“黄龙用光明，驱走了无穷的黑暗。五千年文明的传承，自延州之地就此开始…”

强起

（涛涛水声）

（陕北民歌　风格《西部放歌》~~~）

壶口瀑布灌出了石壁，宛如华夏儿女的无限豪情。奔腾千里。

鼓声阵阵，黄土地上的娃子，托出了那条金龙带出的长长的红绸子，在黄河岸边伴随着奔涌的黄河水声，舞起了秧歌。

伴着歌声欢笑，惊彻天地，震颤心田。

伴随着歌声随风而动的红绸子，飞过了每一片延安的特色山川梯田……

在桃樱施粉的宝塔山间，红绸子最终变幻成了一副陕北民俗“安塞剪纸”窗花，贴在了一个陕北特色的窑洞窗口。

宝塔之下，窑洞窗口格外淳朴怡然……

这巨大的“安塞剪纸”慢慢地旋转在塔山石崖的窑洞窗楞，陕北民歌声声入耳，回荡在热忱的土地。

歌声悠扬，渐渐远去，伴着那气势如虹的波涛大河之声。

我们能听到，河水拍岸似的阵阵诉说…宛如沉醉在静谧的夜晚窑洞窗前，烛光盈盈….热忱的土地在等待….宝塔山像深海那样静静的在深夜守候着~

第二章 宝塔山的故事

日出东方……

一嗓子亲切的无音乐的民歌高唱，此时你会对你心中的情感无比熟悉~~

“东方红，太阳升，中国出了个毛泽东……他为人民谋幸福，呼儿嘿呦，他是人民大救星……”

宝塔红艳无比，在深蓝色宝塔山的石壁上，安塞剪纸的窗花，随着歌声，化成了一只红围巾，飘系在了毛主席的颈间………

主席正在红烛之前，彻夜工作，谱写下中国革命的不朽诗篇~~~~~~~~

笔墨展开，却是主席诗词，名词警句、谆谆教诲….

(文字呈现在山崖之上……)

(歌曲　《山丹丹开花红艳艳》)

红绸飘扬，染红了山丹丹花，开遍大路….~~绸带飞起，变成了红军旗帜~~~~.一个红军大生产，大劳作，大建设的画面映入眼帘…….

（歌曲《黄河大合唱》）

直到黄河岸边~~~~红绸飘落在黄河水中~~~~伴随着《黄水谣》~~~~又有一大批金灿灿的艺术家名字，照片~~~围绕在黄河

图 3-226　灯光秀文学脚本

④ 分镜头脚本创作

分镜头脚本是基于文学脚本进一步深化的形式，分镜头确定更加具体的元素、镜头设计、时间，动态描述，音乐等内容，片源动画制作团根据分镜头进行动画创作(图 3-227)。

篇章	音乐	画面	图片参考	画面特效阐述
<序幕>	强烈的心跳音效	随着强烈的心跳声,宝塔山上的灯光一片片亮起		(备份投影出星空)
	<信天游>的歌声渐起,这流传在中国西北广大地区的民歌,把人们迅速带入到黄土高坡的情境中	灯光打亮山体,铺满整个山坡		
	恢弘的<东方红>奏响	随即,山上的宝塔通体亮起	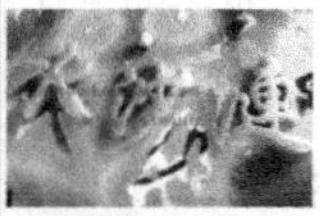 (雕刻感的字体参考)	诗句以浮雕的形式出现,底版可做成宝塔山山壁的质感
		贺敬之的著名诗句"几回回梦里回延安,双手搂定宝塔山"(在山体表面雕刻出诗句)		
《上篇:大会师》	七律长征	在地图上一条金色光带逐渐勾勒出长征路线图,点亮途经的革命重要据点		
		毛泽东《七律长征》诗句"红军不怕远征难..."	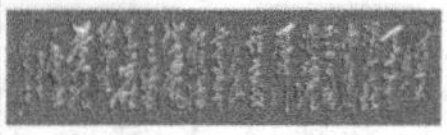	
	史诗般大气磅礴的音乐	长征艰难曲折的过程:瑞金出发/遵义会议/四渡赤水/飞夺泸定桥/翻雪山过草地	 (瑞金出发)   (遵义会议)  (四渡赤水)   (飞夺泸定桥:前景三维的巨大铁锁出现,镜头继续往前推进,逐渐带出飞夺泸定桥的画面)  (过草地:前景草地,中景人物,后景湿地)	诗词冲屏带出后面长征的过程 建议此处画面制作采取分层制作,前景投影区域(树木部分)可投画面前景的自然景观,后景主题投影区域(宝塔山)可放主体场景画面 长征过程中的每个场景,建议用整面红旗飘过为过场

图 3-227 灯光秀分镜头脚本

⑤ 配乐

音乐是灯光秀的灵魂，好的音乐可以带动表演情绪和节奏，提高观演的代入感和体验感。音乐选择根据每个章节的时代、风格，节奏以及区域特征进行音乐选择，比如杭州钱江新城灯光秀新城诞生章节中，在展示杭州历史部分的音乐选择最具杭州代表性的乐曲，这段乐曲融合了五六种当地乐器进行演奏，这种声音和图像的完美契合，增强了表演的效果。

音乐的介入时间根据项目周期和投资情况分为演示动画制作之前或者制作之后，对于周期紧迫投资相对较少的项目，先有音乐再进行动画创作，根据音乐节奏制作演示动画，音乐一版选择现有的音乐进行加工；对于制作周期和资金比宽裕，就可以先进行演示动画制作，根据动画制作音乐，这种音乐和图形的契合度更高，演出效果更好。

⑥ 动画创作

动画创作是实现分镜头的过程，同时对分镜头之间的衔接动作、转场、特效以及镜头进行创作，并非机械的实现过程。首选创作根据不同灯光秀的表演形式确定制作软件，根据上墙和调试的需要输出相应的格式。

(4) 技术实现

1) 设备选型

依据设计方案效果，对厂家进行设备征集，现场试验比较；使用相关专业检测仪器，对所选设备的各项指标进行测试，并出具检测报告；满足设计方案效果前提下，筛选经济适用的设备；经过设备征集、技术检测及设备价格的咨询，提供客观的检测数据及价格表单给业主，由业主选择定型。

设备征集 → 技术检测 → 设备价格 → 选择定型

设备选型原则：适合临时表演的设备，需满足便于配置齐全、携带运输、安装快捷、可靠性高，适用于所选场地的表演等；适合常设表演的设备，需满足技术先进、可靠性好、易维修、经济适用、安全可靠、符合环保标准等。

2）技术指标

① 投影设备

在现行项目中，投影机是不可或缺的重要设备。随着近年来持续火热的文化旅游市场，设计项目中投影设备的需求量呈现逐年递增的趋势。如此大的用量，在投影设备的选型中，有很多问题都是不容忽视的，通过对业主、设计师、设备供应商、施工方等进行问题征集，了解最真实的需求。例如确定成像载体后影响前期设计的因素有哪些？氙气、激光投影机在亮度、色彩、寿命、造价方面有哪些优劣势？设备安装点位如何优选？等等。通过对征询的问题进行梳理，我们将投影设备的选型转化为现场勘查、效果确定、片源制作、安装点位、光路模拟、设备选型、基站建设、融合矫正、竣工验收 9 步骤设计技术流程，把控各环节中的要点，才能使项目落地不走样。

1 现场勘查 → 2 效果确定 → 3 片源制作 → 4 安装点位 → 5 光路模拟 → 6 设备选型 → 7 基站建设 → 8 融合矫正 → 9 竣工验收

首先是对现场进行勘查，确保表演面前方有足够的观演空间供观众停留，将安全放在第一位（图 3-228）。

图 3-228　灯光秀表演面前应有足够欢演空间

接下来对载体勘查，投影面材质色彩越浅效果越好，如同体量载体达到同一亮度要求，深色建筑需要更多的设备，工程额也会同步提高。如玻璃幕墙建筑需要临时表演灯光秀时，可敷设静电膜达到预期效果。具体建筑材质反射系数可参考（表 3-9）。

理想的效果离不开优质的载体，表演面的材质不管是实体还是虚体均需要良好的承载面，如果是树木则需要冠幅茂密的树种（图 3-229）。水幕投影时，喷口小、水雾细密为佳，图像照度应＞100Lux。

常用材料反射系数 **表 3-9**

序号	不透光材料	颜色	反射系数	序号	不透光材料	颜色	反射系数	序号	透光材料	颜色	反射系数
1	石膏	白	0.91		马赛克地砖			1	普通玻璃		0.78～0.82
2	大白粉刷	白	0.75	1	白色	白色	0.59	2	刚化玻璃		0.78
3	水泥砂浆抹面	灰	0.32	2	浅蓝色	浅蓝色	0.42	3	磨砂玻璃		0.55～0.60
4	白水泥	白	0.75	3	浅咖啡色	浅咖啡色	0.31	4	乳白玻璃		0.60
5	白色乳胶漆	白	0.84	4	深咖啡色	深咖啡色	0.20	5	压花玻璃		0.57～0.71
6	红砖	红	0.33	5	绿色	绿色	0.25	6	无色有机玻璃		0.85
7	灰砖	灰	0.23		大理石			7	乳白有机玻璃	乳白	0.20
8	胶合板	本色	0.58	1	白色	白色	0.60	8	玻璃砖		0.45～0.50
9	油漆地板	白	0.10	2	乳白色间绿色	乳白色间绿色	0.19	9	糊窗纸		0.35～0.50
10	菱苦土地面	白	0.15	3	红色	红色	0.32	10	天鹅绒	黑色	0.001～0.10
11	浅色织品窗帷	白	0.30～0.50	4	黑色	黑色	0.08	11	半透明塑料	白色	0.30～0.50
12	铸铁、钢板地面	白	0.15		调和漆			12	半透明塑料	深色	0.01～0.10
13	混凝土地面	白	0.20	1	白色及米黄色	白色及米黄色	0.70	13	刚纱窗	绿色	0.70
14	粗白色纸	白	0.30～0.50	2	中黄色	中黄色	0.57	14	聚苯乙烯板		0.78
15	沥青地面	白	0.10		塑料贴面板			15	聚氯乙烯板		0.60
16	一般白灰抹面	白	0.55～0.75	1	浅黄色木纹	浅黄色	0.36				
	瓷釉面砖			2	中黄色木纹	中黄色	0.32				
1	白色	白色	0.80	3	深棕色木纹	深棕色	0.12				
2	黄绿色	黄绿色	0.62		玻璃						
3	粉红色	粉红色	0.65	1	普通玻璃	无	0.08				
4	天蓝色	天蓝色	0.55	2	压花玻璃	无	0.15～0.25				
5	黑色	黑色	0.08	3	磨砂玻璃	无	0.15～0.25				
	无釉陶土地砖			4	乳白色玻璃	乳白色	0.60～0.70				
1	土黄色	土黄色	0.53	5	镜面玻璃	银色	0.88～0.99				
2	朱砂色	朱砂色	0.19		金属材料及饰面						
	水磨石			1	阳极氧化光学镀膜铝		0.75～0.97				
1	白色	白色	0.70	2	普通铝板抛光		0.60～0.70				
2	白色间灰黑色	白色间灰黑色	0.52	3	酸洗或加工成毛面铝板		0.70～0.85				
3	白色间绿色	白色间绿色	0.66	4	铬		0.60～0.65				
4	黑灰色	黑灰色	0.10	5	不锈钢		0.55～0.65				
	塑料墙纸			6	银		0.92				
1	黄白色	黄白色	0.72	7	镍		0.55				
2	兰白色	兰白色	0.61								

图 3-229　灯光秀离不开优质的载体

环境光对于投影的效果影响很大，如周边环境光过亮，投影区域与环境亮度对比小于预期值，感染力则降低（图 3-230）。一般组合场景我们通过量化控制指标达到表演主体与环境的差异，与环境亮度对比 50∶1，控制周边环境亮度＜5Lux，利用数据库应用面查询，量化控制。

图 3-230　环境光对灯光秀效果影响较大

投影亮度与环境光的关系可参照国际知名视听专业机构 InfoComm International 提供屏前对比度标准（表 3-10）。

投影亮度与环境光的关系表　　**表 3-10**

屏前对比度	低于 5∶1	5∶1～10∶1	10∶1～15∶1	15∶1～20∶1	高于 20∶1	40∶1～80∶1
评价	不能接受	差	一般	好	很好	电影院要求

对比度＝(最高照度/(最低照度＋环境光照度))×屏幕增益。在以上公式显示，环境光照度会对对比度产生很大影响。常用环境照度参考（表 3-11）。

环境光亮度表　　**表 3-11**

环境	照度值（Lux）	环境	照度值（Lux）
星空	0.1	影院（14ftL）	1.8～3
影院（18ftL）	2.3～3.7	广场	5～10
黎明（日照前）	10	阅读书刊	50
会议场地	50～100	工作区	100
家用摄像机	1400	人眼极限	3000～10000

屏幕增益：屏幕反射入射光的能力。在入射光角度一定、入射光通量不变的情况下，屏幕某一方向上亮度与理想状态下的亮度之比，叫作该方向上的亮度系数，把其中最大值称为屏幕的增益。通常把无光泽白墙的增益定为 1。在没有特殊要求下，以屏幕增益为 1 作计算标准。

注意：金属材料不可以直接投影。

效果确定之后要做的是寻找设备安装点位，应注意的是投射角度尽量与观众的实际观看视角相同或接近，同时在效果、美观和经济间平衡选择最佳位置，再通过光路模拟确定最终投影机的功率和数量（图 3-231）。

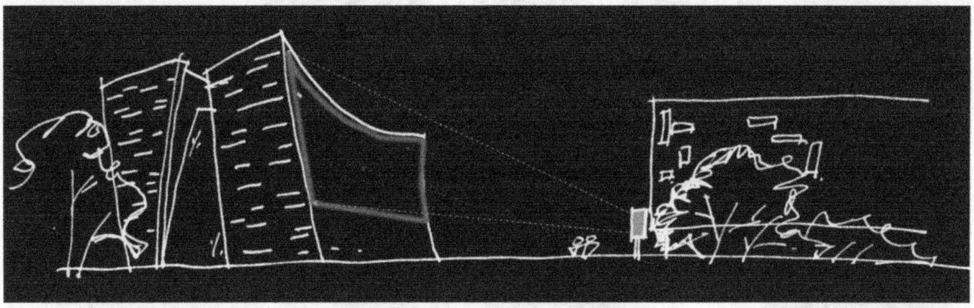

图 3-231 观光视觉模拟图

理想条件下，尽量与观众实际观看视角相同或接近的。观看的最佳高度是在画面高度的 1.73 倍距离。在效果、美观和经济间平衡选择最佳位置。

现场试灯 pk 的环节是不可或缺的，在这一过程中能够最直观地看到设备间的差异，例如相较于传统光源，4500W 的激光投影机比 7000W 的氙气投影机亮度更高、寿命更长，这些数据结果将是业主确定中标产品的重要依据。镜头同样是投影机的核心部件之一，不同的安装条件应选用不同的镜头解决，例如短焦镜头，在近距离投影亮度控制范围内可将画面打满，如使用标准镜头则需要更多的设备。

进入实施环节，设备尽量利用周边载体隐蔽处理，无条件可设置工作基站，临时工作基站仅用于短期的灯光秀表演。现场调试时（图 3-232），准备符合建筑框架的测试网格图片，将调试网格裁切，用于每台投影的几何校正，再进行融合，将建筑中的窗框、构建等精准对位，以达到最终设计效果。

图 3-232 灯光秀现场调试设备

最后通过检测投影亮度、均匀度、对比度、色彩、动态分布、功率密度、用电量等数据，为竣工验收提供数据支持，同时大量的数据积累也是对未来项目的技术支持（图 3-233）。

② 激光

激光器是指能发射激光的装置，“明湖秀”（图 3-234）中主要用到的是单色激光器和彩色激光器。

依据设计效果，对激光器提出相关技术指标：

图 3-233　现场检测投影亮度等数据

图 3-234　明湖秀激光

确定投影距离 100m；投射平均亮度根据图案素材来决定，投射最大图像比例为 1∶1；发射角<1.8mard；要求激光图案在应用场景清晰明亮；效果质量，要求实现图案、激光线条大小，明暗随意变化切换，图案清晰明亮，动态自然，边缘柔和易于拼接，光束质量 M2<10。

彩色激光器技术参数（图 3-235、图 3-236）：

灯具类型	AT-JJ4430P 50W 彩色激光器	灯具图片、重量
光源型号	9W(635nm)+15W(532nm)+16W(447nm)	
光斑尺寸	5.5mm	
色温/颜色	RGB激光	
系统功耗	2000W	
工作电压	AC220V 50/60Hz	
材质颜色	根据安装面条件，调整灯具表面颜色，以达到最佳隐藏灯具的效果；	
光源寿命	正常使用5000小时	
尺寸重量	灯具尺寸及重量参考右图	
防护等级	IP65	尺寸：660×650×300mm 重量：58kg 注：灯具图片仅作参考，灯具尺寸、重量及支撑结构的承载能力计算，由厂家深化，设计方及业主方最终确定。
抗盐雾腐蚀能力		
控制要求	通讯协议；BEYOND-DMX15，DMX通道:15	
备注	工作环境温度-20~40℃；工作湿度≤70%	

图 3-235　三色激光器技术参数

灯具类型	AT-JJ4430P 50W 绿色激光器	灯具图片、重量
光源型号	40W(532nm)	
光斑尺寸	5.5mm	
色温/颜色	单绿色	
系统功耗	2000W	
工作电压	AC220V 50/60Hz	
材质颜色	根据安装面条件，调整灯具表面颜色，以达到最佳隐藏灯具的效果;	
光源寿命	正常使用5000小时	
尺寸重量	灯具尺寸及重量参考右图	
防护等级	IP65	尺寸: 660×650×300mm 重量: 58kg 注: 灯具图片仅作参考，灯具尺寸、重量及支撑结构的承载能力计算，由厂家深化，设计方及业主方最终确定。
抗盐雾腐蚀能力		
控制要求	通讯协议; BEYOND-DMX15, DMX通道:15	
备注	工作环境温度-20~40℃; 工作湿度≤70%	

图 3-236 单色激光器技术参数

3）控制系统

① 制定控制方案

无论哪种灯光秀类型，控制方式基本都用 DMX512 协议。DMX 是 Digital MultupleX 的缩写，意指多路数字传输。DMX512 控制协议是美国舞台灯光协会（USITT）于 1990 年发布的灯光控制器与灯具设备进行数据传输的工业标准，全称是 USITT DMX512（1990），协议包括电气特性、数据协议、数据格式等方面的内容。DMX512 协议一共就是 512 个通道地址，就是控制器一个端口就能带 512 个地址（图 3-237）。这个协议是个并联式协议，一个灯坏了不影响其他灯，所以得到迅速普及。

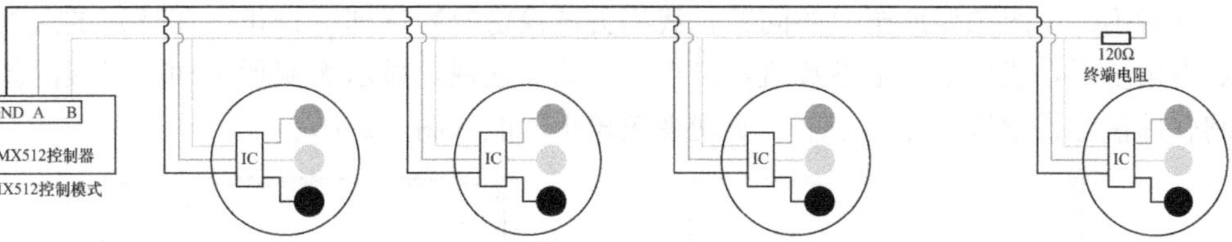

图 3-237 DMX512 灯光控制器

但控制方式有所不同。应用于室内舞台，整体灯具数量少，单个灯具变化多，需要精准控制单个灯具表演的情况，基本采用控台的形式（图 3-238）；而应用于室外景观，整体灯具数量多，单个灯具变化少，需要控制整体大效果的情况，基本采用电脑的形式。

② 精细化控制

要实现精细化控制在室外大尺度景观的环境里，往往遇到两大难题。第一与建筑媒体立面不同的是山脊线走势复杂，是三维立体而非二维平面，无法准确找到实际对应点位。第二观察视点看到的精细画面会因山形透视而变形扭曲。针对这两个问题，我们做了以下研究。

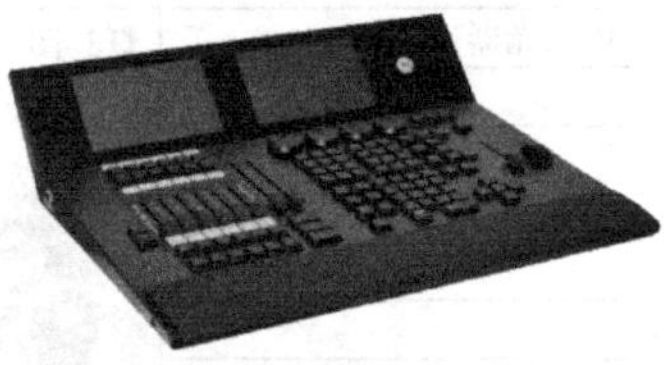

控台

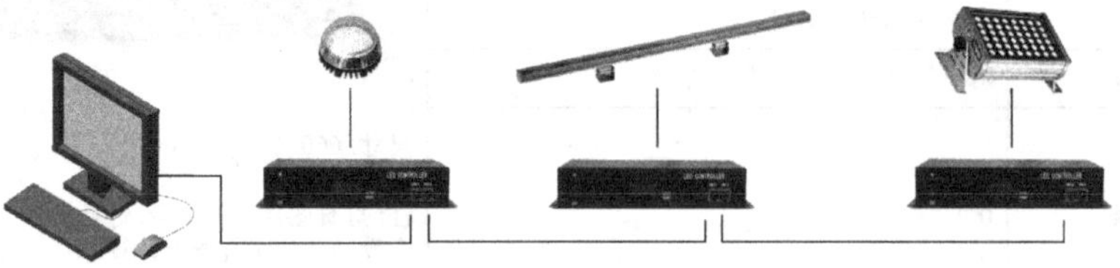

电脑

图 3-238　电脑控制台

针对第一个无法定点位的问题，我们尝试借用 3D 立体屏幕技术（图 3-239），把三维视频投射到三维立体上，也就是把山体等距切片，得到一个立体模型，然后把三维动画映射到三维模型贴图之上，从而实现以三维的视角去控制点位，实现色相、明度和动态的调节。

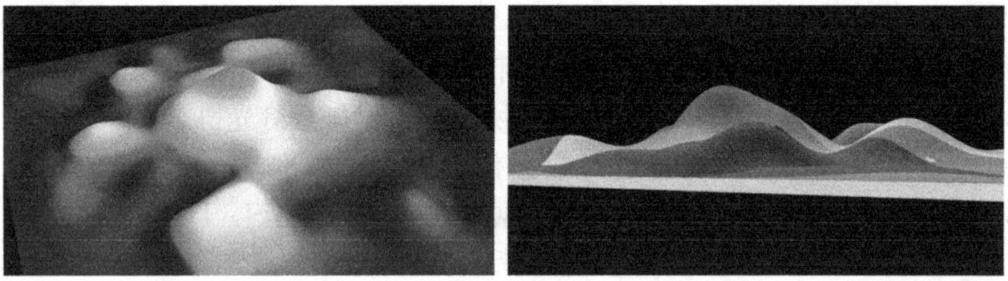

图 3-239　3D 立体屏幕技术

针对第二个图像变形扭曲的问题，我们尝试模仿投影仪梯形校正，在特定的观察距离和观看角度下，能自动设定参数值，自行调节画面透视，显示无变形画面。发展的趋势是控制软件借鉴投影机的控制原理，实现视频校正功能（图 3-240）。

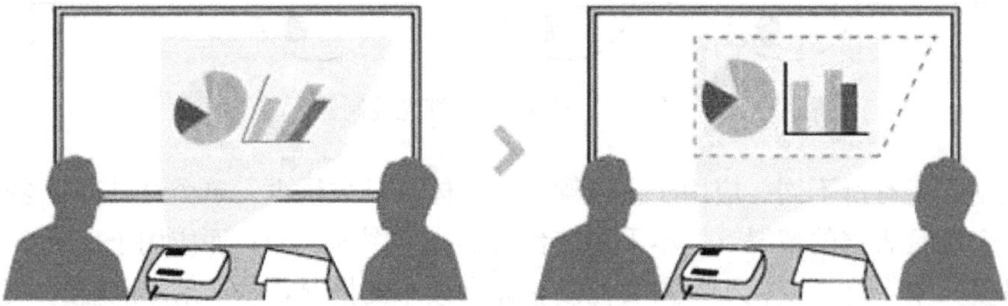

图 3-240　视频校正

（5）现场调试

现场调试是项目完成的最后环节也是最重要的环节之一，调试过程是将灯光秀中各专项的进行组织、协调、整合最终达到表演要求的过程，以雁栖湖山体演绎秀为例，调试分为以下 5 个过程。

1）调点位

首先，在观测点，通过远程控制，在布灯文件上（图 3-241），逐条打开弱电回路（图 3-242），然后逐次赋予这条弱电回路上每盏灯具一个比较明显的颜色（例如红色），检查实际亮灯顺序是否和布灯文件灯具排布顺序相同，不同的，更改布灯文件灯具顺序；在检查亮灯顺序的同时，观测灯具的位置是否和布灯文件上灯具位置相同，不相同的，拖拽布灯文件上的灯具到正确的位置。

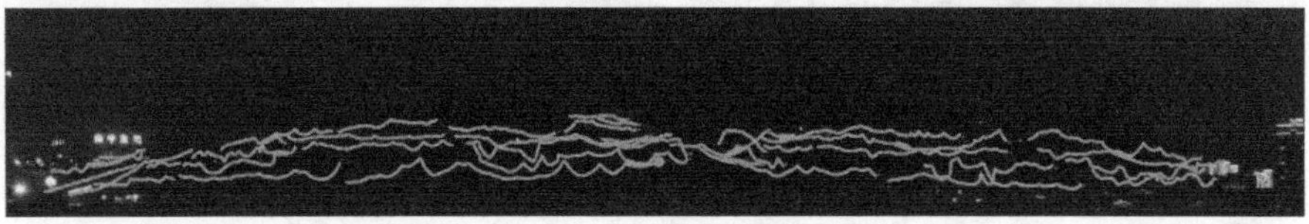

图 3-241 布灯文件

图 3-242 每条弱电回路亮灯

2）修形

在雁栖湖项目中（图 3-243），未修形前山体亮灯状态，存在灯光亮度一致，画面重点不突出，没有层次感等问题。

图 3-243 未修形状态

图 3-244 为通过修改上墙动画中不同区域的亮度、颜色及亮灯范围，实现山峰层次丰富、山顶重点突出的效果；必要时，还可以通过关闭多余部位灯具强电的方式，实现修形的目的。

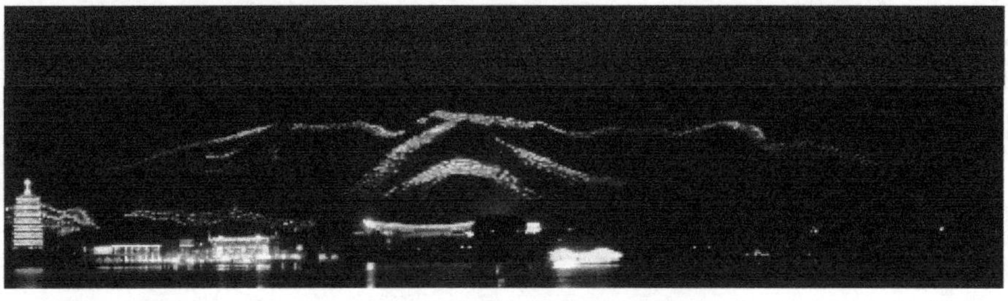

图 3-244 修形后

3）调色

由于不同品牌的RGB灯具，红、绿、蓝光源光效存在偏差，同时，灯光照在不同载体上，肉眼看到的颜色也存在偏差，需要根据现场实际情况，进行颜色调整。图3-245为雁栖湖项目调色前状况，山体颜色和效果图偏差较大，金碧山水主题不突出。

图3-245 调色前

在观测点远程实时调整灯具RGB各颜色配比，观察不同的配比所展现的颜色，并和效果图对比，确定最相近的颜色，记录下RGB配比，修改上墙动画中各元素的颜色，最终实现了金碧山水的效果（图3-246）。

图3-246 调色后

4）调上墙动画

首先，在观测点录制调试过程中山体灯光秀录像，并将录像和效果动画进行对比，记录下有问题画面的录像播放时间并截屏，将修改意见一并发给动画公司（图3-247）。修改后，再次上传看效果，如需修改则继续完善，直到达到设计要求为止。

图3-247 动画修改

5）调同步

首先，调整上墙动画中画面节奏和声音节奏的匹配性，画面变化时要有相应的音乐节奏变化。其次，在大多数情况下，音响放置于观测点，距离总控室有一定距离，可能存在声音延时的问题，需要根据现场视频和音乐播放的同步情况，调整上墙动画中声音文件和视频文件时间上的匹配性。

3.5.3 运营分析

（1）经济分析

当灯光秀完成后，对一个城市的综合效益是显著的，据2016年最新调研统计，在厦门、杭州、成都等夜间旅游成熟的目的地城市，人们夜间的消费意愿和消费冲动比白天强烈。游客至少 60％的消费发生在夜间，且过夜游客的消费是一日游客消费的 3 倍以上，夜间无疑是旅游经济中最有价值的消费时长，同步带动了当地餐饮、住宿、娱乐、商业的发展。

例如延安文旅项目（图 3-248），首先在社会效益方面显著突出：不仅极大的改善了城市光环境，提升了旅游知名度和城市形象，同时宣传和弘扬了延安精神和红色文化。在经济方面，效益同样显著：过夜游的消费是“一日游”消费的 3 倍以上，带动了当地餐饮、住宿、娱乐、商业的发展。延安 2015 年度旅游人数 3500 万人次，原来绝大部分是过境游。保守估计，项目实施后加上各项配套措施，延安预计将吸引 6％～8％的游客驻留一晚，按人均消费 300 元计算（食宿购物），10 年产生消费额超过 70 亿（3500 万×7％×300 元×10），政府税率按照 15％计，可产生超过 11 亿元的政府税收收入。

图 3-248　延安文旅项目

夜景照明在经济效益、社会效益、文化促进等等多方面多角度助推城市的经营。不仅仅打造城市名片，通过文旅夜游的开发，助力重大事件和城市的旅游产品，同时带动衍生综合旅游产品。

文化方面，通过举办城市文化节，招商活动，助力城市文化发扬，提升城市国际知名度，弘扬文化，促进旅游业。拿悉尼 2014 年灯光音乐节为例（图 3-249），1 周时间，游客达到 140 万人，约 2 亿元人民币收入。

图 3-249　悉尼 2014 年灯光音乐节

(2) 运营管理

良好的后期运营管理对项目的可持续经营有着深远的意义。本文结合实际案例从旅游运营策划、节目的更新等方面进行阐述，以滨水灯光演绎秀为例，好的运营既可以放大灯光秀的价值，延续灯光秀的生命，还可以创造很好的经济效益。

1）滨水表演秀

游船运营（图 3-250）可做特别设计项目，分为豪华游艇、休闲游艇和演绎游艇。根据不同挡位进行不同付费设置。

图 3-250　滨水表演秀演绎游艇

也可通过游船提供综合性的聚会娱乐空间（图 3-251），在全立体秀场中结合酒吧＋餐厅，提供多样化的应用场景。

图 3-251　通过游船提供综合性的聚会娱乐空间

演绎游船，参照武汉知音号模式（图 3-252），在船体内设置漂移式实景剧，演绎当地文化理事故事，重现历史传说。

2）结合现有码头，打造精品特色的“渔人码头”

主要设置休闲酒吧、婚礼场所、高端定制等，与秀场呼应互动，形成独具特色的休闲文化特色街区，增加驻留和体验。

下面案例利用江上与岸上空间，在挑空于滨江步道之上打造曲线优美的独特造型，成为新人举办婚礼典礼的梦幻婚礼堂，形成一场特别版的山秀与婚礼现场的互动效果（图 3-253）。

图 3-252 武汉知音号模式

图 3-253 传奇温州灯光秀（室外婚礼堂）

3）广告牌价值由客流量决定

借助场地和灯光秀丰富的项目和产品导入大量客流，采取市场化运作方式，广告价值和传达有效性与客群匹配度相一致。与灯光秀结合的广告，让广告变的更美、颜值更高（图 3-254）。

图 3-254 灯光秀结合广告

灯光秀产品项目进行后期可编辑和节目更新，以便确保节目可持续性的演绎观看、持续的人流和经营。例如杭州钱江新城灯光秀案例（图 3-255），每一个阶段时间进行节目的重新编排和演绎。

图 3-255 杭州钱江新城灯光秀

3.6　桥梁照明设计

桥梁的种类很多，如跨江桥、城市立交桥、过街人行天桥、公园或园林中的小桥等；桥的造型也极其丰富，如拱桥、斜拉桥、悬索桥、柱式多跨桥等；桥的建筑材料也是多种多样，包括混凝土、钢铁、石材、木材等等。

桥梁的装饰照明是对桥体各主要部件的侧面（竖向部分）进行照明，包括桥塔、悬索、栏杆、桥身、桥柱等；同时适当兼顾桥梁底面的照明。各个部分的照明应遵循相应桥体部分各自结构特点及其在整个桥梁中的地位来进行。桥梁照明首先要保证不干扰交通指示照明，也不能对交通形成眩光，这就涉及桥梁装饰照明所使用灯光的颜色及设置位置要有一定的控制，具体要求应参照相关行业的交通设计规范来进行。

3.6.1　设计要求

桥梁夜景照明设计应在不影响其使用功能的前提下，展现其形态美感，并应与环境协调。其设计应根据《城市夜景照明设计规范》JGJ/T 163 进行设计。

桥梁的照明设计应符合下列要求：

1）应避免夜景照明干扰桥梁的功能照明；

2）应根据主要视点的位置、方向，选择合适的亮度或照度；

3）应根据桥梁的类型，选择合适的夜景照明方式，展示和塑造桥梁的特色，并且符合下列规定：

① 塔式斜拉钢索桥的照明宜重点塑造桥塔、拉索、桥身侧面、桥墩等部位，并使照明效果具有整体感（图 3-256）；

图 3-256　桥梁照明宜重点塑造桥塔、拉索、桥身侧面、桥墩等部位

② 城市立交桥和过街天桥的照明应简洁自然，与周边环境和桥区绿地的照明相协调；

③ 城市中跨越江河桥梁的照明，应考虑与其在水中所形成的倒影相配合，应避免倒影产生的眩光；选择灯具及安装位置时，应考虑涨水时对灯具造成的影响；

4）应控制投光照明的方向以及被照面亮度以避免造成眩光及光污染；

5）桥梁夜景照明产生的光色、闪烁、动态、阴影等效果不应干扰车辆和船舶行驶的交通信号和驾驶作业；

6）通行重载机动车的桥梁照明装置应有防振措施。

3.6.2 塔式斜拉索桥

在这类桥体中桥塔是非常突出的标志物，塔身的良好照明是树立桥体夜晚形象的关键，所以桥塔的照明亮度都比较强。通常桥塔以泛光照明为宜，自下而上的投光形成的光退影效果，强化了桥塔的高度感。斜拉索的照明也以泛光为宜，可以将呈扇面状分布在空中的钢索照亮成发光的线条，与桥塔形成呼应。

此外，对于悬索式吊桥（图 3-257），也可采用在横向悬索上敷设点状光源，形成一条横向的光链的办法。对于桥身的照明，因为桥身主要是侧面观看，而侧面的观赏点通常都是离桥比较远的位置，所以通常以桥面的路灯作为点状装饰照明构图，有时也可在桥身侧壁上设置一些点状的光斑图案。桥墩的照明保证了桥体照明的完整性，通常的手法也是泛光照明，但应注意的是不应对桥上桥下通行的交通设施（如火车、汽车、轮船等）形成干扰。

图 3-257 悬索式吊桥

3.6.3 园林中的石拱桥

这类石拱桥的桥墩和桥身自然地连接为一体，而且体量不是特别大，所以采用泛光照明时，一般是将桥身侧面和桥墩立面一并照亮，通常是将泛光灯具设置在河两岸靠近桥墩处，与桥身侧面成一定角度向桥身投光。灯具的光束角要仔细选择，既能保证栏杆板产生合适的光影，又能保证桥身上光分布的均匀，还要避免光线过多溢出被照目标。桥底面也要适度地设置照明，以显示桥的立体感；底面照明时，应使其亮度与桥侧面亮度形成适度差别，或在色调上形成一定的变化，以求效果的生动（图 3-258）。

图 3-258 石拱桥

园林中景观桥的照明应避免照明设施的暴露以及对游人的眩光影响。

3.6.4 城市立交桥和过街人行天桥

在这类桥的照明中，夜景照明部位主要是栏杆、桥身和桥柱。栏杆的照明可采用立面投光的方法，表现栏杆自身的图案，也可以结合栏杆的花格图案设置一些直接发光体，构成有韵律感的灯光效果。桥身一般为混凝土或金属材料构成的实体结构，可对其侧壁采取局部投光构筑明暗光斑，也可设置直接发光体。桥柱由于被看到的机会很多，所以照明设置应予以重视，一般是在柱头设置造型灯饰或在柱身合适部位设置造型壁灯。当桥柱离行人和车辆稍远时，可以考虑通过埋地灯或泛光灯对桥柱进行照明。

3.7 商业步行街照明设计

商业街照明包含街道照明、广告照明、公用设施照明、建筑立面照明、绿化照明等多个方面。

3.7.1 设计原则

（1）合理定位，统一协调

商业街照明尽管有着众多的目的，诸如保持夜间特色，提升文明程度，显示文化内涵等，但其最主要的目的是创造一个舒适安逸的购物外部环境，增加商机，促进消费，为繁荣商业服务。因此，商业街照明必须与商家设立的照明，包括橱窗照明等，进行协调，处在一个合理的照明水平范围内。

（2）突出重点，兼顾一般

商业街终归是为人和车设置的通道，只有提供良好的道路照明条件，满足人在心理上和生理上对视看环境的要求才是商业街照明的主要任务。其他类型的照明如绿化照明等，尽管是商业街照明的一个重要组成部分，与道路照明相比仍有主次之分，只有处理好主次关系，互为补充，才有“两全其美”的效果。

（3）维持原有特色，保留历史风貌

除了新建的商业街外，一些现有的商业街均有着悠久的历史、深厚的商业根基，有的以建筑形式、历史文物著称，有的以所出售的商品闻名于世，如琉璃厂以“古”闻名，无论其建筑风格和出售的商品均以“古”为主，其街道照明就需要保持“古”的风格（图 3-259）。

图 3-259 商业步行街（古建类）

（4）遵守照明的基本准则，发扬创新精神

商业街照明因种类繁多必将涉及相关的标准和规范，遵守这些相关的标准和规范是"以人为本"的设计基础，但在这种基础上运用新技术，创造新的设计方法也是必不可少的。

3.7.2　设计要点

（1）选择相关的标准

以车行道为主的商业街，其道路照明设计仍以满足驾驶员的照明要求为前提，可参照我国的《城市道路照明设计标准》CJJ 45 进行设计。但在步行者对道路使用率很高的区域内，以人行道为主的商业街，也是目前商业街的总趋势，则可参照表 3-12 人行道路照明标准中商业区的标准进行设计。

人行道路照明标准值　　表 3-12

夜间行人流量	区域	路面平均照度 E_{av}(lx)，维持值	路面最小照度 E_{min}(lx)，维持值	最小垂直照度 E_{vmin}(lx)，维持值
流量大的道路	商业区	20	7.5	4
	居住区	10	3	2
流量中的道路	商业区	15	5	3
	居住区	7.5	1.5	1.5
流量小的道路	商业区	10	3	2
	居住区	5	1	1

注：最小垂直照度为道路中心线上距路面 1.5m 高度处，垂直于路轴平面的两个方向上的最小照度。

（2）灯具选择、安装高度及布置方式

现代商业街趋向步行街，在这样的街道上人们接受的光信息来自四面八方而不仅是车或人流的方向。其二，人流不定向，四处走动，使整个街区看上去不像路一样的"条状"而极像"块状"，使得普通路灯灯具的配光不适用。步道灯向四面八方提供光信息，其配光属对称型，选用步道灯是合理的。

一般步道灯的高度在 4～8m 之间是适宜的。另据规定，灯高为 H，路宽为 W，在 $W>2H$ 时应采用对称布置。一般情况下在 10～15m 宽的道路上（步行区的道路保留宽度），采用对称布置时，步道灯的高度 4～5m 是经济的。

（3）建筑立面的泛光照明设计要点

主要设计要点是处理好灯具、灯架和电气装置的造型及隐蔽问题，使得白天不致影响商业街的整体形象，而晚上则在其他灯光照射下，缺点不被暴露。

（4）商业广场照明设计要点

最好不要采用高杆灯或半高杆灯，建议使用慢速转动的多面体广告牌，以增加广场的"活力"，而又不影响人群休闲娱乐。

3.7.3　设计标准

（1）商业步行街的照明设计要求

购物环境应安全舒适；街的出入口以及街内的道路、广场、公用设施、商店入口、橱窗、广告和标识均应设置照明；商店立面应设置照明，并应与入口、橱窗、广告和标识以及毗邻建筑物的照明协调；商业步行街的照明可选用多种光源和光色，采用动静结合的照明方式；光污染的限制应符合《城市夜景照明设计规范》JGJ/T 163 第 7.0.2 条的要求。

(2) 商业步行街商店入口的照明设计要求

入口亮度与周围亮度的对比度应符合《城市夜景照明设计规范》JGJ/T 163 第 4.3.2 条的规定；应与店内照明、橱窗照明、广告标识照明以及建筑立面照明有所区别又相协调；不应对进出商店的人员产生眩光。

(3) 商业步行街的道路照明设计要求

应能使行人看清路面、坡道、台阶、障碍物以及 4m 以外来人的面部；应能准确辨认建筑物标识、招牌和其他定位标识；其评价指标及照明标准值应符合现行行业标准《城市道路照明设计标准》CJJ 45—2016 的相关规定；不宜采用常规道路照明方式和常规道路照明灯具；宜采用造型美观、上射光通量比不超过 25%、垂直面和水平面均有合理的光分布的装饰性和功能性相结合的灯具；光源宜选择金属卤化物灯、荧光灯、LED 或其他高显色光源；灯杆、支架、灯具外形、尺寸和颜色应整体设计，互相协调。

(4) 商业步行街市政公共设施的照明应统一设计，其亮度水平和光色应协调，并在视觉上保持良好的连续性和整体性。

(5) 商业步行街入口部位的大门或牌坊、建筑小品的照明亮度与街区其他部位亮度的对比度应符合《城市夜景照明设计规范》JGJ/T 163 第 4.3.2 条的规定；街名牌匾等的照明应突出。

(6) 商业步行街建筑立面的照明设计应符合《城市夜景照明设计规范》JGJ/T 163 第 5.1.2 条的规定。

(7) 商业步行街广告和标识的照明设计应符合《城市夜景照明设计规范》JGJ/T 163 第 5.6 节的相关规定。

3.8 广场照明设计

3.8.1 广场分类

按照性质和用途基本广场可分为三大类：

(1) 综合性广场。此类广场主要为人休息、集会和进行各类文化活动、社会公益活动、重大节目活动的场所，通常情况下严禁车辆进入。根据用途和规模，此类广场还可分为：

1) 集会广场——这种广场在城市中占地面积较大，多数用于举办音乐会、演唱会、文娱表演、集会演讲和群众团体聚会等大型活动。根据城市道路交通规划设计规范的要求，市级广场宜为 4 万～10 万 m^2，区级广场宜为 1 万～3 万 m^2。

2) 休憩广场——这种广场多数用花坛、草坪、喷泉和一些人文景观进行修饰，创造一种安逸、祥和的自然环境，并提供适量公用设施，为休息者提供良好的休息条件；

(2) 交通集散广场。顾名思义，此类广场用于人、车集散。此类广场可包括大型停车场，站前广场和车辆收费广场等，特别是站前广场，人、车共享，人流密度很大，确保人、车安全及畅通无阻是此类广场的最基本要求。

（3）商业广场。此类广场有别于商业街中设置的供人员分流和休息用广场，又不同于商家流动性大的露天市场。在此类广场中商家固定并从事大量的商品批发和零售活动。

3.8.2 照明要求

（1）保持广场的特点和风貌。有的广场是城市地域文化的象征，如果照明方式不当，与广场的风貌和特色不相符，将是一个失败的照明设计。

（2）广场的各种标志清晰可见。交通集散广场中各种标志的数量和规格之多，是其他广场所没有的。各种标志如汽车的牌号，公交车站的路牌，公交车的路号牌，还有车道与人行道的界限以及周围的电话亭和广告信息等均需要照亮，清晰、可见、可读，是此类广场的最基本要求。

（3）便于广场的维护和清扫。这就是要求广场有足够的照度，以便识别地上的各类遗留物并进行处理。

（4）保证人流和车辆畅通无阻。这样的要求在站前广场特别重要，由于公交车、出租车、私家车以及大股人流交织在一起，但照明装置不宜过多，使车辆有回旋余地，给人流起导向作用。

（5）节能与光污染控制。由于被照面积大，需要的电能就很多。因此，在照明器件的选择及其光分布的要求上，必须考虑节能和光污染控制因素。这对广场本身的车辆安全行驶、对邻近道路上的车辆安全行驶均有积极的意义。

3.8.3 照明设计原则

（1）满足照明基本要求，留有充分余地。在诸多广场中，集会广场不仅有特殊的文化背景或特殊的建筑物而成为城市“窗口”，还经常举行各种群众活动，包括音乐会、演唱会、演讲等，各种群众活动的照明要求不同，因此照明标准选用的原则是就低不就高，但应留有余地，为照明要求高的活动进行“增容”或“扩容”提供条件。

（2）照明设施选用必须与广场建筑风格保持一致。有的广场建筑只有特殊的纪念意义，需要庄严肃穆的环境，有的广场建筑宏伟、壮观，需要外部环境气势澎湃，因此照明设施的选择和布置一定要与此相呼应，无论白天和晚上均能起到“景”上添花的作用。

（3）质量第一，安全至上。这是照明设计的最基本原则，像集会广场、交通集散广场人流云集、人车交织，照明必然成为主要的安全设施之一。另外，这类场所大多采用大型照明设施，如升降式高杆灯、大型庭院灯等。这些照明设施的质量是安全的保证，绝对避免倒杆、掉灯架以及灯具口面玻璃碎落而引起伤人事故。

（4）遵守照明的基本准则。广场照明与其他场所的照明一样对照明数量和照明质量都有要求，遵守照明的基本准则是保证广场照明的安全、节能、控制光污染的前提，随意提高照度标准将导致投资增加，并引起不必要的照明负面影响。

3.8.4 照明设计方法

（1）集会广场

1）照明标准选择。

目前尚无为城市集会广场专门制定的照明标准。集会广场人流相对较密，有时车辆尚需执行维护、清扫等其他作业；同时群众性的健身活动如娱乐活动，将成为集会广场日常活动的主项。在此前提下，参照CIE出版物No.68《室外工作区照明指南》和CIE出版物No.92《城区照明指南》，选取集会广场一般照明的设计标准为25lx（维护值）是可取的。至于集会广场上的其他大型活动或文化艺术等专业活动则另当别论。

2）杆高与布灯方案

杆高与杆距的关系是1∶4，在照明均匀度要求不高的情况下还可扩大比例。

灯杆的布置方案则取决于广场中的建筑物的夜景照明和广场的具体形象。布灯的主要原则是广场一般照明不应对夜景照明在主视点方向产生干扰；另外，杆距不一定按成正方形定位，由广场的长向或宽向定位（图3-260）。

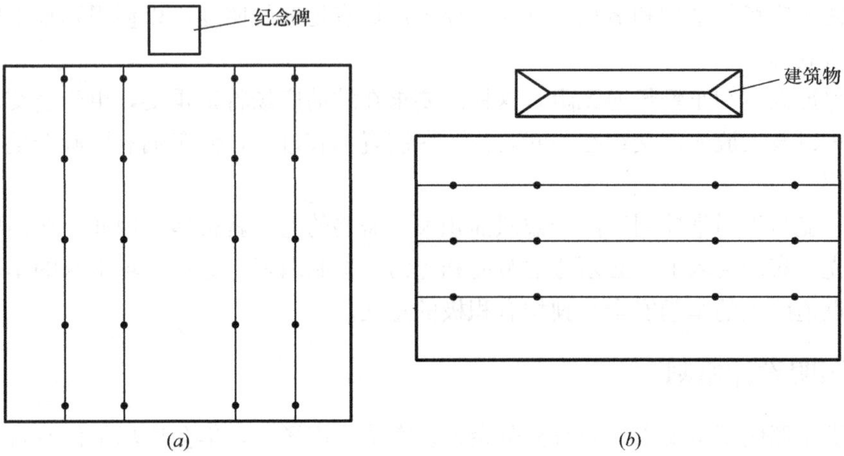

图3-260　灯杆定位参考图

(a) 纵向布灯；(b) 宽向布灯

(2) 交通集散广场

1）照明标准选择。根据我国《建筑照明设计标准》GB 50034的规定，铁路或港口的站前广场的照明设计标准值为10～20lx，即在人流和车流繁忙时可用20lx标准，在半夜人流稀少时可降低到一半。再根据CIE的规定在车速为40km/h以下的场所，其照明均匀度可采用0.25；

2）光源与灯具数量的确定。一般情况下，此类广场的一般照明采用高杆灯，光源为400～1000W的高压钠灯，灯具为单灯或双灯泛光灯具。同样，根据流明法可以确定光源与灯具的数量。实践表明，一般25m高度的升降式高杆灯在10000m^{2}内可以满足照明标准的要求，但均匀度可能不足；

3）杆高与灯位。杆高与杆距之比仍为1∶4较合理。杆的高度则由被照面积的大小决定。如20000m^{2}的被照面则需要2基25m高度的高杆灯。具体的杆位最好通过计算机来确定，在确定灯位时应遵循避开车流的原则并设有防撞措施；

4）调试。升降式高杆灯其机械传动性能以及灯具的光学性能均需在安装现场调试，达到机械传动可靠，照明要求满足为止（图3-261）。

图 3-261　升降式高杆灯照明

(3) 休憩广场与商业广场

此类广场主要用作休闲、纳凉和约会等以个人活动为主的目的，其照度标准相对较低，基本上按人行道路照明标准要求，即 5lx（维护值）即可。其设计方法可参照步行道设计方法。商业广场照明基本上可参照商业步行区照明要求处理（图 3-262）。

图 3-262　庭院灯照明

3.8.5　照明设计标准

(1) 广场照明设计

广场照明所营造的气氛应与广场的功能及周围环境相适应，亮度或照度水平、照明方式光源的显色性以及灯具造型应体现广场的功能要求和景观特征；广场绿地、人行道、公共活动区及主要出入口的照度标准值应符合表 3-13 的规定；广场地面的坡道、台阶、高差处应设置照明设施；广场公共活动区、建筑物和特殊景观元素的照明应统一规划，相互协调；广场照明应有构成视觉中心的亮点，视觉中心的亮度与周围环境亮度的对比度宜为 3～5，且不宜超过 10～20。除重大活动外，广场照明不宜选用动态和彩色光照明；广场应选用上射光通量比不超过 25％且具有合理配光的灯具；除满足功能要求外，并应具有良好的装饰性且不得对行人和机动车驾驶员产生眩光和对环境产生光污染。

广场绿地、人行道、公共活动区和主要出入口的照度标准值 **表 3-13**

照明场所	绿地	人行道	公共活动区				主要出入口
			市政广场	交通广场	商业广场	其他广场	
水平照度（lx）	≤3	5～10	15～25	10～20	10～20	5～10	20～30

注：1. 人行道的最小水平照度为 2～5lx；2. 人行道的最小半柱面照度为 2lx。

（2）机场、车站、港口的交通广场照明

应以功能照明为主，出入口、人行或车行道路及换乘位置应设置醒目的标识照明；使用的动态照明或彩色光不得干扰对交通信号灯的识别。

（3）商业广场的照明应和商业街建筑、入口、橱窗、广告标识、道路、广场中的绿化、小品及娱乐设施的照明统一规划，相互协调。并应符合《城市夜景照明设计规范》JGJ/T 163 第 5.3 节的相关规定。

3.9 水景照明设计

按照灯具的布置位置和水景照明的形态，水景照明的基本方式可分为水上照明和水下照明两种。这两种照明方式都有其各自的优点和缺点，在具体的照明设计中，可以根据具体情况来选择使用。

3.9.1 喷泉夜景照明

作为人工水景的重要表现形式，喷泉水景目前已成为城市景观工程的重要构成部分，近年来在城市现代景观工程中得到了越来越广泛的应用（图 3-263）。

图 3-263 喷泉照明

喷泉的照明设计应考虑到喷泉的喷口形式、水形、喷高、数量、组合图案等因素的影响，一般情况下，喷泉照明首选自下而上的照明方式。灯具布置时，应保证每股水流至少有一盏灯具配合，尤其是对于有水形造型的喷泉，应该保证将喷泉水形正确表现出来。对于有多个喷口的组合式喷泉，则不必在每个喷口都设置灯具，这时应根据整体的造型加以设计。

3.9.2 瀑布夜景照明

瀑布照明设计首先应该考虑水流是湍急的还是平缓的，如果是比较陡峭、湍急的水流，则应该选择自下而上的照明方式；如果是比较平缓的水流，则宜采用将照明灯具安装在水体的前方（图 3-264）。

图 3-264　瀑布照明

灯具要依据瀑布的高度及水量进行选择，对于水量较小的瀑布，灯具放置在流水的前方将水幕照亮；对于水量较大的瀑布，将灯具布置在落水处，这样水的动态效果会由于光线的作用变得更加强烈。对于落差小的瀑布，宜使用宽光束的灯具向上照射；对于落差大的瀑布，宜使用功率大和光束窄的灯具，为了达到均匀的照明效果，可以将灯具成组布置。

3.9.3 人工池塘类反射水景夜景照明

水池类反射水景的照明可以将灯具布置在水池的底部，也可以布置在池周边（图 3-265）。如果在池底布置灯具，则池底或池壁的图形和材质是照明要重点表现的景观，这些部位应采用反射比较高的材料，但是如果反射比过高，则会使整体的光构图显得过于突兀，这时可以通过调整光源的功率，选择小功率的光源，以达到相对的平衡，在池外安装灯具的照明可以取得水面发光效果。

图 3-265　人工水池照明

溪流造型是水景的延伸，增加花园的层次感，在照明水溪池塘设计中设定一个雾化功能的喷射灯，让水景产生云烟弥漫、腾云驾雾的梦幻感。而聚光灯能够照亮喷泉或突出水生植物，漂浮灯和灯光石则用来点缀池塘边绿草，微光衬托出庭园池塘，更像是在梦幻中。

对于江、河、湖、海等自然水景来说，不大可能将整个水体照亮，设计中主要利用反射岸边景物来突出水体的存在和景观效果。

公园水景照明设计要考虑水的反射效果，电气在水中的光效、安全性能，以及无水时的防护措施，设计时要满足下列要求：

（1）应根据水景的形态及水面的反射作用，选择合适的照明方式；

（2）喷泉照明的照度应考虑环境亮度与喷水的形状和高度；

（3）水景照明灯具应结合景观要求隐蔽，应兼顾无水时和冬季结冰时采取防护措施的外观效果；

（4）光源、灯具及其电器附件必须符合《城市夜景照明设计规范》CJJ/163 附录 C 规定的水中使用的防护与安全要求，并便于维护管理；

（5）水景周边应设置功能照明，防止观景人意外落水。

3.10　广告标识照明设计

3.10.1　广告控制分区

广告照明分区控制原则：分为控制区、一般控制区、重点展示区三类区域。

1. 控制区：政府机关、学校医院，滨水绿廊、公园、绿化带；

设置管理原则：设置户外广告照明应当体现庄重、简洁、和谐、宁静，严格控制眩光。

2. 一般展示区：主要居住区及居住商业混合区；

设置管理原则：户外广告照明应自然、清新、美观，严格控制对交通车辆和行人产生的眩光。不得设置大面积动态户外广告照明。

3. 重点展示区：市内商业中心区域；

设置管理原则：可设置局部动态照明，限制大功率的光源和裸光源的使用，避免光色繁杂。

3.10.2　指标依据

不同环境区域、不同面积的广告标识照明的平均亮度最大允许值应符合表 3-14 的规定。

不同环境区域、不同面积的广告与标识照明的平均亮度最大允许值（cd/m²）　**表 3-14**

广告与标识照明面积（m²）	环境区域			
	E1	E2	E3	E4
$S\leqslant0.5$	50	400	800	1000
$0.5<S\leqslant2$	40	300	600	800
$2<S\leqslant10$	30	250	450	600
$S>0.5$	—	150	300	400

广告照明控制标准：根据广告的各种特性，如广告牌尺度、材质、照明方式、环境亮度等，合理选择照明标准，建立广告照明的良好秩序，满足人们的视看要求，同时保障节能、经济，避免形成光污染光干扰（表 3-15～表 3-17）。

广告材料照度推荐表 **表 3-15**

广告材料反射率	推荐照度	
	明亮环境	暗环境
低	1000	500
高	500	200

广告画面积与亮度推荐表 **表 3-16**

广告画面积	亮度（cd/m^2）
≤0.5（小型）	1000
≤2（小型）	800
≤10（中型）	600
>10（大型）	400

不同区域广告画亮度推荐表 **表 3-17**

广告画面亮度	灯箱安装场所
70～350	建筑物正立面和围墙
250～500	购物中心建筑物围墙
450～700	低亮度地段
700～1000	一般商业广告灯箱
1000～1400	高层建筑及闹市区
1400～1700	重要交通枢纽场所

城市照明架构中的商业步行街、CBD 区域；历史文化街区；市民广场、体育中心为核心的行政体育中心区；历史文化休闲区是城市特色突出、景观元素复杂的重点照明区域，其广告标识照明应予以重点控制（表 3-18）。

不同区域照明模式推荐表 **表 3-18**

区域	照明模式	光色	照明方式	亮度	灯具形式	照明模式
商业步行街、CBD 区	静态为主适当动态	冷白为主	灯箱照明为主；LED 照明	较高	大中尺度为主	静态为主，适当动态
行政体育中心区	静态为主少用动态	暖白适度彩光	灯箱照明、橱窗照明为主	中等	大中尺度为主	静态为主少用动态
历史文化休闲区	静态为主少用动态	暖白适度彩光	灯箱照明为主；结合投光照明	较低	中小尺度为主	静态为主少用动态

3.10.3 大屏幕的广泛使用

国际上一般把 LED 显示屏光污染分成 3 类，即白亮污染、人工白昼和彩光污染。而目前我国只对白亮污染中的玻璃幕墙有相关规定，对人工白昼和彩光污染如今还没有相关规定。但是考虑到彩光污染的确造成了人们感觉不适，所以在设计LED显示屏幕时需考虑到显示屏幕光污染防治的问题。一般LED屏的亮度要求为户外（坐南朝北）>4000cd/m^2，户外（坐北朝南）>8000cd/m^2。

第 4 章　施工图设计

在完成了照明设计方案之后，一个照明项目如何实施，灯具如何安装，还需要照明施工图设计来落实。

4.1　灯具安装平面图设计

夜景照明中的灯具安装平面图是将夜景照明方案落地实施的过程，是对方案和现场进行衔接的最重要步骤，所以好的夜景照明设计往往需要准确的灯具安装平面图设计。灯具安装平面图设计应由夜景照明设计师和电气工程师共同完成，其目的在于完全反映夜景照明的设计意图和理念，并且结合载体本身的特点，将载体的文化内涵和定位充分地表达出来。

夜景照明系统一般包含功能性照明和景观性照明两种，功能性照明一般指夜景照明中的为满足安全出行要求而设计的照明，主要包含庭院灯、草坪灯等的设计；景观性照明一般指根据园林要求，对指定的建筑小品、景观、树木进行照明的设计。

4.1.1　功能性照明

（1）功能性照明设计标准

功能性照明设计应满足《城市夜景照明设计规范》JGJ/T 163 中对于照度的要求，其中广场绿地、人行道、公共活动区及主要出入口的照度标准值应符合表 4-1 规定。

广场绿地、人行道、公共活动区和主要出入口的照度标准值　　表 4-1

照明场所	绿地	人行道	公共活动区				主要出入口
			市政广场	交通广场	商业广场	其他广场	
水平照度（lx）	≤3	5～10	15～25	10～20	10～20	5～10	20～30

注：1. 人行道的最小水平照度为 2～5lx；2. 人行道的最小半柱面照度为 2lx。

公园公共活动区域的照度标准值应符合表 4-2 的规定。

公园公共活动区域的照明标准值　　表 4-2

区域	最小平均水平照度 $E_{h.min}$(lx)	最小半柱面照度 $E_{SC.min}$(lx)
人行道、非机动车道	2	2
庭园、平台	5	3
儿童游戏场地	10	4

注：半柱面照度的计算与测量可按《城市夜景照明设计规范》JGJ/T 163 附录 B 进行。

（2）庭院灯安装平面图设计

庭院灯在夜景照明中被大量应用于提供游人夜间游园时的照明，其安装平面图设计时应注意以下几点原则。

1）布灯位置

庭院灯布灯应根据道路的趋向，统一布置在道路的一侧，离道路边缘0.5～1m。在确定庭院灯布灯的起始杆和终杆时，应与道路尽头保持一定的距离，通常取10～12m。

2）安装间距

庭院灯安装间距应根据道路的宽度、庭院灯的高度、灯具的配光和被照面要求的照度值进行确定。也可利用照明设计软件进行模拟设计后确定。

3）庭院灯设置的必要性选择

庭院灯布置时，要充分考虑周边照明对其道路的影响，若存在其他照明完全可以提供园区内的道路照明，则可以考虑不设置庭院灯。

4.1.2　景观性照明

（1）设计标准

景观性照明一般采用泛光照明、轮廓照明、内透光照明和重点照明等方式。根据载体的形式和夜景照明方案进行选择，照度和亮度要符合《城市夜景照明设计规范》JGJ/T 163相关要求。

（2）光污染控制

根据《城市夜景照明设计规范》JGJ/T 163，在景观性照明灯具安装平面图设计时，要充分考虑对光污染的限制，其中夜景照明设施在居住建筑窗户外表面产生的垂直面照度不应大于表4-3的规定值。

居住建筑窗户外表面产生的垂直面照度最大允许值　　表4-3

照明技术参数	应用条件	环境区域			
		E1	E2	E3	E4
垂直面照度（E_v）（lx）	熄灯时段前	2	5	10	25
	熄灯时段	0	1	2	5

注：考虑对公共（道路）照明灯具会产生影响，E1熄灯时段的垂直面照度最大允许值可提高到1lx。

夜景照明灯具朝居室方向的发光强度不应大于表4-4的规定值。

夜景照明灯具朝居室方向的发光强度的最大允许值　　表4-4

照明技术参数	应用条件	环境区域			
		E1	E2	E3	E4
灯具发光强度 I(cd)	熄灯时段前	2500	7500	10000	25000
	熄灯时段	0	500	1000	2500

注：1. 要限制每个能持续看到的灯具，但对于瞬间或短时间看到的灯具不在此例；
2. 如果看到光源是闪动的，其发光强度应降低一半；
3. 如果是公共（道路）照明灯具，E1熄灯时段灯具发光强度最大允许值可提高到500cd。

居住区和步行区的夜景照明设施应避免对行人和机动车人造成眩光。夜景照明灯具的眩光限制值应满足表4-5的规定。

居住区和步行区夜景照明灯具的眩光限制值　　表 4-5

安装高度（m）	L 与 $A^{0.5}$ 的乘积
$H \leqslant 4.5$	$LA^{0.5} \leqslant 4000$
$4.5 < H \leqslant 6$	$LA^{0.5} \leqslant 5500$
$H > 6$	$LA^{0.5} \leqslant 7000$

注：1. L 为灯具在与向下垂线成 85°和 90°方向间的最大平均亮度（cd/m^2）；
2. A 为灯具在与向下垂直线成 90°方向的所有出光面积（m^2）。

灯具的上射光通比的最大值不应大于表 4-6 的规定值。

灯具的上射光通比的最大允许值　　表 4-6

照明技术参数	应用条件	环境区域			
		E1	E2	E3	E4
上射光通比	灯具所处位置平面以上的光通量与灯具总光通量之比（%）	0	5	15	25

夜景照明在建筑立面和标识面产生的平均亮度不应大于表 4-7 的规定值。

建筑立面和标识面产生的平均亮度最大允许值　　表 4-7

照明技术参数	应用条件	环境区域			
		E1	E2	E3	E4
建筑立面亮度 L_b(cd/m^2)	被照面平均亮度	0	5	15	25
标识亮度 L_s(cd/m^2)	外投光标识被照面平均亮度；对自发光广告标识，指发光面的平均亮度	50	400	800	1000

注：1. 若被照面为漫发射面，建筑立面亮度可根据被照面的照度 E 和反射比 ρ，按 $L=E\rho/\pi$ 式计算出亮度 L_b 或 L_s。
2. 标识亮度 L_s 值不适用于交通信号标识。
3. 闪烁、循环组合的发光标识，在 E1 和 E2 里不应采用，在所有环境区域这类标识均不应靠近住宅的窗户设置。

(3) 照明功率密度值（*LPD*）

在进行夜景照明灯具安装平面图设计时，不仅要考虑灯具安装造成的眩光影响，同时要在保证夜景照明艺术效果得到充分体现的前提下，严格控制照明功率密度值（*LPD*），使得设计的功率密度值符合《城市夜景照明设计规范》JGJ/T 163 相关规定。

(4) 投光灯安装平面图设计

投光照明是将光线直接投射到一个平面的或立体的物体表面，以表示其存在，并将其外观造型或历史容貌展现出来。投光照明又分为整体投光和局部投光，投光照明的对象主要有建筑物立面 、屋顶、阳台、游廊、柱廊、道路、桥梁、雕塑、旗帜、喷水池、湖水、人工瀑布、草坪、绿化带、花池和树木等。通常只要将投光灯合理地放置在被照物周围，便可以获得永久的固定效果。其安装平面图设计时应注意以下几点原则：

1）布灯位置：投光灯设置的位置应充分考虑载体的结构和投射的方向，将投光灯与载体融合成一体，力争做到只见光不见灯的效果。

2）安装间距：安装间距根据投光灯的配光和载体的体量决定，同时兼顾载体被照面的均匀度和效果。

3）布灯方式：投光灯在布置时尽量采用对称布置的方式设置，充分还原载体本身需要表达的意境和文化。

4.2 常用景观灯具的安装设计

景观灯具的安装涉及城市新建、改建和扩建的建筑物、构筑物、景观小品、商业步行街、广场、公园、广告与标识等照明灯具安装。

由于目前国内外生产的灯具无统一的型号规格，设计中灯具的规格、型号、重量等选用时若有变化，安装时请参照有关灯具的产品说明书及具体设计要求，并应选用国家认证产品。除特殊场所、特殊要求外，照明灯具在选用时应采用高效、长寿命、节能型光源；照明控制应采用灵活、节能的控制方式。

室外照明装置的金属管、接线盒应达到相应的防护要求。防水接线盒至灯具的金属软管应有可挠、防水、防腐性能好的金属软管保护。软管长度不宜大于1.2m。

灯具的选择应与使用场所相适应。在使用条件恶劣场所应使用表4-8Ⅲ类灯具，一般场所使用Ⅰ类或Ⅱ类灯具。灯具防触电保护分类见表4-8。

灯具防触电保护分类 **表4-8**

灯具等级	灯具主要性能	应用说明
Ⅰ类	除基本绝缘外，易触及的部分及外壳有接地装置，基本绝缘失效时，不致有危险	适用金属外壳灯具，如投光灯、路灯、庭院灯等
Ⅱ类	除基本绝缘外，还有补充绝缘、双重绝缘或加强绝缘，提高安全性	绝缘性好，安全程度高，适用环境差、人经常接触的灯具，如台灯、手提灯等
Ⅲ类	常用特低压（交流有效值小于50V），且灯内不会产生高于此值的电压	灯具安全程度较高，用于恶劣环境，如机床工作灯、儿童用灯等

喷水池和类似场所（水下灯及防水灯具）的接地应可靠，并有明显标识，其电源的专业漏电保护装置应全部检测合格，自电源引入灯具的导管必须采用绝缘导管，严禁采用金属或有金属保护层的导管。

金属构架和灯具外露可导电部分及金属软管的接地（PE）可靠，且有标识。灯具外露的电线或电缆应有柔性金属导管保护。钢材间应可靠连接，具体连接焊缝由工程设计定。灯杆柱脚部分应采用强度等级C15混凝土包裹，保护层厚度不小于50mm.

地埋灯具外壳防护等级不应低于IP67，直接安装在可燃性材料表面上的灯具，应采用符合要求的灯具。水下景观灯具处在泳池区范围，灯具应为防触电保护应符合表4-8所示的Ⅲ类灯具性能标准，其外部和内部线路的工作电压不应超过12V。防水等级应符合《建筑物电气装置》GB 16895.19第7部分：特殊装置或场所的要求，第702节游泳池和其他水池的相关规定。

各灯具之间应利用泳池结构水平钢筋贯通连接。无钢筋时，应在泳池浇制时敷设圆钢做等电位连接带，同时与灯具预埋安装板焊接。

除全塑灯具外，Ⅰ类灯具一律随电源线敷设PE线，并与灯体内接地端子可靠连接。

4.3 常用景观灯具的安装详图

4.3.1 投光灯安装

投光灯是指定被照面上的照度高于周围环境的灯具。通常它能够瞄准任何方向，并具备不受气候条件影响的结构。主要用于大面积作业场矿、建筑物轮廓、体育场、立交桥、纪念碑、公园和花坛等。硬质地面支架安装（图 4-1），草坪地面支架安装（图 4-2），干挂石材墙身、地面投光灯安装（图 4-3），平屋面支架安装（图 4-4）。

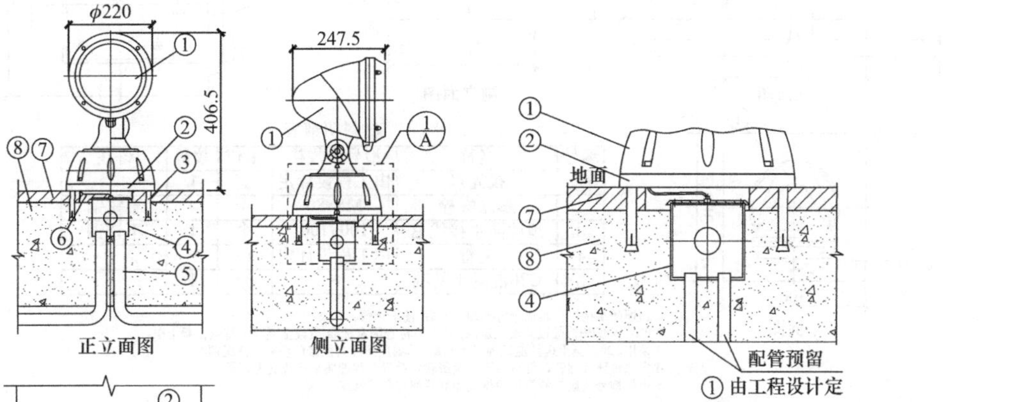

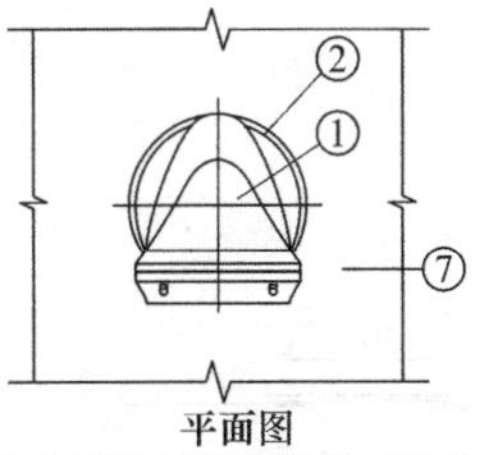

材料明细表

编号	名称	型号及规格	单位	数量	备注
①	支架投光灯	由工程设计定	套	1	
②	灯具底座	灯具配套	个	1	不锈钢
③	膨胀螺栓	M8×85	个	4	不锈钢
④	预埋防水接线盒	100×100	个	1	不锈钢
⑤	配管	由工程设计定	m	–	
⑥	金属软管	由工程设计定	m	–	
⑦	地面铺装层	–	–	–	
⑧	混凝土层	–	–	–	

注：1 预埋防水接线盒盖板应可拆卸、开启，便于维修。
2 PVC管或SC管、PE管预埋于硬质铺装层下，埋深应符合国家标准，敷设至预埋防水接线盒。
3 电源线随预埋管、灯具尾线随金属软管敷设至预埋防水接线盒内相接。
4 电缆型号及配管的管径根据现场灯具回路负荷选配。

图 4-1　硬质地面支架投光灯安装图

4.3.2 泛光灯安装

泛光灯是一种可以向四面八方均匀照射的灯具，它的照射范围可以任意调整，在场景中表现为一个正八面体的图标。泛光灯是在效果图制作当中应用最广泛的一种光源，标准泛光灯用来照亮整个场景，场景中可以应用多盏泛光灯。立柱安装（图 4-5）。

4.3.3 线型灯安装

线型灯应用场景十分广泛，适用于建筑外墙、楼体轮廓。桥梁、江河堤岸、广场园林等场合的洗墙投光及轮廓勾勒，也可使用于娱乐场所、通道、室内的灯光渲染效果。硬质地面安装（图 4-6），绿化内安装（图 4-7），干挂墙面安装（图 4-8），干挂墙面安装（图 4-9），内透光窗帘盒安装（图 4-10）。

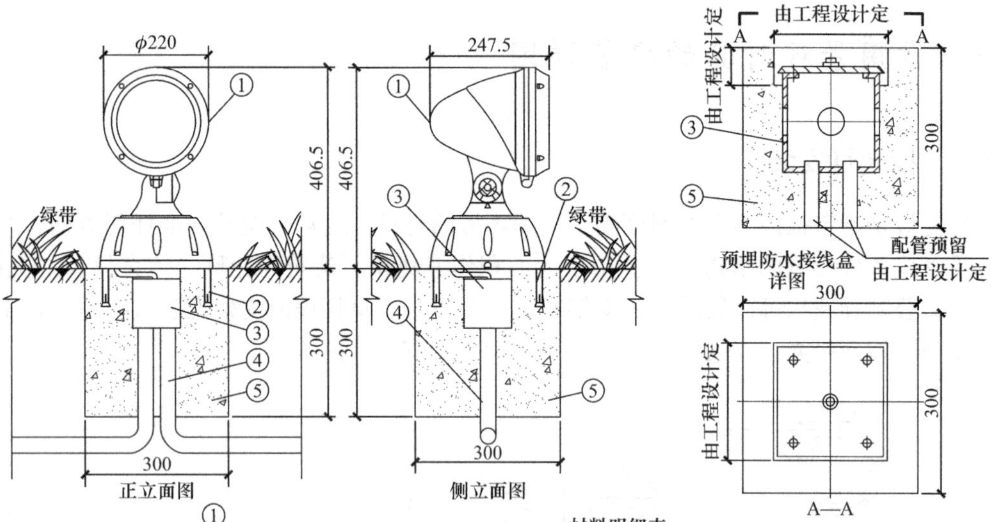

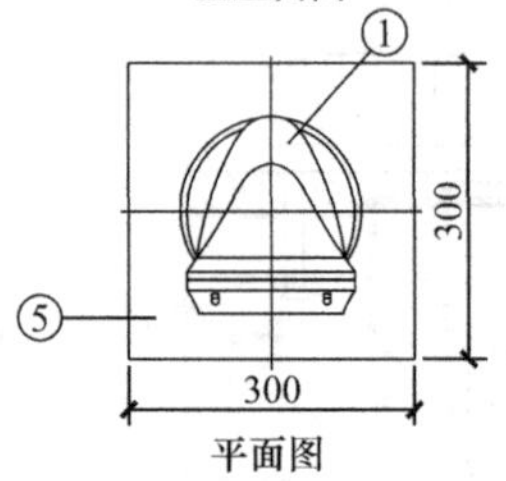

材料明细表

编号	名称	型号及规格	单位	数量	备注
①	投光灯	由工程设计定	套	1	
②	膨胀螺栓	M8×80	个	4	不锈钢
③	预埋防水接线盒	100×100	个	1	不锈钢
④	配管	由工程设计定	m	–	
⑤	C20混凝土基础	–	个	1	

注:
1 预埋防水接线盒盖板应可拆卸、开启,便于维修。
2 PVC管或PE管敷设于覆土层内,埋深应符合国家标准,敷设至混凝土基础位置上引。
3 采用C20混凝土现场浇筑混凝土基础,基础顶面标高根据现场绿化情况调整。
4 电源线随预埋管、灯具尾线随金属软管敷设至预埋防水接线盒内相接。
5 电缆型号及配管的管径根据现场灯具回路负荷选配。

图 4-2 草坪地埋支架投光灯安装图

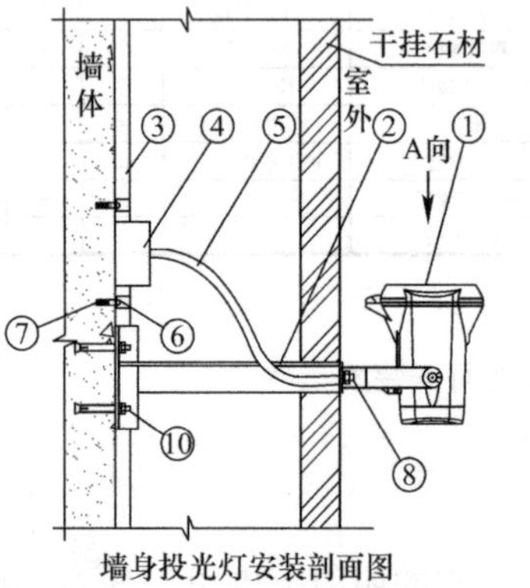

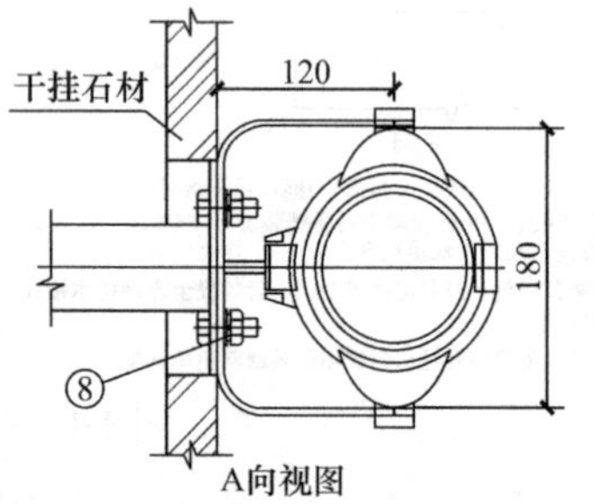

注: 1 干挂内混凝土墙面敷设PVC管或SC管,用不锈钢骑马卡固定。
2 每套灯安装一个接线盒,电源主线与灯具尾线连接于接线盒内。
3 所有与外墙结合位置均做防水处理。
4 电缆型号配管的管径根据现场灯具回路负荷选配。

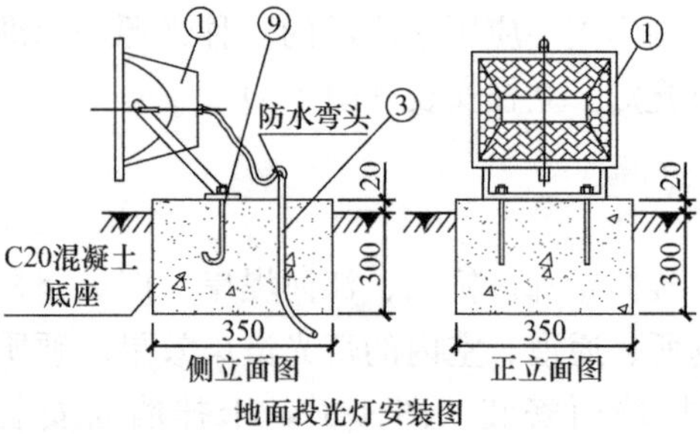

材料明细表

编号	名称	型号及规格	单位	数量	备注
①	投光灯	由工程设计定	套	1	
②	热镀锌角钢支架	∟30×30×3	个	1	
③	配管	由工程设计定	m	–	
④	接线盒	85×85×50	个	1	
⑤	金属软管	由工程设计定	m	–	
⑥	骑马卡	由工程设计定	个	2	
⑦	塑膨胀螺丝	由工程设计定	个	4	
⑧	螺栓	M8	个	2	不锈钢
⑨	螺栓	M10	个	2	不锈钢
⑩	膨胀螺栓	M8×85	个	2	不锈钢

图 4-3 干挂石材墙身、地面投光灯安装图

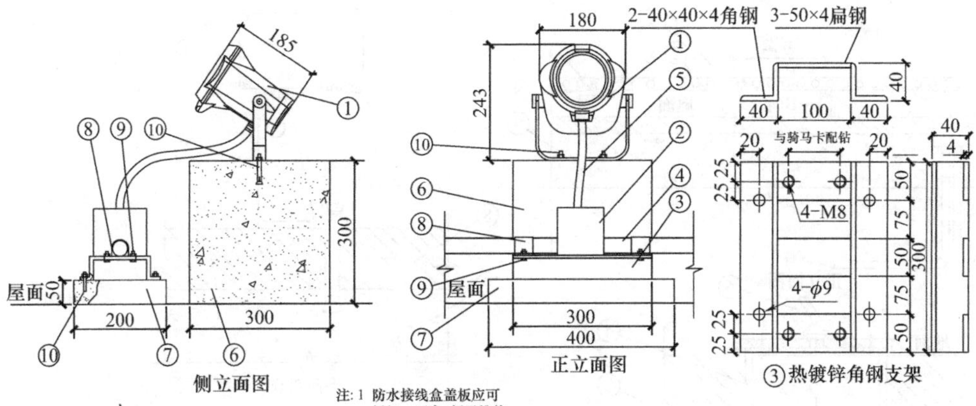

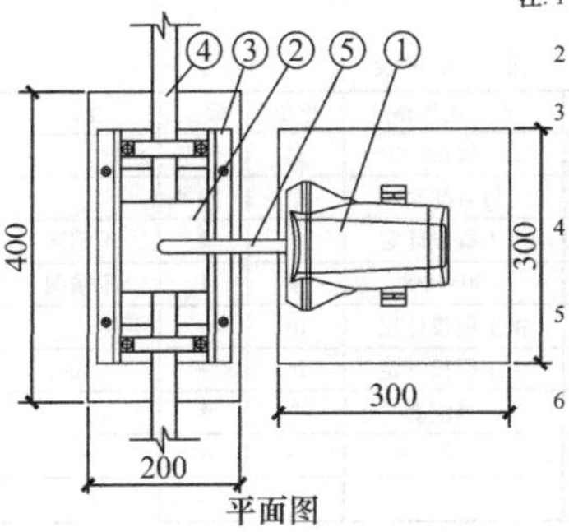

注：1 防水接线盒盖板应可拆卸、开启，便于维修。
2 SC管用不锈钢骑马卡固定于支架上。
3 采用C20混凝土现场浇筑300×300×300混凝土灯具基础及400×200×50混凝土支架基础。
4 电源线随配管、灯具尾线随金属软管敷设至防水接线盒内连接。
5 电缆型号及配管的管径根据现场灯具回路负荷选配。
6 灯具、支架混凝土基础与平屋面可靠连接，具体做法由工程设计定。

材料明细表

编号	名称	型号及规格	单位	数量	备注
①	投光灯具	由工程设计定	套	1	
②	防水接线盒	100×100	个	1	不锈钢
③	热镀锌角钢支架	–	个	1	
④	配管	由工程设计定	m	–	
⑤	金属软管	由工程设计定	m	–	
⑥	混凝土灯具基础	300×300×300	个	1	
⑦	混凝土支架基础	400×200×500	个	1	
⑧	骑马卡	由工程设计定	个	2	
⑨	螺栓	由工程设计定	个	4	不锈钢
⑩	膨胀螺栓	由工程设计定	个	6	不锈钢

图 4-4　平屋面支架投光灯安装图

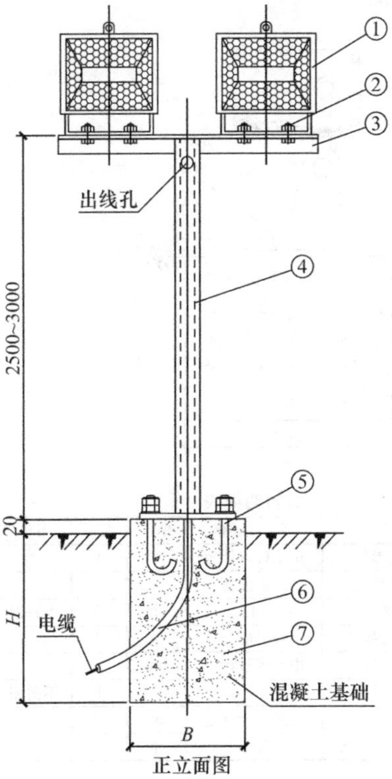

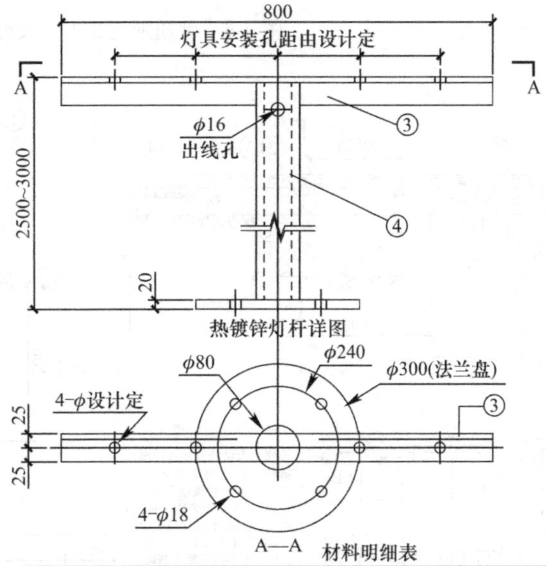

注：混凝土基础由工程设计确定。

材料明细表

编号	名称	型号及规格	单位	数量	备注
①	投光灯具	由工程设计定	套	2	
②	灯具固定螺栓	M10	个	4	不锈钢
③	热镀锌角钢(50×50×5)	由工程设计定	m	–	
④	φ80热镀锌灯杆	由工程设计定	m	–	
⑤	主筋螺栓	由工程设计定	个	4	
⑥	电线管	由工程设计定	m	–	
⑦	≥C25混凝土基础	由工程设计定	个	1	

图 4-5　泛光灯立柱安装图

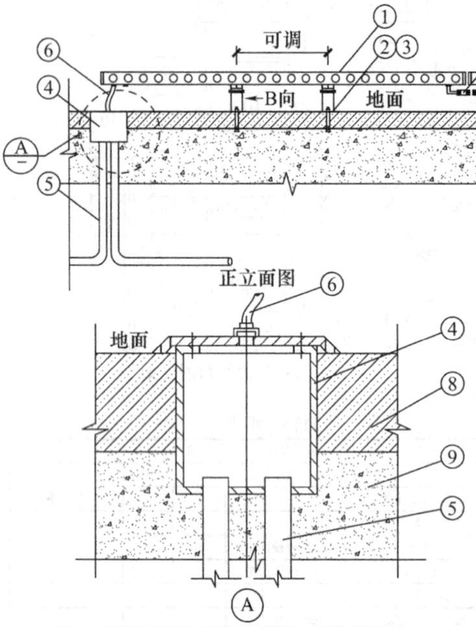

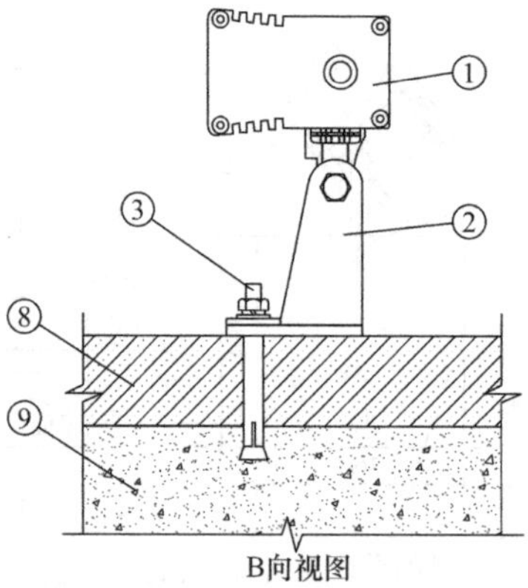

材料明细表

编号	名称	型号及规格	单位	数量	备注
①	LED线形灯	由工程设计定	套	1	
②	线形灯可调支架	灯具配套	个	2	
③	膨胀螺栓	由工程设计定	个	2	不锈钢
④	预埋防水接线盒	100×100	个	1	不锈钢
⑤	配管	由工程设计定	m	–	
⑥	金属软管	由工程设计定	m	–	
⑦	防水插拔接头	灯具配套	个	1	
⑧	石材铺装层	–	–	–	
⑨	C20混凝土层	–	–	–	

注：1 预埋防水接线盒盖板应可拆卸、开启，便于维修。
2 PVC管或SC管、PE管预埋于硬质铺装层下，埋深应符合国家标准，敷设至预埋防水接线盒。
3 灯与灯之间串联连接，使用防水插拔接头。
4 电源线随预埋管、灯具尾线随金属软管敷设至预埋防水接线盒内连接。
5 电缆型号及配管的管径根据现场灯具回路负荷选配。

图 4-6 硬质地面线型灯安装图

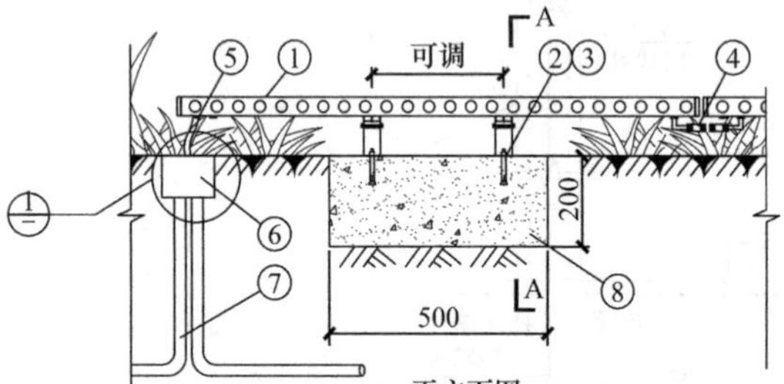

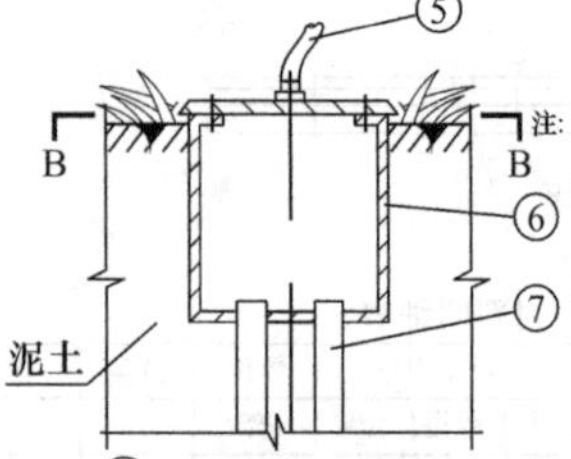

① 预埋防水接线盒安装

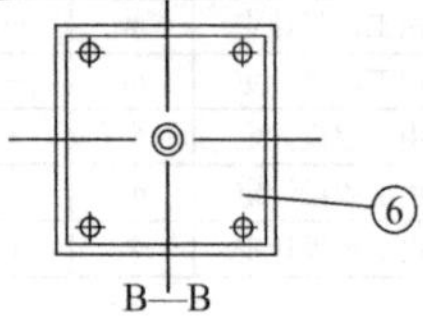

B—B

注：1 预埋防水接线盒盖板应可拆卸、开启，便于维修。
2 PVC管或PE管敷设于覆土层内，埋深应符合国家标准，敷设至混凝土基础位置上引。
3 采用C20混凝土现场浇筑500×200×200混凝土基础，基础顶面标高根据现场绿化情况调整。
4 灯与之间串联连接，使用防水插拔口接头。
5 电源线随预埋管、灯具尾线随金属软管敷设至预埋防水接线盒内相接。
6 电缆型号及配管的管径根据现场灯具回路负荷选配。

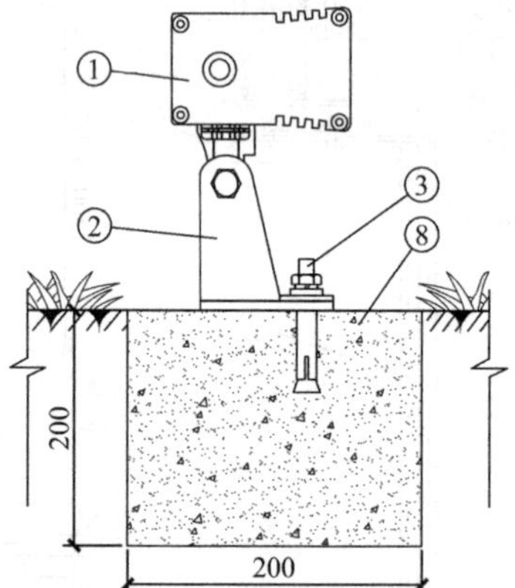

A—A

材料明细表

编号	名称	型号及规格	单位	数量	备注
①	LED线形灯	由工程设计定	套	1	
②	线形灯可调支架	灯具配套	个	2	
③	膨胀螺栓	M8	个	2	不锈钢
④	防水插拔接头	灯具配套	个	2	
⑤	金属软管	由工程设计定	m	–	
⑥	预埋防水接线盒	100×60	个	1	不锈钢
⑦	配管	由工程设计定	m	–	
⑧	C20混凝土基础	现浇	个	1	

图 4-7 绿化内地埋线形灯安装图

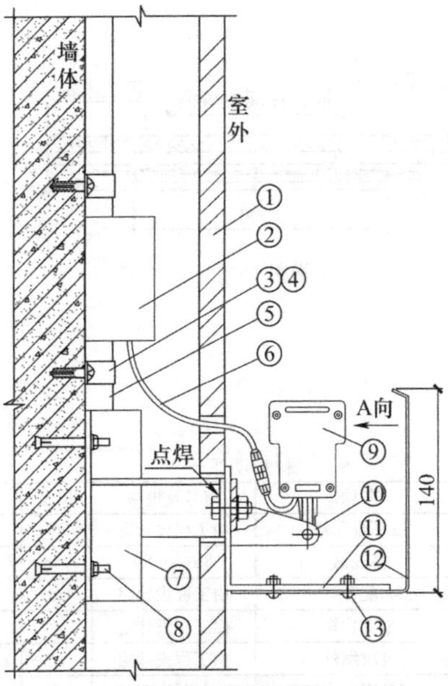

墙面灯具安装剖面图

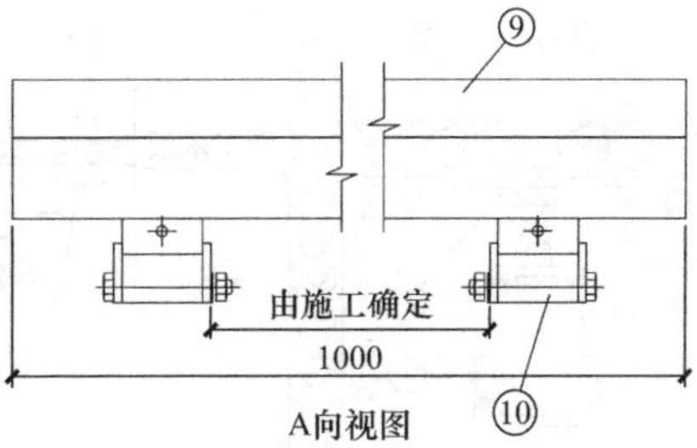

A向视图

材料明细表

编号	名称	型号及规格	单位	数量	备注
①	干挂装饰板	–	–	–	
②	接线盒	85×85×50	个	1	
③	骑马卡	不锈钢	个	1	
④	塑膨胀螺丝	由工程设计定	个	1	
⑤	配管	由工程设计定	m	–	
⑥	防水插接头线	由工程设计定	个	1	
⑦	热镀锌角钢支架	└30×30×3	个	2	
⑧	膨胀螺栓	M8×85	个	4	不锈钢
⑨	LED线形灯具	由工程设计定	套	1	
⑩	灯具支架	灯具配套	个	2	
⑪	装饰条支架	δ3mm	m	–	
⑫	不锈钢装饰条	δ1.5mm	m	–	
⑬	不锈钢螺栓	M6×10	个	–	

1 干挂内混凝土墙面敷设PVC管或SC管，用不锈钢骑马卡固定。
2 每套灯安装一个接线盒，电源主线与灯具尾线连接于接线盒内。
3 所有与外墙结合位置均做防水处理。
4 灯与灯之间串联连接，使用防水插拔接头。
5 电缆型号及配管的管径根据现场灯具回路负荷选配。

图 4-8　干挂墙面线形灯安装图

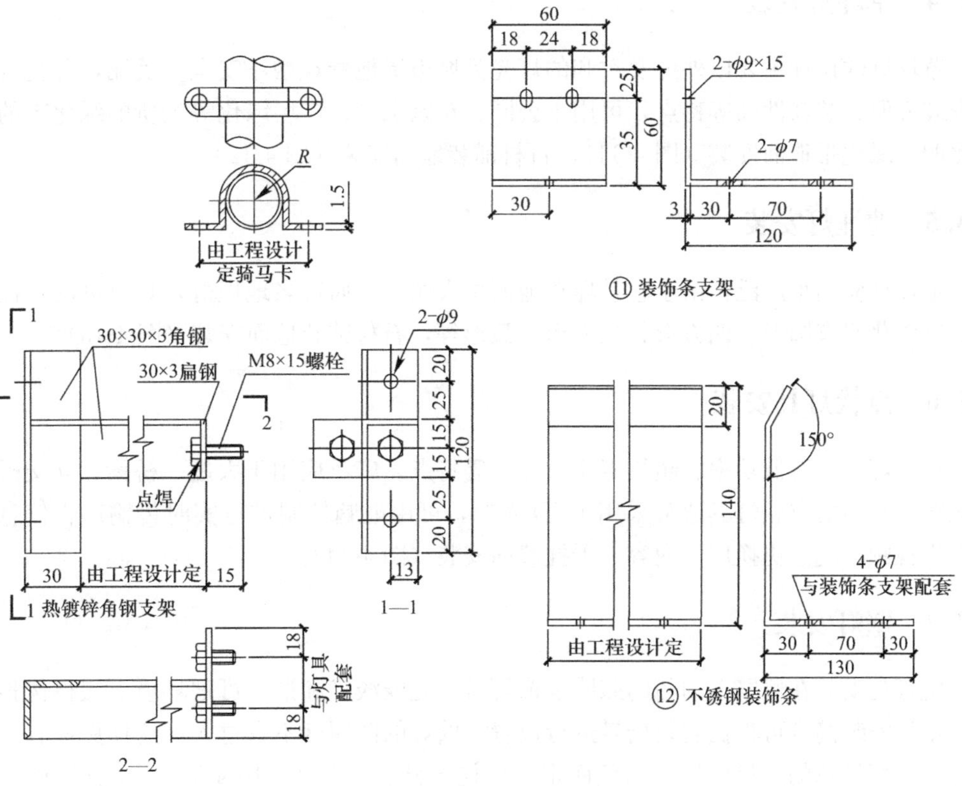

图 4-9　干挂墙面线形灯安装图

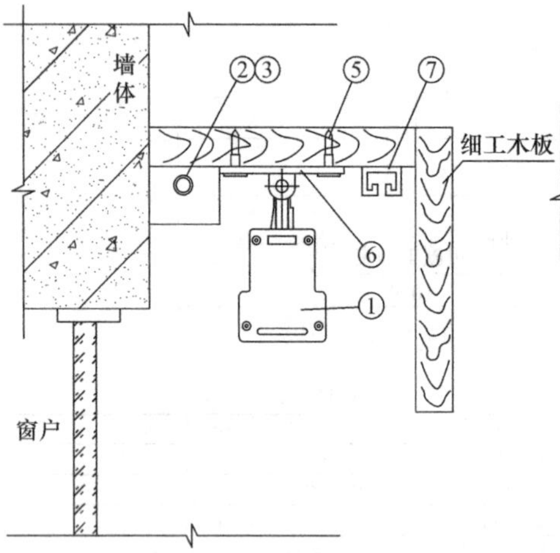

安装剖面图

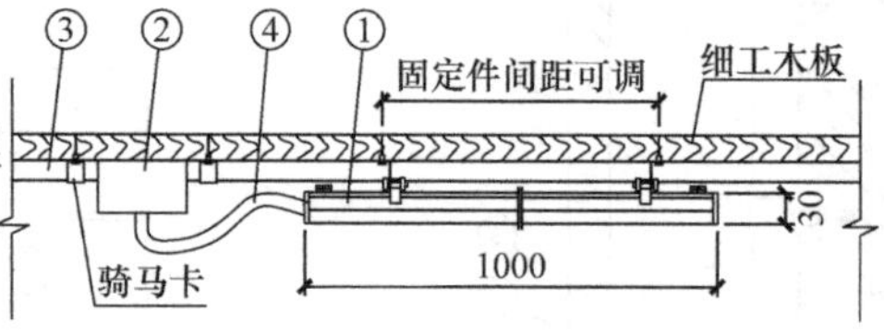

正视图

注: 1 敷设PVC管、SC管或JDG至接线盒, 用不锈钢骑马卡固定于细工木板上。
2 电源线随配管、灯具尾线随金属软管敷设至接线盒内相接。
3 电缆型号及配管的管径根据现场灯具回路负荷选配。

材料明细表

编号	名称	型号及规格	单位	数量
①	线形投光灯	由工程设计定	套	1
②	接线盒	86×86×50	个	1
③	配管	由工程设计定	m	-
④	金属软管	由工程设计定	m	-
⑤	自攻螺丝	由工程设计定	个	4
⑥	灯具固定支架	灯具配套	个	1
⑦	窗帘导轨	由工程设计定	个	1

图 4-10 内透光窗帘盒线型灯安装图

4.3.4 草坪灯安装

草坪灯的设计主要以外形及柔和的灯光为城市绿地景观增添安全与美丽，并且普遍具有安装方便、装饰性强等特点，可用于公园、花园别墅、广场绿化等场所的绿化带的装饰性照明。绿化带地面安装（图 4-11），石材铺装地面安装（图 4-12）。

4.3.5 地埋灯安装

地埋灯应用很广泛，由于它是埋在地面供人照明因而得名地埋灯，具有灵活可控的特点；灯体普遍有圆形、四方形、长方形、弧形等，石材铺装地面安装（图 4-13）。

4.3.6 点状灯具安装

点状灯具具有低功率、超长寿命、环保等特点。广泛应用于大厦、桥梁、立交桥、装饰照明。常用的点状灯具通常采用 LED 光源，可由电脑控制进行实时传输广告信息，播放广告视频，随意更换广告内容。干挂墙面安装（图 4-14）。

4.3.7 壁灯安装

壁灯是安装在墙壁上的辅助照明装饰灯具，光线淡雅和谐，可把环境点缀得优雅、富丽。壁灯安装高度可根据安装场景进行设置。壁灯的照明度不宜过大，这样更富有艺术感染力，壁灯灯罩的选择应根据墙色而定。干挂石材墙身明装（图 4-15），干挂墙面嵌入式侧壁灯安装（图 4-16）。

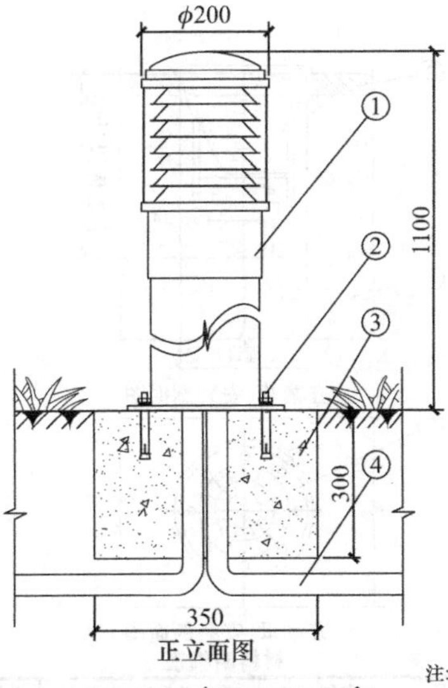

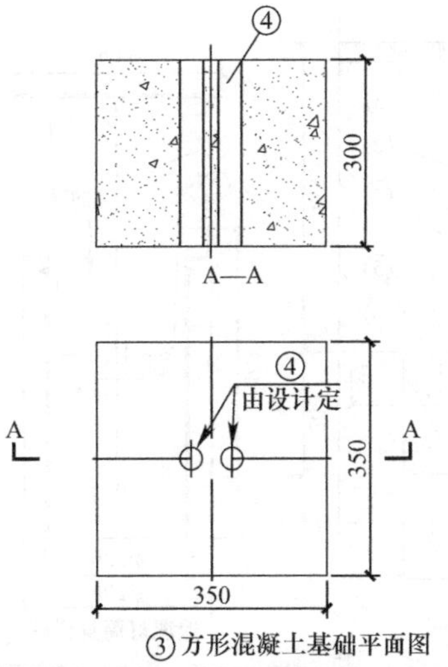

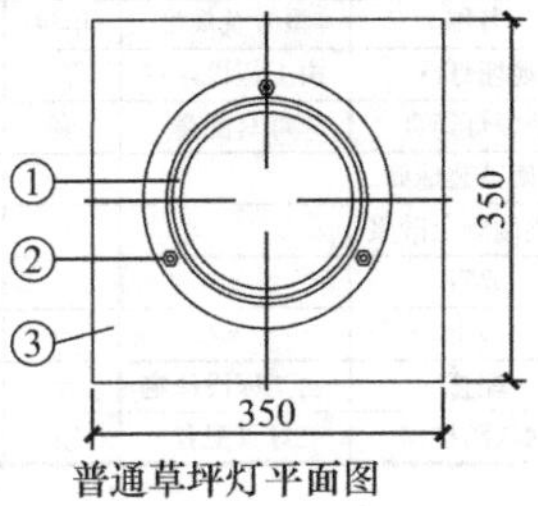

注：1 PVC管或SC管、PE管敷设于覆土层内，埋深应符合国家标准，敷设至混凝土基础位置上引。
2 采用C20混凝土现场浇筑350×350×300混凝土基础，基础顶面标高根据现场情况调整。
3 电缆型号及配管的管径根据现场灯具回路负荷选配。

材料明细表

编号	名称	型号及规格	单位	数量	备注
①	草坪灯	由工程设计定	套	1	
②	膨胀螺栓	M10×80	个	3	不锈钢
③	方形混凝土基础	-	个	1	
④	配管(PVC或SC)	由工程设计定	m	-	

图 4-11 绿化带地面草坪灯安装图

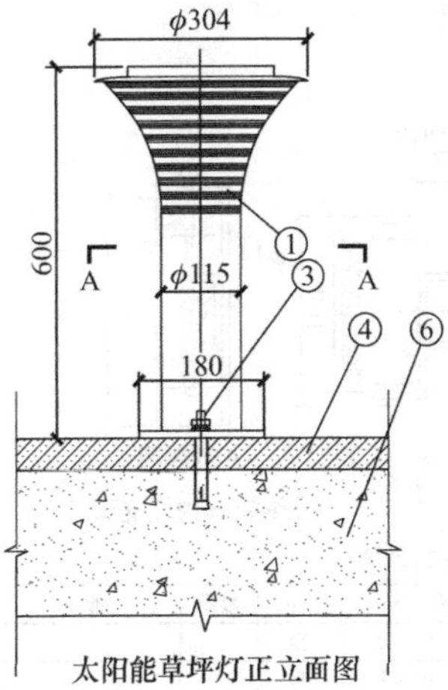

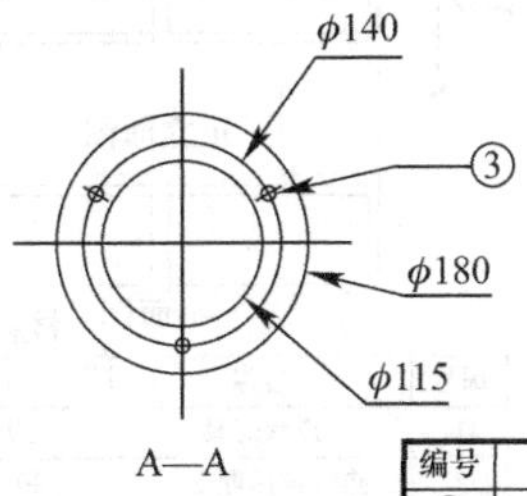

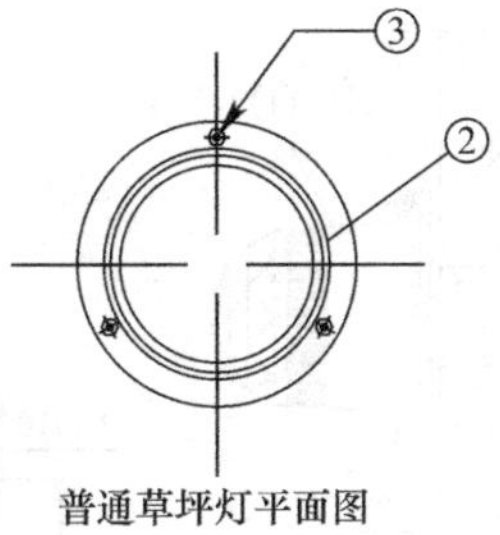

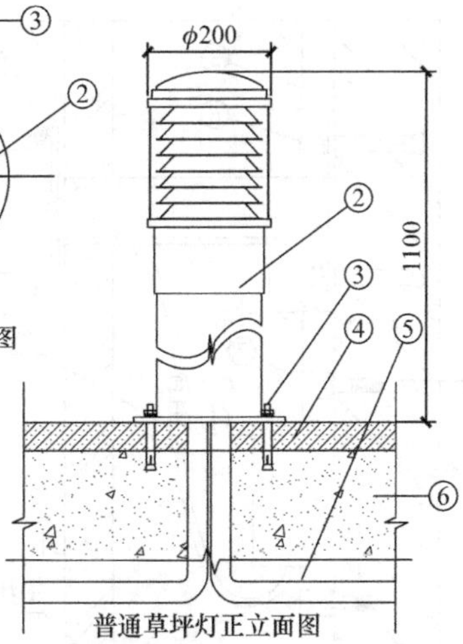

材料明细表

编号	名称	型号及规格	单位	数量	备注
①	太阳能草坪灯	由工程设计定	套	1	
②	普通草坪灯	由工程设计定	套	1	
③	膨胀螺栓	M10×80	个	-	不锈钢
④	石材铺装层	-	-	-	
⑤	PVC穿线管	由工程设计定	m	-	
⑥	C20混凝土层	-	-	-	

注：1 PVC管或SC管、PE管敷设于覆土层内，埋深应符合国家标准，敷设至混凝土基础位置上引。
2 电缆型号及配管的管径根据现场灯具回路负荷选配。

图 4-12 石材铺装地面草坪灯安装图

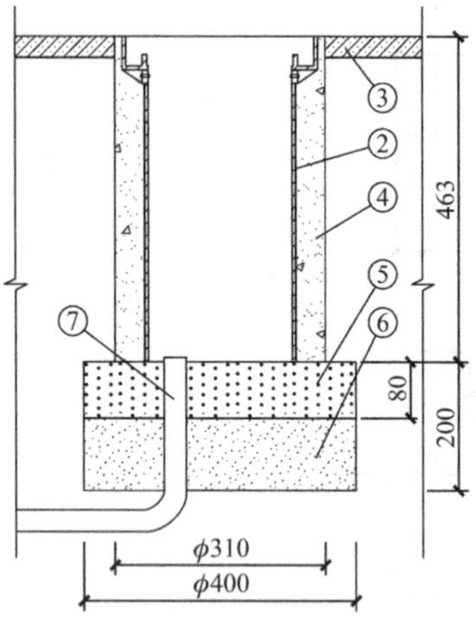

方案Ⅰ 安装剖面图

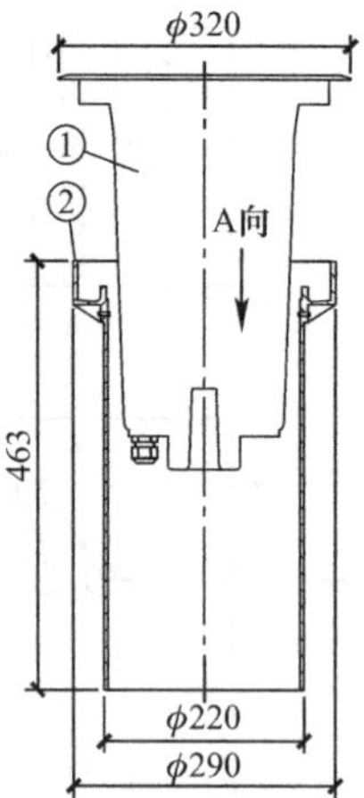

地埋灯筒身详图

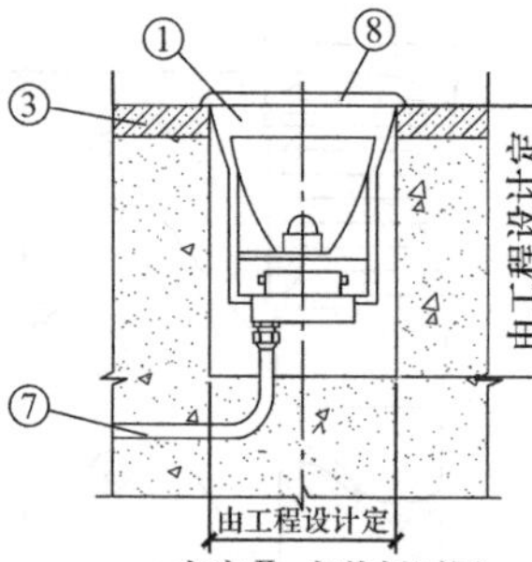

方案Ⅱ 安装剖面图

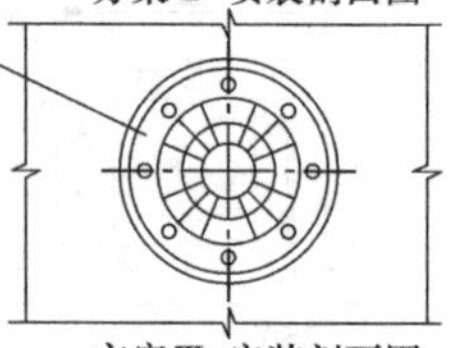

方案Ⅲ 安装剖面图

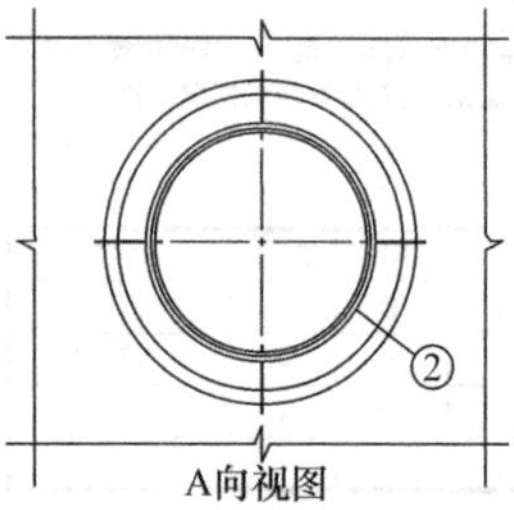

A向视图

注:
1 碎石排水层和沙土吸水层的厚度根据当地降水情况决定，一般不小于200mm。
2 PVC管或SC管、PE管预埋于硬质铺装层下，埋深应符合国家标准，敷设至地埋灯筒身内。
3 机械开孔后，将地埋灯筒身预埋件固定于孔内。预埋件外壁与混凝土层夹层内填充混凝土砂浆，固定预埋件及调整标高。
4 为便于安装与维修，地埋灯具与地埋灯筒身为可拆卸式。
5 电缆型号及配管的管径根据现场灯具回路负荷选配。

材料明细表

编号	名称	型号及规格	单位	数量
①	地埋灯具	由工程设计定	套	1
②	地埋灯筒身	灯具配套	套	1
③	硬质铺装地面	-	-	-
④	现浇混凝土砂浆	-	-	-
⑤	碎石	-	-	-
⑥	沙土	-	-	-
⑦	配管	由工程设计定	m	-
⑧	网状防护网	灯具配套	套	1

图 4-13 石材铺装地埋灯安装图

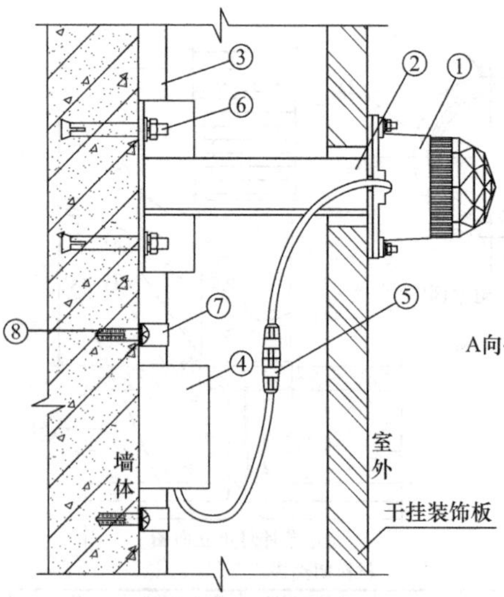

点光源安装剖面图

注: 1 干挂内混凝土墙面敷设PVC管或SC管，用不锈钢骑马卡固定。
2 每套灯安装一个接线盒，电源主线与灯具尾线连接于接线盒内。
3 所有与外墙结合位置均做防水处理。
4 电缆型号及配管的管径根据现场灯具回路负荷选配。

①灯具正立面图

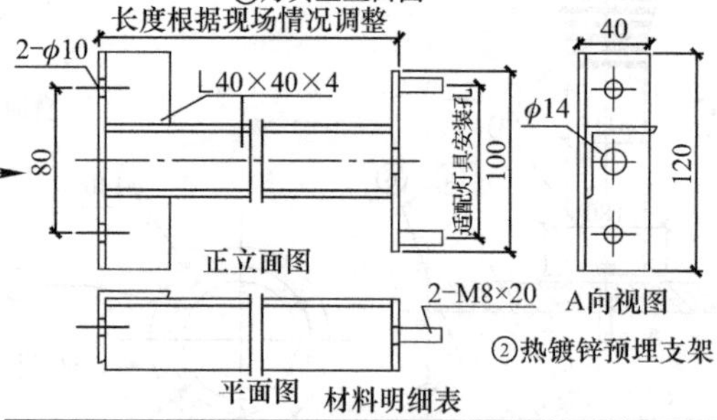

②热镀锌预埋支架

材料明细表

编号	名称	型号及规格	单位	数量	备注
①	点状灯具	由工程设计定	套	1	
②	热镀锌预埋支架	L40×40×4	套	1	
③	配管	由工程设计定	m	-	
④	接线盒	85×85×50	个	1	
⑤	防水插接头	由工程设计定	个	1	
⑥	膨胀螺栓	M8×80	个	2	不锈钢
⑦	骑马卡	由工程设计定	个	1	
⑧	塑膨胀螺丝	由工程设计定	个	4	

图 4-14 干挂墙面点状灯具安装图

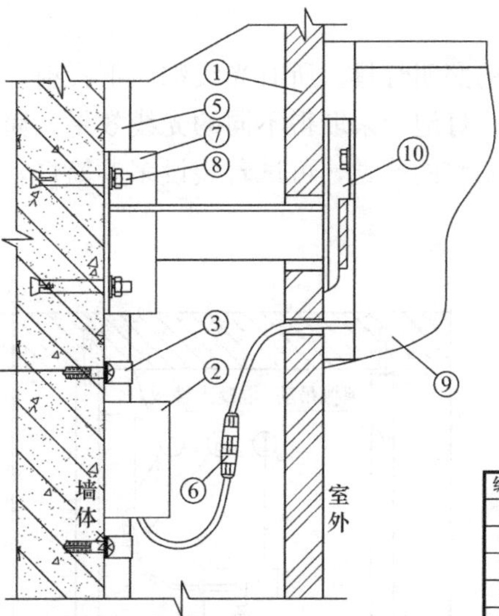

墙身明装壁灯安装剖面图

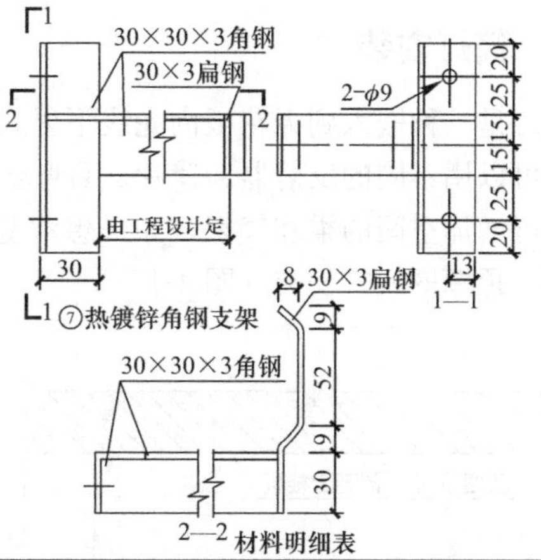

注：1 干挂内混凝土墙面敷设PVC管或SC管，用不锈钢骑马卡固定。
2 每套灯安装一个接线盒，电源主线与灯具尾线连接于接线盒内。
3 所有与外墙结合位置均做防水处理。
4 电缆型号及配管的管径根据现场灯具回路负荷选配。

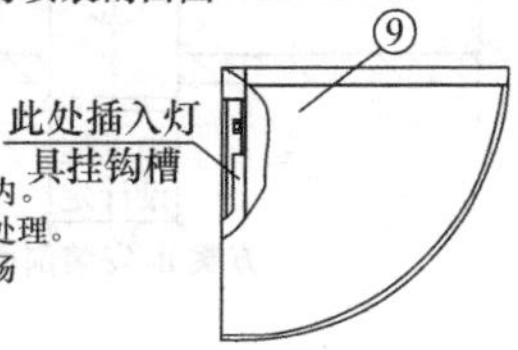

材料明细表

编号	名称	型号及规格	单位	数量	备注
①	干挂装饰板	–	–	–	
②	接线盒	85×85×50	个	1	
③	骑马卡	不锈钢	个	2	
④	塑膨胀螺丝	由工程设计定	个	4	
⑤	配管	由工程设计定	m	–	
⑥	防水插接头线	由工程设计定	个	1	
⑦	热镀锌角钢支架	L30×30×3	个	1	
⑧	膨胀螺栓	M8×85	个	2	不锈钢
⑨	LED投光灯	由工程设计定	套	1	
⑩	灯具挂钩	灯具配套	个	1	

图 4-15 干挂石材墙身明装壁灯安装图

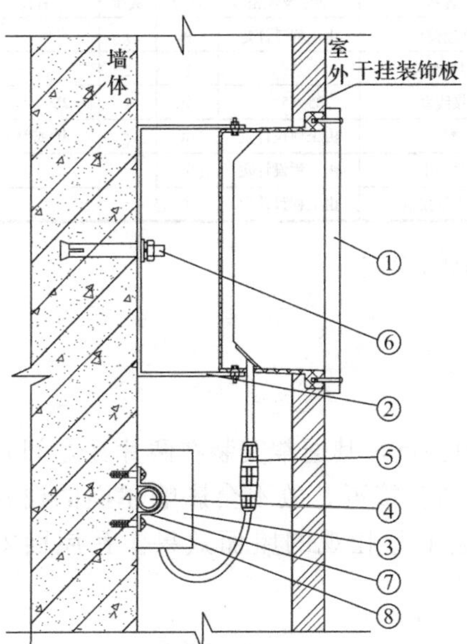

安装剖面图

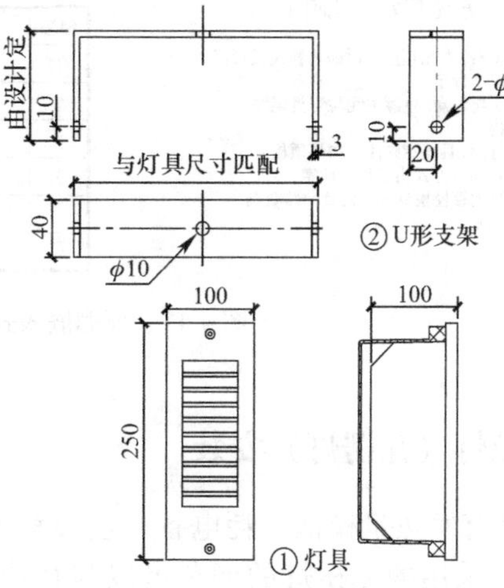

材料明细表

编号	名称	型号及规格	单位	数量	备注
①	灯具	由工程设计定	套	1	
②	热镀锌U形支架	-40×3扁钢	个	1	
③	接线盒	85×85×50	个	1	
④	配管	由工程设计定	m	–	
⑤	防水插接头	由工程设计定	个	1	
⑥	膨胀螺栓	由工程设计定	个	1	不锈钢
⑦	骑马卡	–	个	1	
⑧	塑膨胀螺丝	由工程设计定	个	2	

注：1 干挂内混凝土墙面敷设PVC管或SC管，用不锈钢骑马卡固定。
2 每套灯安装一个接线盒，电源主线与灯具尾线连接于接线盒内。
3 干挂石材为灯具预埋件预留长方形孔洞245×95。
4 所有与外墙结合位置均做防水处理。
5 灯与灯之间串联连接，使用防水插拔口接头。
6 电缆型号及配管的管径根据现场灯具回路负荷选配。

图 4-16 干挂墙面嵌入式侧壁灯安装图

4.3.8 筒灯安装

筒灯是一种嵌入到天花板内光线下射式的照明灯具。所有光线都向下投射，属于直接配光。可以用不同的反射器、镜片、百叶窗、灯泡，来取得不同的光线效果。筒灯不占据空间，可增加空间的柔和气氛，如果想营造温馨的感觉，可试着装设多盏筒灯，减轻空间压迫感。顶棚嵌入式安装（图 4-17）。

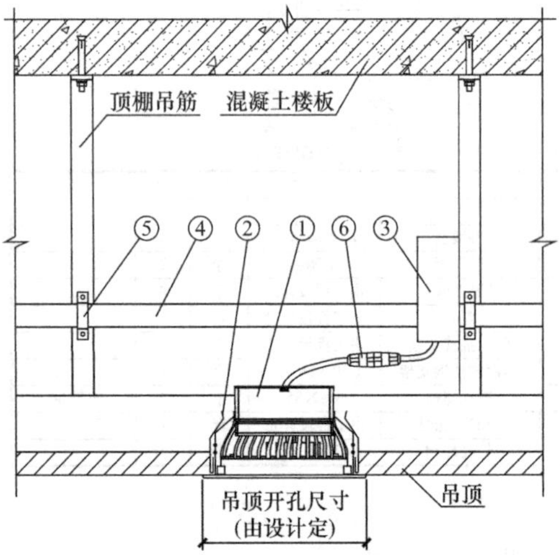

方案Ⅰ 安装剖面图

注: 1 吊顶内敷设PVC管，在吊顶施工时即将管线敷设好，并用不锈钢骑马卡固定。
2 每套灯安装一个接线盒，电源主线与灯具尾线连接于接线盒内。
3 方案Ⅰ吸顶筒灯，灯具固定弹片紧扣吊顶板。方案Ⅱ吸顶筒灯固定方式由工程设计定
4 电缆型号及配管的管径根据现场灯具回路负荷。选配由工程设计定。

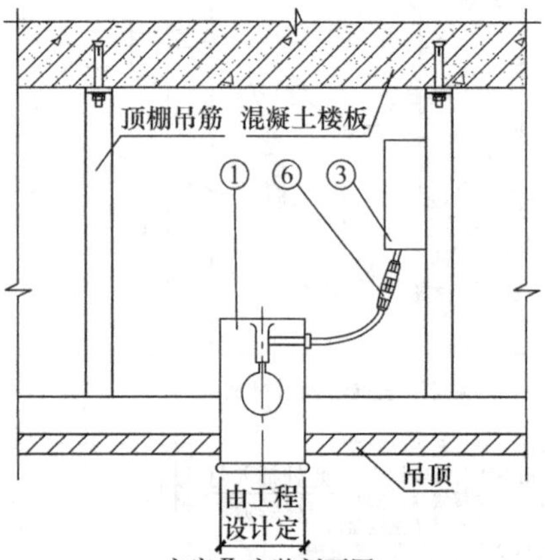

方案Ⅱ 安装剖面图

材料明细表

编号	名称	型号及规格	单位	数量	备注
①	吸顶筒灯	由工程设计定	套	1	
②	固定弹片	-	个	2	
③	接线盒	85×85×50	个	1	JD或PVC
④	配管	由工程设计定	m	-	JD或PVC
⑤	骑马卡	由工程设计定	个	-	
⑥	防水插接头	由工程设计定	个	-	

图 4-17　顶棚嵌入式筒灯安装图

4.3.9 投光灯（瓦楞灯）安装

瓦楞灯具有发热量极低、耗电省、色彩鲜艳的特点，其通常安装在两片瓦之间月牙形的缝隙中，采用的瓦楞灯的颜色可以与瓦片的颜色接近，故不会影响屋面的白天建筑效果。夜间，成片的 LED 瓦片灯亮起，可形成十分壮观的屋面效果。瓦屋面安装（图 4-18）。

4.3.10 条形灯安装

条形灯系列是一种高端的柔性装饰灯，其特点是耗电低、寿命长、高亮度、免维护等。特别适合室内外娱乐场所，建筑物轮廓勾画及广告牌的制作等。根据不同需求该产品有 30cm、60cm、90cm、120cm 等。也可根据客户需求订制不同规格。坡屋面安装见图 4-19 和图 4-20。

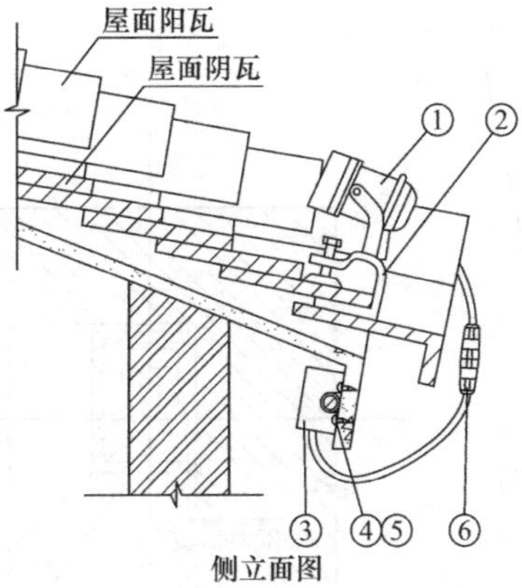

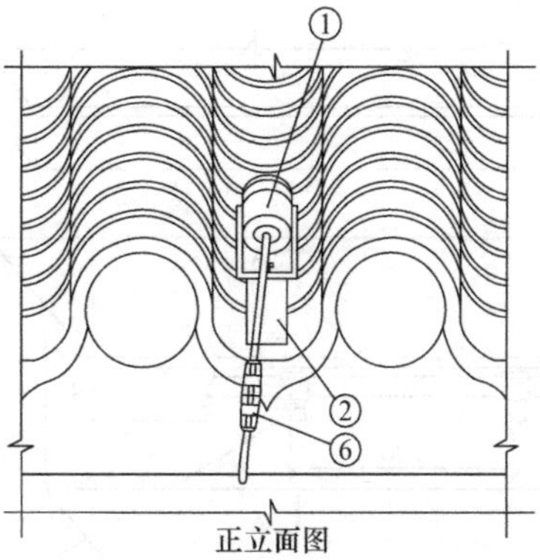

注：1 檐口板内侧敷设PVC管或SC管至接线盒，用不锈钢骑马卡固定。
2 投光灯用灯具支架固定于屋面瓦当之上。
3 电源线随配管、灯具尾线随金属软管敷设至接线盒内相接。
4 电缆型号及配管的管径根据现场灯具回路负荷选配。

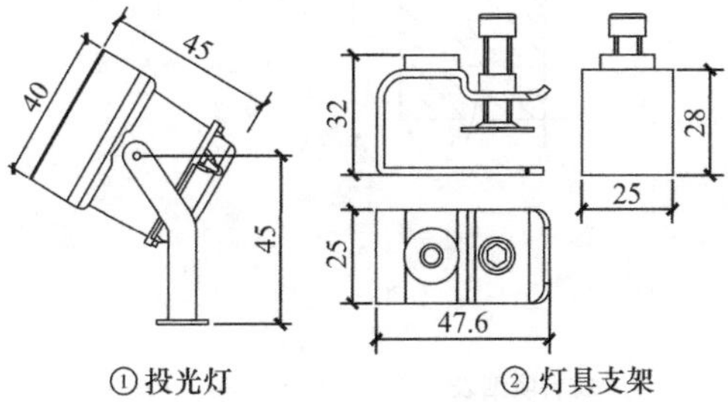

材料明细表

编号	名称	型号及规格	单位	数量	备注
①	投光灯	由工程设计定	套	-	
②	灯具支架	灯具配套	个	-	
③	接线盒	86×86×50	个	1	
④	配管	由工程设计定	m	-	
⑤	骑马卡	由工程设计定	个	1	
⑥	防水插接头	由工程设计定	个	1	

图 4-18 瓦屋面投光灯（瓦楞灯）安装图

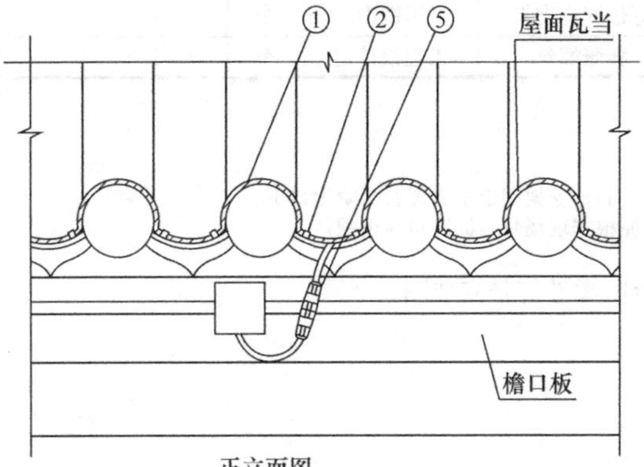

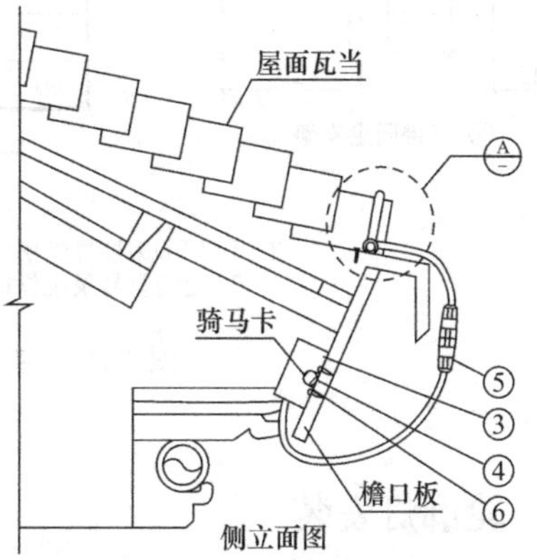

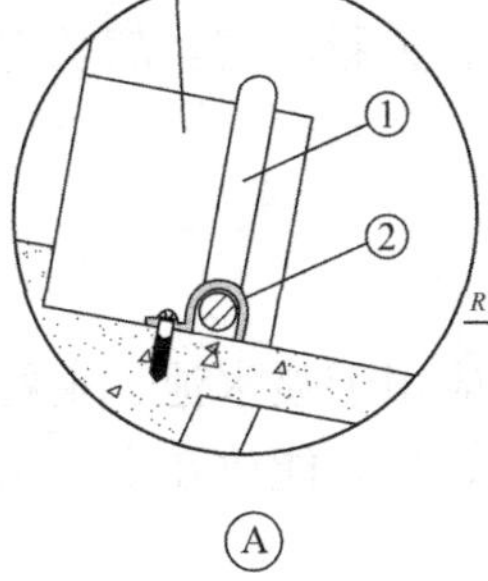

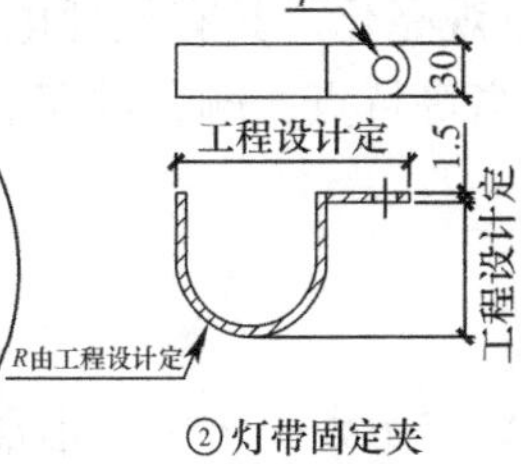

注：1 檐口板内侧敷设PVC管或SC管至接线盒，用不锈钢骑马卡固定。
2 条形灯带用灯具固定夹固定于屋面瓦当之上。
3 电源线随配管、灯具尾线随金属软管敷设至接线盒内相接。
4 电缆型号及配管的管径根据现场灯具回路负荷选配。

材料明细表

编号	名称	型号及规格	单位	数量	备注
①	条形灯带	由工程设计定	套	1	
②	灯带固定夹	热镀锌扁钢或不锈钢	个	1	
③	接线盒	86×86×50	个	1	
④	配管	由工程设计定	m	-	
⑤	防水插接头	由工程设计定	个	1	
⑥	骑马卡	由工程设计定	个	1	

图 4-19 坡屋面条形灯安装图

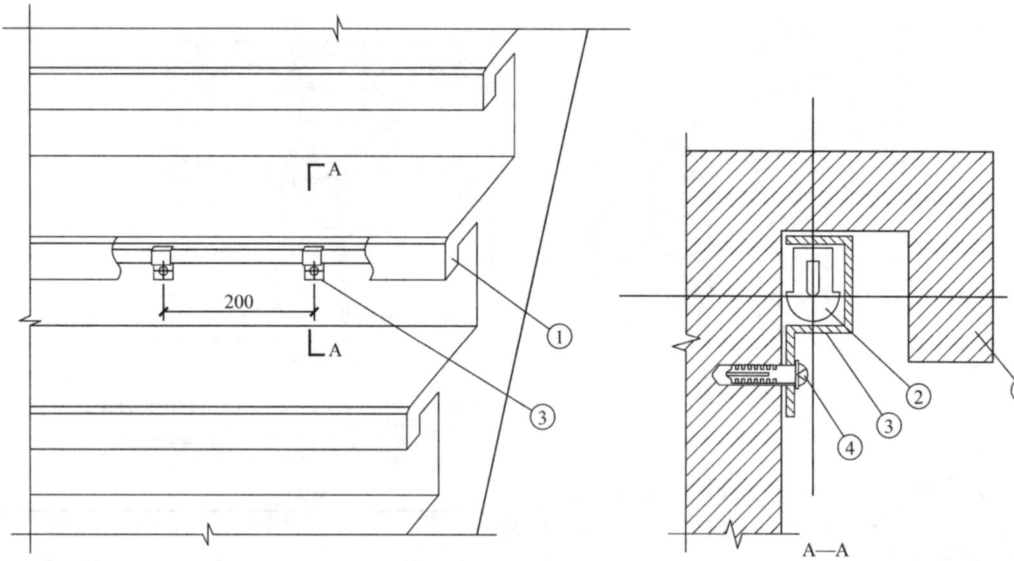

安装示意图

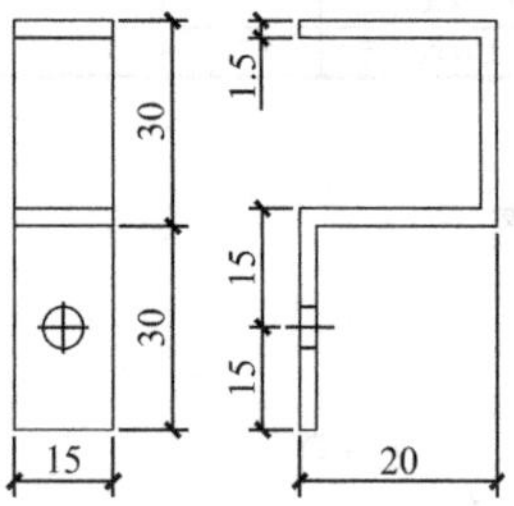

③ 灯带固定支架

材料明细表

编号	名称	型号及规格	单位	数量	备注
①	大理石台阶	工程设计定	-	-	或其他梯形台阶
②	LED柔性灯带	工程设计定	m	-	
③	灯带固定支架	不锈钢	个	-	
④	膨胀螺丝	工程设计定	个	-	

注：1 LED柔性灯带使用灯带固定支架固定于大理石台阶檐口下。
2 电缆型号及配管的管径根据现场灯具回路负荷选配。

图 4-20 梯形台阶柔性灯带安装图

4.3.11 轮廓灯安装

轮廓灯通常采用LED光源，主要用于城市景观亮化。具有低耗电、低热量、寿命长、耐冲击、可靠性高、节能环保，光色柔和，亮度高等特点。颜色纯正、色彩丰富，超长寿命。轮廓灯安装（图 4-21）。

4.3.12 水下灯安装

水下灯是装在水底的一种灯具，外观小而精致，美观大方，一般应用于喷水池、主题公园、展会、商业以及艺术照明等场景。水下灯具有很好的防水效果，灯具能放在离水面5米以下。水下灯安装（图 4-22～图 4-26）。

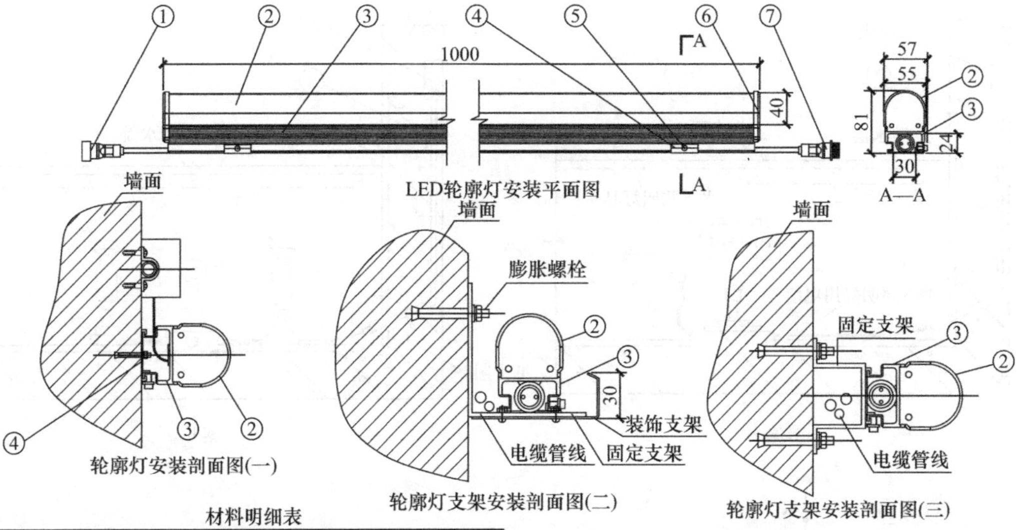

材料明细表

编号	名称	型号及规格	单位	数量	备注
①	电源(+信号)公头	工程设计定	个	1	
②	灯罩	工程设计定	个	1	
③	灯具壳体	铝合金	个	1	
④	灯具固定支架	铝合金	个	-	
⑤	固定螺钉	不锈钢	个	-	
⑥	端盖	工程设计定	个	-	
⑧	电源(+信号)母头	工程设计定	个	1	

注：1 灯体安装于墙面，灯具侧出光，灯具直接固定于墙面。
2 电缆型号及配管的管径根据现场灯具回路负荷选配。
3 灯体安装于墙面，灯具向上出光，支架固定灯具及敷设电缆

图 4-21 轮廓灯安装示意图

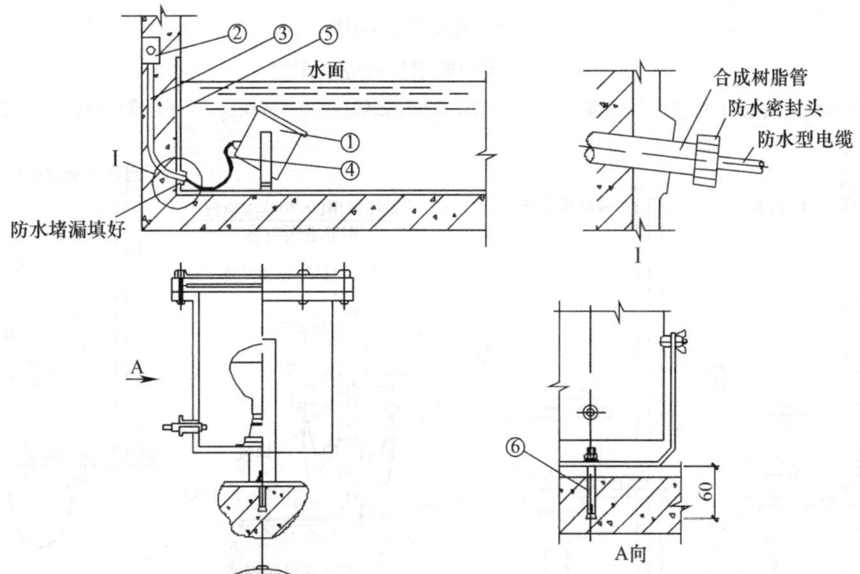

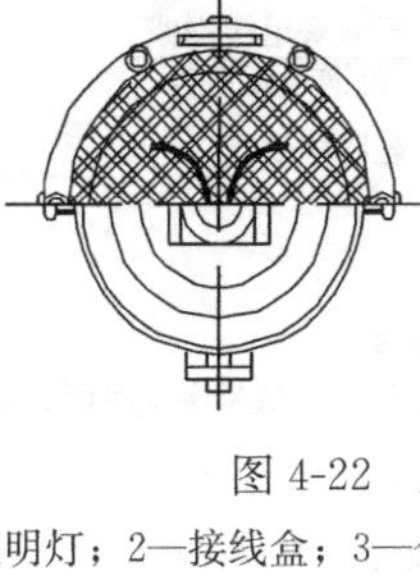

注：1 接线盒和合成树脂管应与水池浇制时同步施工。
2 管口电缆与防水密封头的密封垫圈应紧密配合。

图 4-22 水中照明灯具安装图一

1—水中照明灯；2—接线盒；3—合成树脂管；4—电缆；5—防水层；6—膨胀螺栓

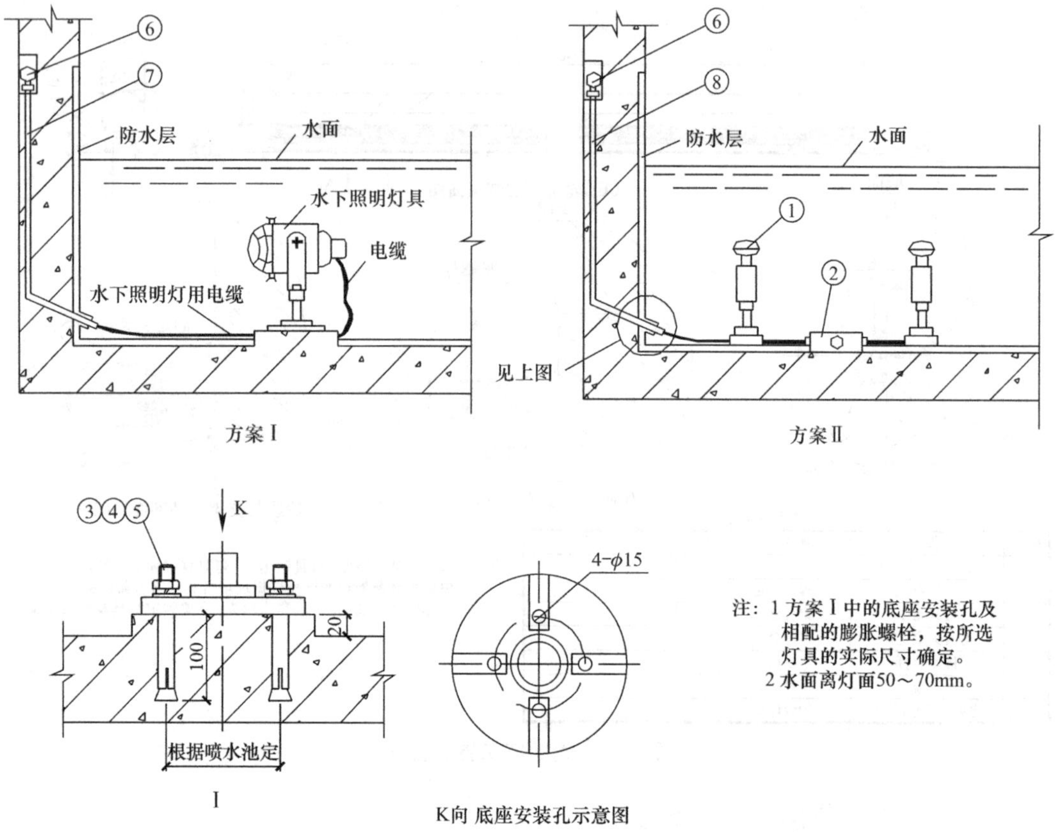

注：1 方案Ⅰ中的底座安装孔及相配的膨胀螺栓，按所选灯具的实际尺寸确定。
2 水面离灯面50～70mm。

图 4-23 水中照明灯具安装图二

1—喷水池；2—水下接线盒；3—螺母；4—垫圈；5—膨胀螺栓；6—接线盒；7—合成树脂管；8—套管

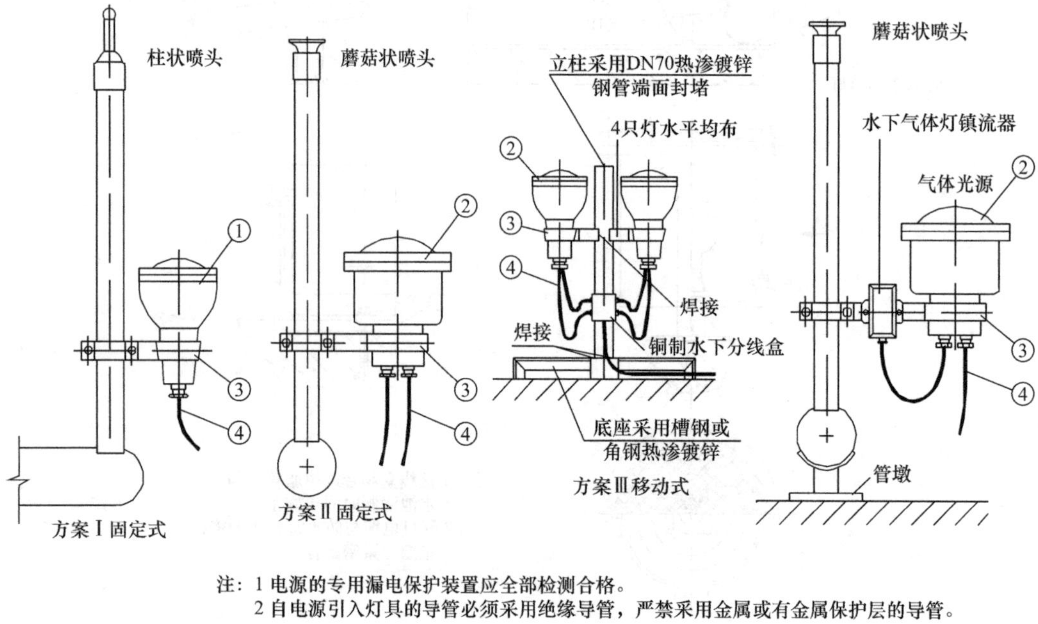

注：1 电源的专用漏电保护装置应全部检测合格。
2 自电源引入灯具的导管必须采用绝缘导管，严禁采用金属或有金属保护层的导管。

图 4-24 水下灯具（喷水池）安装图

1，2—水下灯具；3—扁钢固定支架；4—电源线

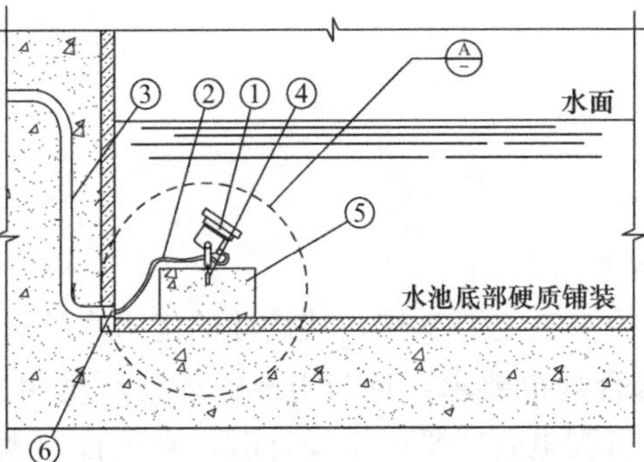

安装剖面图

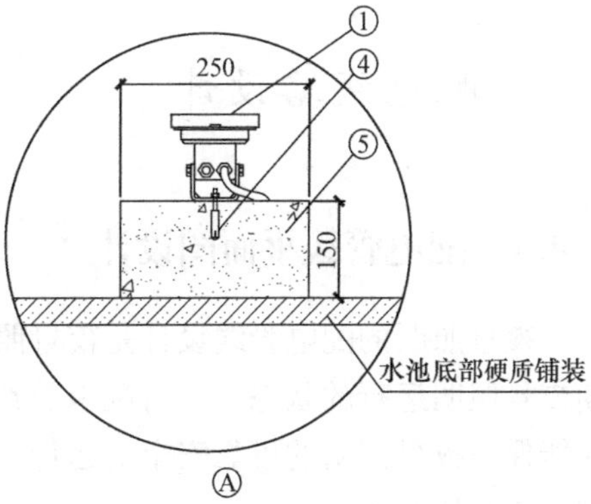

Ⓐ

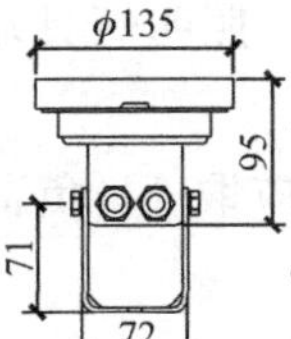

① 水下灯具

注：1 水下灯尾线需使用防水型电缆。
2 PVC管或SC管、PE管预埋于硬质铺装层后面混凝土内。
3 电源线、灯具尾线连接于水池旁的接线井内。
4 若需在水中制作接线头，需使用防水型接线盒。
5 预埋管口，铺装开孔处用硅胶密封。
6 电缆型号根据现场灯具回路负荷选配
7 有关其他类型的水下照明灯具安装可参照国家建筑标准设计图集03D702—3设计施工。

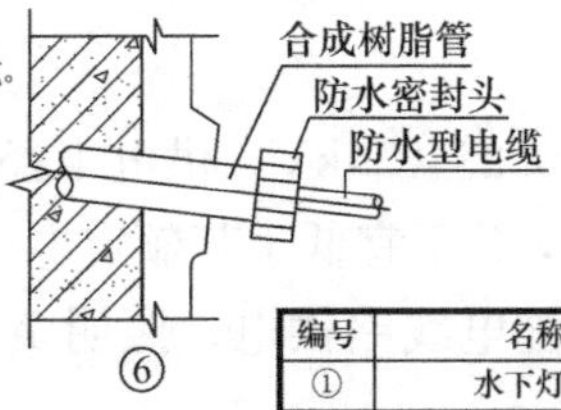

材料明细表

编号	名称	型号及规格	单位	数量	备注
①	水下灯具	由工程设计定	套	1	
②	电缆	防水型	m	–	
③	配管	–	m	–	
④	膨胀螺丝	由工程设计定	个	1	不锈钢
⑤	C30防水混凝土基础	250×250×150	个	1	
⑥	防水密封头	由工程设计定	个	1	

图 4-25 硬质地面水下照明灯安装图

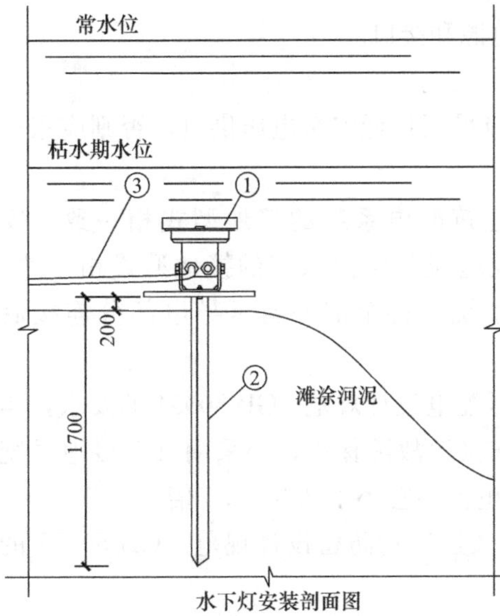

水下灯安装剖面图

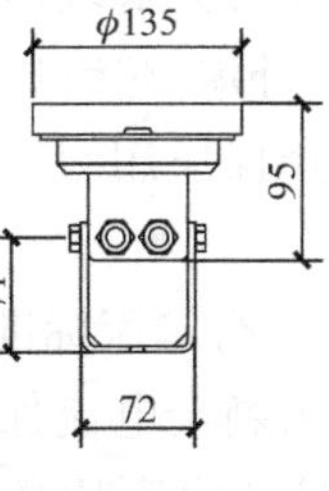

① 水下灯

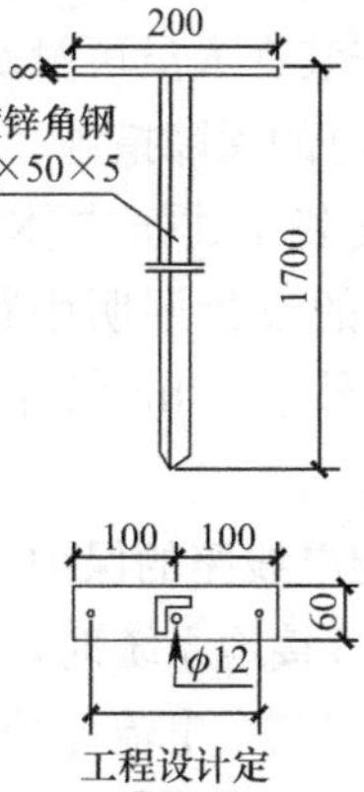

工程设计定
② 安装支架

材料明细表

编号	名称	型号及规格	单位	数量	备注
①	水下灯	由工程设计定	套	1	IP68
②	安装支架	由工程设计定	个	1	
③	电缆	防水型	m	–	

注：1 水下灯尾线需使用防水型电缆。
2 电源线、灯具尾线连接于驳岸旁的接线井内。
3 若需在水中制作接线头，需使用防水型接线盒。
4 电缆型号根据现场灯具回路负荷选配。
5 安装支架必须整体热镀锌。

图 4-26 软质池底水下照明灯安装图

4.4 配电线路设计

4.4.1 配电管线平面图设计

夜景照明的配电管线设计是夜景照明设计中一项主要工作，其设计的优劣直接影响后期夜景照明运行的状态，只有配电管线设计符合规范要求，且与当地的运行环境相协调，才能保障夜景照明的可靠安全的运行。故在进行配电管线平面图设计时，必须首先满足下列几点总体要求。

（1）总体要求

1）夜景照明设备供电电压宜为0.23/0.4kV，供电半径不宜超过0.5km。照明灯具端电压不宜高于其额定电压值的105%，并不宜低于其额定电压值的90%。

2）夜景照明负荷宜采用独立的配电线路供电，照明负荷计算需用系数应取1，负荷计算时应包括电器附件的损耗。

3）照明分支线路每一单相回路电流不宜超过30A。

4）三相照明线路各相负荷的分配宜保持平衡，最大相负荷电流不宜超过三相负荷平均值的115%，最小相负荷电流不宜小于三相负荷平均值的85%。

5）当采用三相四线配电时，中性线截面不应小于相线截面；室外照明线路应采用双重绝缘的铜芯导线，照明支路铜芯导线截面不应小于2.5mm^2。

6）有集会或其他公共活动的场所应预留备用电源和接口。

（2）安全防护与接地

1）安装在人员可触及的防护栏上的照明装置应采用特低安全电压供电，否则应采取防意外触电的保障措施。

2）安装于建筑本体的夜景照明系统应与该建筑配电系统的接地型式相一致。安装于室外的夜景照明中距建筑外墙20m以内的设施应与室内系统的接地型式相一致；距建筑物外墙20m以外的部分宜采用TT接地系统，将全部外露可导电部分连接后直接接地。

3）配电线路的保护应符合现行国家标准《低压配电设计规范》GB 50054的要求，当采用TN-S接地系统时，宜采用剩余电流保护器作接地故障保护；当采用TT接地系统时，应采用剩余电流保护器作接地故障保护。动作电流不宜小于2.0～2.5倍。

4）夜景照明装置的防雷应符合现行国家标准《建筑物防雷设计规范》GB 50057的要求。

5）照明设备所有带电部分应采用绝缘、遮拦或外护物保护，距地面2.8m以下的照明设备应使用工具才能打开外壳进行光源维护。室外安装照明配电箱与控制箱等应采用防水、防尘型、防护等级不应低于IP54，北方地区室外配电箱内元器件还应考虑室外环境温度的影响，距地面2.5m以下的电气设备应借助于钥匙或工具才能开启。

6）戏水池（游泳池）防电击措施应符合下列规定：

① 在 0 区内采用 12V 及 12V 以下的隔离特低电压供电，其隔离变压器应在 0、1、2 区以外；戏水池区域划分应符合《城市夜景照明设计规范》JGJ/T 163 附录 C 的规定；

② 电气线路应采用双重绝缘；在 0 区及 1 区内不得安装接线盒；

③ 电气设备的防水等级：0 区内不应低于 IPX8；1 区内不应低于 IPX5；2 区内不应低于 IPX4；

④ 在 0 区、1 区及 2 区内应作局部等电位联结。

7）喷水池防电击措施应符合下列规定：

① 当采用 50V 及以下的特低电压（ELV）供电时，其隔离变压器应设置在 0 区、1 区以外；当采用 220V 供电时，应采用隔离变压器或装设额定动作电流 $I_{\Delta n}$ 不大于 30mA 的剩余电流保护器；喷水池区域划分应符合《城市夜景照明设计规范》JGJ/T 163 附录 C 的规定；

② 水下电缆应远离水池边缘，在 1 区内应穿绝缘管保护；

③ 喷水池应做局部等电位联结；

④ 允许人进入的喷水池或喷水广场应执行第 6）条的规定。

8）霓虹灯的安装设计应符合现行国家标准《霓虹灯安装规范》GB 19653 规定。

（3）标注

景观配电设计标准应分为电气设备、电气线路、照明灯具安装方式、线缆敷设方式及敷设部分五部分内容。

当电源线缆 N 和 PE 分开标注时，应先标注 N 后标注 PE（线缆规格中的电压值在不会引起混淆时可省略）。

1）电气设备的标注应符合下列规定：

① 宜在用电设备的图形符号附近标注其额定功率、参照代号；

② 对于电气箱（柜、屏），应在其图形符号附近标注参照代号，并宜标注设备安装容量；

③ 对于照明灯具，宜在其图形符号附近标注灯具的数量、光源数量、光源安装容量、安装高度、安装方式。

2）电气线路标注应符合下列规定：

① 应标注电气线路的回路编号或参照代号、线缆型号及规格、根数、敷设方式、敷设部位等信息；

② 对于弱电线路，宜在线路上标注本系统的线型符号。

③ 对于封闭母线、电缆梯架、托盘和槽盒宜标注其规格及安装高度。

4.4.2 系统图设计

夜景照明配电系统图应同时满足《城市夜景照明设计规范》JGJ/T 163 和当地电力运行的要求，在具体设计时，首先要满足以下几点要求。

（1）总体要求

1）根据照明负荷中断供电可能造成的影响及损失，合理地确定负荷等级，并应正确地选择供电方案。

2）当电压偏差或波动不能保证照明质量或光源寿命时，在技术经济合理的条件下，可采用有载自动调压电力变压器、调压器或专用变压器供电。当采用专用变压器供电时，变压器的接线组别宜采用 D. yn11 方式。

3）对仅在水中才能安全工作的灯具，其配电回路应加设低水位断电措施。

4）对单光源功率在 250W 及以上者，宜在每个灯具处单独设置短路保护。

5）夜景照明系统应安装独立电能计量表。

（2）系统图图样画法

1）电气系统图应表示出系统的主要组成、主要特征、功能信息、位置信息、连接信息等。

2）电气系统图宜按功能布局、位置布局绘制，连接信息可采用单线表示。

3）电气系统图可根据系统的功能或结构（规模）的不同层次分别绘制。

4）电气系统图宜标注电气设备、路由（回路）等的参照代号、编号等，并应采用用于系统的图形符号绘制。

（3）系统图设计举例

以 10kV 配电箱变，一条回路为例（图 4-30）。该图水平分支电路自上而下布置，电源线进线在上部。图 4-27 显示出了元器件、参照代号、元器件规格等标注的方法。当电气系统图采用水平方向表示时，文字标注与图形符号的上方，回路容量和用途标注于图形符号右侧。

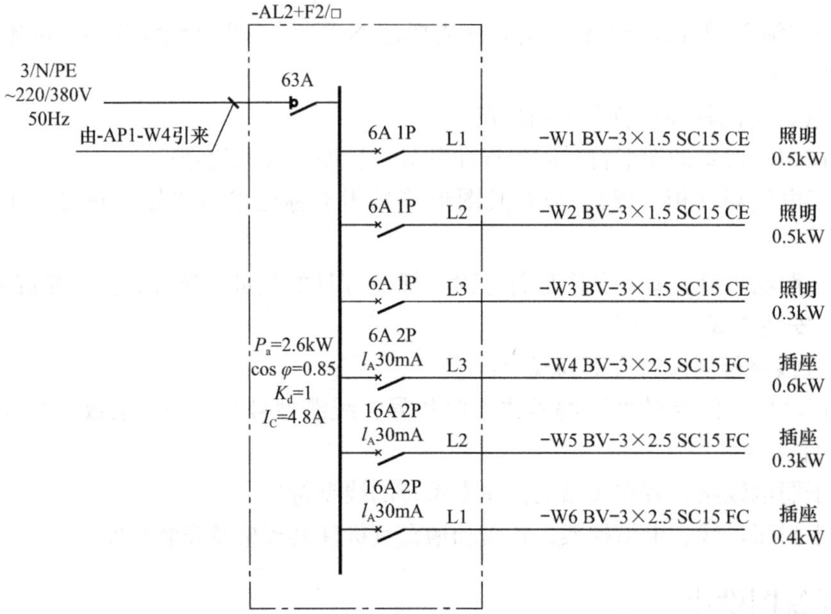

图 4-27　照明配电系统图示例（水平方向表示）

说明：图中□为产品型号，根据需要由设计人员确定。

第 5 章　光源与灯具选择

5.1　光源、灯具发展史

5.1.1　光源发展史

发射（可见）光的物体叫作（可见）光源。太阳是人类最重要的光源。可见光源有热辐射高压光源（如白炽灯）、气体放电光源（如霓虹灯、荧光灯）、固体发光光源（LED）等。光源有分自然光、人造光。有生命的一定是自然光，如水母、萤火虫等，没有生命的不一定是人造光，如恒星、太阳等。

热辐射光源是利用热辐射来发光的。由热辐射理论可知，温度越高，发光效率也越高。白炽灯是爱迪生于 1879 年首先试制成功的。他选择熔点高的碳做材料，制成碳丝，密封在抽成真空的玻璃管内，通以电流，碳丝发热发光。由于碳易挥发，工作温度不能超过 2100K。后来，选用熔点稍低于碳，但不易挥发的钨做材料，其工作温度可达 2400K，从而提高了发光效率。现代热辐射的新光源有碘钨灯、溴钨灯，发光效率更高。

气体放电光源是利用电子在两电极间加速运行时，与气体原子碰撞，被撞的气体原子受激，把吸收的电子动能又以辐射发光形式释放出来，这叫作电致发光。不同的气体受激发光的频率不同，利用这点可制成各种颜色的霓虹灯。

有的气体放电光源，玻璃管中充的气体受激发射的是不可见光。如水银蒸气在电场中受激发射的就是紫外线。我们可在玻璃管内壁上涂荧光粉，紫外线射到荧光粉上，再激发出可见光来，日光灯就是采用这一原理制成的。日光灯是电致发光和光致发光的综合，它的发光效率比白炽灯好，但显色性不好。现代新型的气体放电照明光源有低压钠灯、高压钠灯等。

随着半导体照明技术的不断发展，LED 照明产品从早期的室内领域逐渐拓展到了户外，并且在近几年内有了长足的发展。发光二极管（LED），是一种半导体组件。初时多用作指示灯、显示发光二极管板等；随着白光 LED 的出现，也被用作照明。LED 被称为第四代照明光源或绿色光源，具有节能、环保、寿命长、体积小等特点，广泛应用于指示、显示、装饰、背光源、普通照明和城市夜景等领域。根据使用功能的不同，可以将其划分为信息显示、信号灯、车用灯具、液晶屏背光源、通用照明五大类。本书重点介绍 LED 用于夜景照明的相关信息。

图 5-1 显示的是 LED 的发光机理。发光二极管由 P 区、N 区、和两者之间的势垒区组成，P 区有多出的空穴，可当作带正电的单位粒子；N 区有多出的电子，带负电；势垒区是 P 区的空穴和 N 区的电子相遇的地方，在未通电的情况下可以达到某种平衡。当在 PN 结两端注入正向电流时（即直流稳压电源的输入），注入的非平衡载流子（电子一空穴

对）在扩散过程中复合发光。

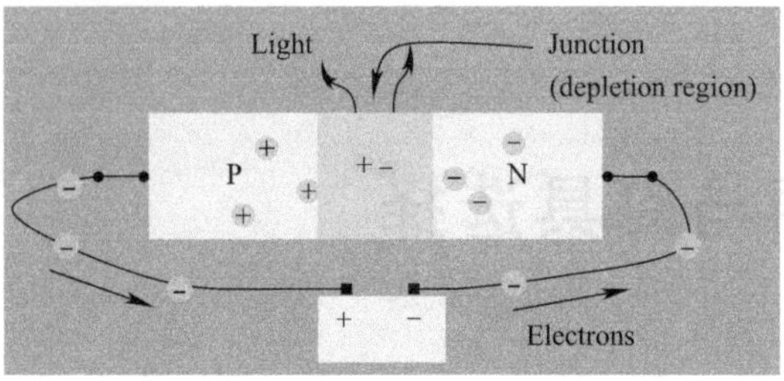

图 5-1　LED（LightEmitting Diode）发光二极管

图 5-2 显示发光二极管的发光原理同样可以用 PN 结的能带结构来解释。制作半导体发光二极管的材料是掺入了杂质的，热平衡状态下的 N 区有很多移动性很强的电子，P 区有较多的移动性较弱的空穴。由于 PN 结阻挡层的限制，在常态下，二者不能发生自然复合。而当给 PN 结加以正向电压时，电子可以吸收 qV_{bi} 的能量，成为高能态的电子，从而打破 PN 结的阻碍进入到 P 区一侧；空穴的运动过程相反。于是在 PN 结附近稍偏于 P 区一边的地方，处于高能态的电子与空穴相遇，辐射出的能量以光的形式表现出来，就是我们看到的 LED 发出的光。

光源按发光原理分，除热辐射发光、电致发光、光致发光外，还有化学发光、生物发光等。化学发光是在化学反应中以传热发光形式释放其反应能量时发射的光；生物发光是在生物体内由于生命过程中的变化所产生的发光，如萤火虫体内的荧光素在荧光素酶作用下与空气发生氧化反应而发光。

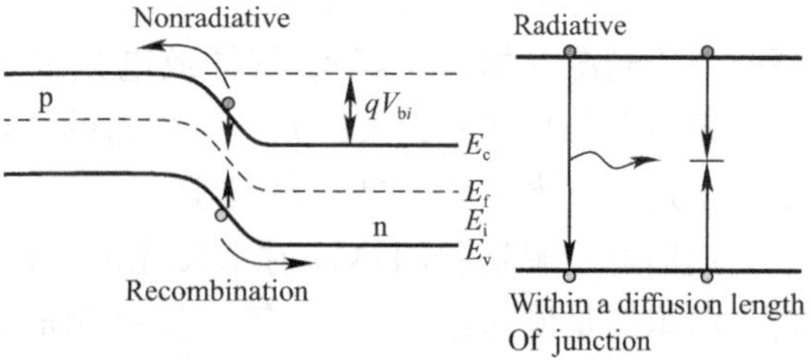

图 5-2　发光二极管的发光原理

5.1.2　灯具发展史

我们近现代真正意义上的夜景照明是从传统光源（钠灯、金卤灯等）的泛光照明开始的，从城市的角度突出夜晚的地标楼宇和广场景观。随着 LED 灯具的出现，各种轮廓的照明手法也曾作为一时流行，得到普遍的运用，而如今 LED 灯具的迅猛发展，使照明的手法有了更多的选择性：构筑物局部的刻画，LED 屏幕类广告照明，以及用投影的形式进行图案照明，乃至如今照明逐渐与数字化、智能化结合，产生了各类以人文照明、智慧照明为主题的新型照明手段，为城市景观亮化的发展提供了更为广阔的空间（图 5-3～图 5-6）。

照明灯具的分类方法繁多，可以按用途分类、按 CIE 推荐的根据光通量分配比例分类和按防尘、防潮、防触电等级分类等。

图 5-3　传统光源泛光照明（北京饭店）

图 5-4　LED 轮廓照明（金鸡湖）

图5-5　LED屏幕效果照明（上海世博会）

图5-6　LED屏幕效果照明（南昌一江两岸）

5.2　LED景观灯具应用

LED并不算是一个新的事物了。大家平时见到的动态显示屏以及手机都是LED普遍应用的案例。2008北京奥运会中LED产品得到大规模应用并取得空前的艺术效果，为全社会所广泛认知，也为LED灯具的发展带来新的历史契机。

LED（Light Emitting Diode）即发光二极管是利用半导体的P-N结电致发光原理制成的一种半导体发光器件。因为LED具有亮度高、功耗小、寿命长、工作电压低、易小型化等优点，所以近几年来，它得到了迅猛的发展和广泛的应用。

LED在城市照明中的运用主要分为两个方面：①城市道路照明，LED替代了传统的路灯光源，逐渐被广泛运用；②城市夜景照明，由于LED的体积小、光效高、节约能源、色彩丰富等显著的特点，受到了夜景照明设计的热烈追捧，在城市夜景的塑造中扮演了非常重要的角色。LED的诸多优点决定了其将会在更加广阔的领域得到长足的发展，可以预见，在不久的将来，只要在需要光的地方，就会有LED的身影。

夜景照明市场主要以街道、广场等公共场所装饰照明为主，推动力量及实施主体主要来自于政府。受到2016年杭州G20峰会和2017年厦门金砖会议的影响，各类国际会议举办地加快了夜景照明的步伐。也可以说是LED应用的盛会。LED产品无处不在，大放异彩。

此外，为各类盛会准备的夜景照明，主要作用远远不在于自身带动夜景照明市场的成长，更重要的是其榜样作用。为了迎接G20、金砖国家领导人会议等各类世界大会召开，国内一线城市相继建成一批LED夜景照明工程，这些工程在装饰街道的同时还将起到示范带头作用。其他城市在看到LED在夜景照明中的出色表现会减少对于LED夜景照明的使用顾虑，也加快了LED在夜景照明中的应用进程。LED将会从一线城市快速向二线、三线城市扩展。

在如今节能减排、节约能源的社会大背景下，城市的夜景照明处在一个非常尴尬的位置。一方面，从表面上看，城市的夜景照明不像道路照明那样必不可少，夜景照明所需的能源与国家能源短缺的基本国情相矛盾；另一方面，通过对全球特大城市、大城市的夜间照明的观察，夜景照明能够提升城市形象，带动城市旅游业的发展，从而带动整个城市第三产业的相继发展，同时也能够丰富人们的夜间生活。可以说城市夜景照明在城市的发展进程中必不可少。我们无法想象没有夜景照明的城市是什么样子。在二者看似矛盾的情况下，减少城市夜景照明的能源消耗，是解决照明和能源之间的矛盾的唯一途径。LED的高光效、低能耗，正是解决这一矛盾的灵丹妙药。

LED的优点是显而易见的，在夜景照明方面已经开始全面替代传统光源。

5.3 LED灯具选用原则

5.3.1 灯具安全性

灯具的选择应考虑安全性，灯具的安全包括灯具本身的安全以及安装后灯具对行人以及其他物体安全性影响。灯具安装后存在由于安装、电线的老化、灯具本身带电等安全问题。安装位置较低的景观灯具行人很容易就能触碰到，水下安装的灯具一旦漏电导致水面带电的问题，广场上的灯具除了电压等级要符合要求外，还要考虑到灯具发热的问题，灯具发热量过大，容易对行人造成伤害。

选用灯具的时候还要尽量避免灯具的眩光对行人视力以及对夜天空的伤害，夜景照明达到好的效果，但不能忽视其对生态的危害。

5.3.2 灯具稳定性

LED灯具通常分为两个部分：驱动电源与LED光源。LED驱动电源是LED灯具的核心，其好坏直接影响到LED灯具的使用寿命以及光亮度。所以为了提高LED灯具的产品性能，相应的对LED驱动电源进行一系列的研究，以提高LED灯具的使用稳定性。LED驱动电源工作时发热量过高，发热过高的LED驱动电源会难以正常稳定的工作下去，所以为了保证LED灯具能持续稳定的工作就必须为LED驱动电源降温。经过人们不断地摸索后，终于得出了较为有效的解决方法——灌胶。因为LED驱动电源发热过高的主要的原因是电源里面的变压器、IC以及电容的热量没有及时高效的传导到散热外壳上使其结温过高，因而只要在发热部件与散热外壳之间添加一层优质的导热介质，即可的改善LED驱动电源的散热能力，灌封后的LED驱动电源一般可降10℃左右。高品质的LED驱动电源一般都是用导热硅胶进行灌封，这是因为硅胶是弹性体，容易返修，而且不会损伤到里面的电子元器件。在提高LED驱动电源散热能力的同时，可能起到防水抗震、绝缘阻燃的作用，有效提高LED驱动电源的抗冲击能力和安全系数，保证LED驱动电源的使用可靠性。

导热硅胶具有优秀的导热性能和绝缘能力，在有效提高LED驱动电源散热性能的同时，也能有效提高内部元件以及线之间的绝缘，提高电子元器件的使用稳定性。

而LED光源的稳定性主要表现在亮度与光衰方面，这也取决于LED电源的可靠性，LED光源的亮度取决于LED驱动电源电流的大小，恒流的电源能保持LED光源始终在同一亮度水平工作，而过大的电流虽然能暂时提高其亮度，但是在长期使用中会导致其更严重的光衰。其次LED光源的封装和灌胶。对灯具稳定性影响也很大，这在后面讲灯具散热时具体描述。

5.3.3 灯具持久性

影响LED灯具寿命的因素有以下四个方面。

(1) 封装技术。LED（半导体发光二极管）封装是指发光芯片的封装，相比集成电路封装有较大不同。LED的封装不仅要求能够保护灯芯，而且还要能够透光。所以LED的封装对封装材料有特殊的要求。一般来说，封装的功能在于提供芯片足够的保护，以提高芯片的稳定性，防止芯片在空气中长期暴露或机械损伤而失效；对于LED封装，还需要具有良好的发光效率和散热性，优质的封装可以让LED具备更好的发光效率和散热环境，进而提升LED的寿命。

（2）电源设计。因为LED的离散性强，压降、波长、光色、亮度差别很大，只有上述几个指标一致的LED才能并联在一起使用。反之，压降低的电流很大，压降高的电流很小，造成光色、亮度不均，电流过大也使得LED光源寿命缩短。有些商家为了节省变压器往往采用220V加电阻串联LED的做法，这种方式无法做到稳压也无法做到恒流，且LED的PN结通过交流电无形中浪费了很多电能，更何况串联的电阻也浪费了一部分的电能。这样做既浪费了电能也严重损害了LED的使用寿命。

（3）工作电流。按电子行业“规矩”，实际生产应用时只能用到极限值的60%，才能保证正常的性能和寿命。现在很多广告厂家在制作LED发光字的时候为了追求亮度提高LED的电流这无疑是一种竭泽而渔的做法。所以在追求亮度的同时一定要保证电流安全。

（4）预防静电。LED底座建议使用抗静电的PVC插槽。

5.4 实施保障

5.4.1 量化控制数据库

（1）基本介绍

数据库软件是一款辅助照明设计师在设计、选灯等环节进行有效量化控制的应用软件。软件搭建以庞大的检测数据为基础，数据类别包括照明规划、泛光照明和自发光三大类。具体包含应用面信息、解决方案信息、灯具信息、效果信息和厂家信息。允许设计师通过查询、对比、截取等功能来辅助设计和选灯。

（2）照明规划

该板块案例为北京市夜景照明中亮度参数的收集，可逐级查询北京市照明总归和详规中规定的区域和建筑亮度参数，用于指导合理量化控制的照明设计，辅助规划落地实施。在主页点击照明规划图片，如图5-7所示，照明规划具体包括：北京市总体规划照明、各区级规划照明、各区街道规划照明。

城市照明的总体亮度规划图、平均亮度表、规划区级单位三部分组成；一级界面可以查询城市各个区域的总体亮度级别和亮度值。

单击某区（如东西城）标签，进入二级界面——区级照明亮度规划图、平均亮度表、规划街道级单位三部分组成（图5-8）；二级界面可查询城市规划区及区内街区、道路的总体亮度级别和亮度值。

单击某街道（如阜成路）标签，进入三级界面——街道照明规划图、平均亮度表两部分组成（图5-9）；三级街道可以查询街区及街道内节点、建筑的亮度级别和亮度值。

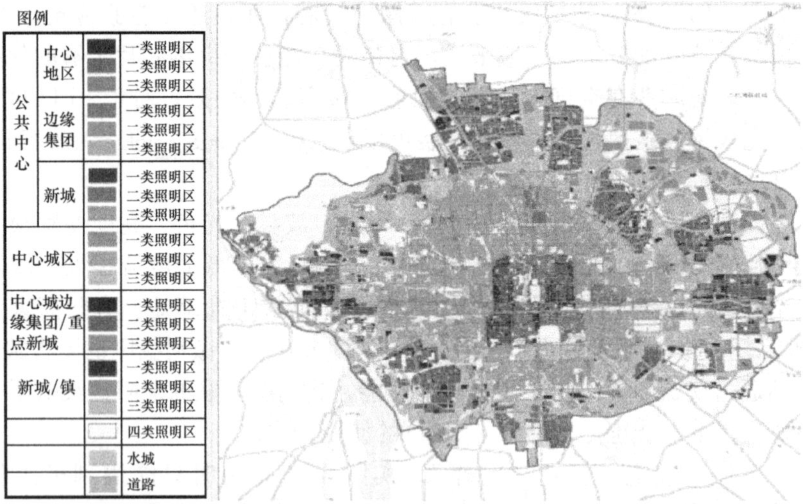

等级名称 平均亮度（单位：cd/m²）	中心城区	边缘集团	新城	中心城区	重点新城	新增
一级照明A	25	20	18	15	10	8
二级照明B	20	18	15	10	8	5
三级照明C	10	8	5	5	5	<5
四级照明D	5	5	<5	<5	<5	<3

图 5-7　照明规划一级界面

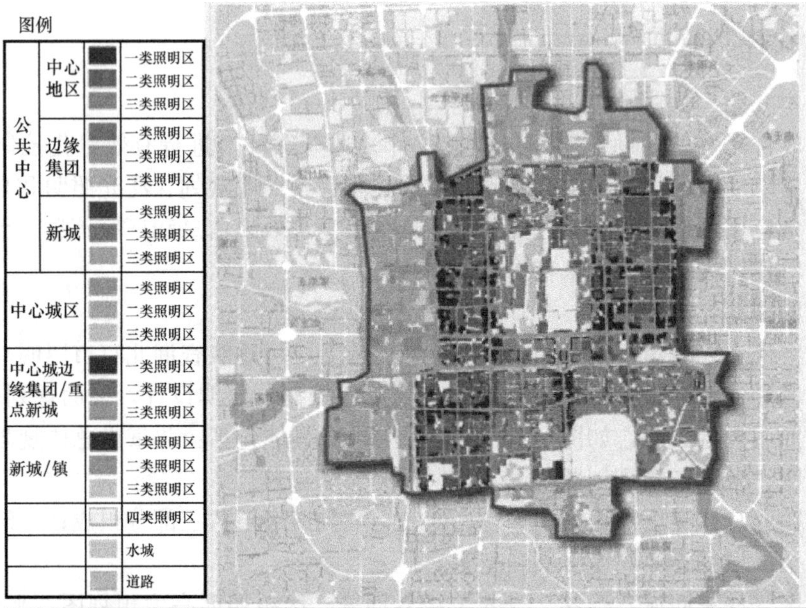

等级名称	平均亮度（cd/m²）	对比度	局部最高亮度（cd/m²）
一级照明A	25	1∶10	250
二级照明B	20	1∶5	100
三级照明C	10	1∶3	30
四级照明D	5	1∶2	10

图 5-8　照明规划二级界面

等级名称	平均亮度（cd/m²）	对比度	局部最高亮度（cd/m²）
一级照明A	25	1∶10	27
二级照明B	15	1∶8	25
三级照明C	8	1∶6	17
四级照明D	5	1∶5	13

图 5-9 照明规划三级界面

（3）泛光照明

泛光照明是室外的一种照明方式，大多用于建筑照明，主要包括建筑外立面正投、洗墙等照明方式的量化数据；当前数据库软件已经在本部分共收集建筑照明 400 多条检测数据。软件已实现量化查询功能和参数筛选功能（图 5-10）。显示泛光照明的量化查询功能（图 5-11）。

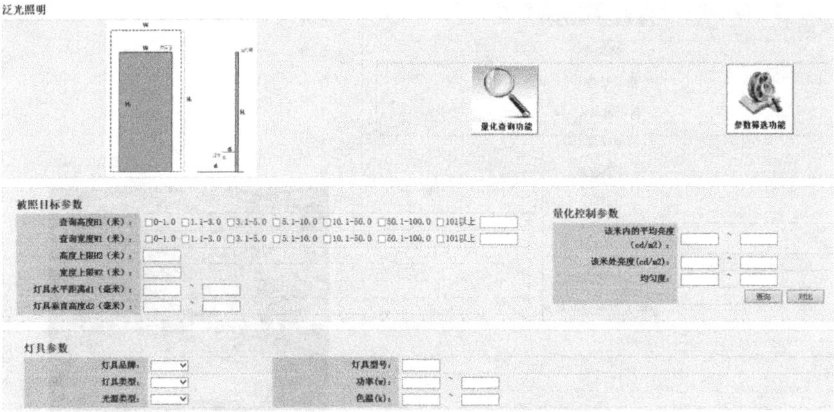

图 5-10 泛光照明量化查询界面

共17条记录 第1/1页

对比	序号	效果编号	效果图片	查询高度H	查询宽度W	上限高度	上限宽度	灯具品牌	灯具类型	光源类型	功率	灯具距被照面距离	色温	平均亮度	读米处亮度	均匀度
☐	1	TG-000022		1	1	2.00	1.00	申安	线条灯	LED	27.00	150.00	3000	40.40	10.30	0.25
☐	2	TG-001081		1	1	1.00	1.00	大峡谷	线条灯	LED	12.30	150.00	3189	45.15	16.86	0.38
☐	3	TG-001085		1	1	1.00	1.00	欧司朗	线条灯	LED	8.90	100.00	3082	45.64	7.82	0.17
☐	4	TG-001094		1	1	2.00	1.00	大峡谷	线条灯	LED	23.00	130.00	3058	47.97	11.70	0.24

图 5-11 泛光照明查询结果界面

查询区域，输入被照目标参数、量化控制参数等查询条件，点击查询按钮，显示符合条件的数据；查询结果包括解决方案、效果、灯具等信息。

点击单条灯具信息可进入灯具的详细信息界面（图 5-12～图 5-14）。

当量化查询结果显示多条满足要求的数据时，可在查询结果左侧对比复选钮上勾选最多 10 条灯具数据进行对比，点击对比按钮显示所选灯具的对比图（图 5-15）。

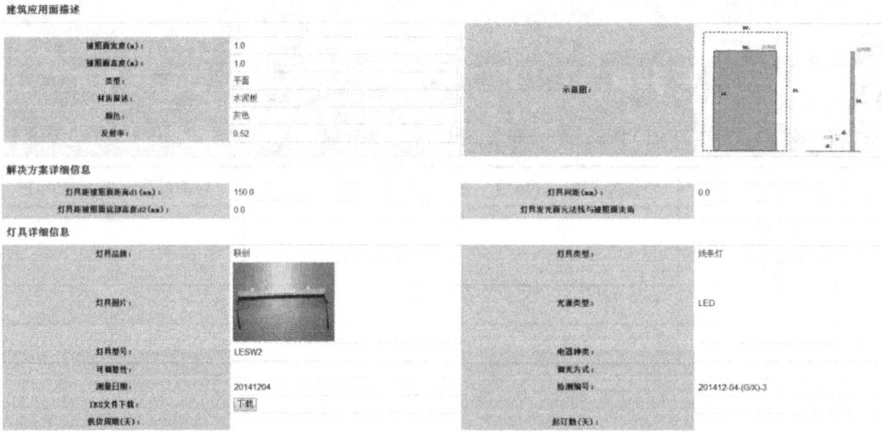

图 5-12　泛光照明详细信息界面：应用面、解决方案、灯具信息

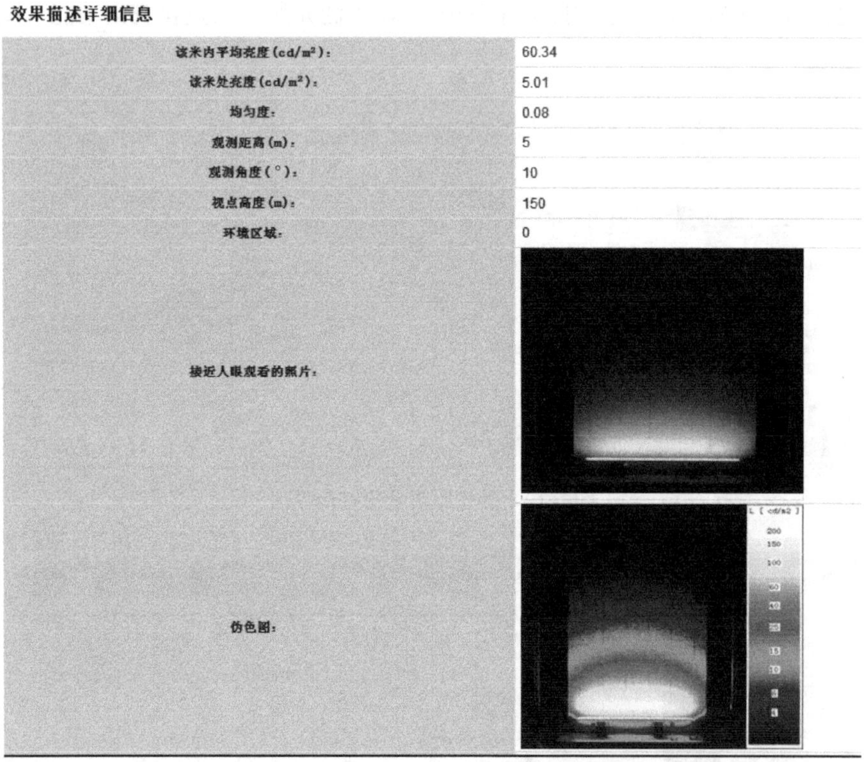

图 5-13　泛光照明详细信息界面：效果描述（一）

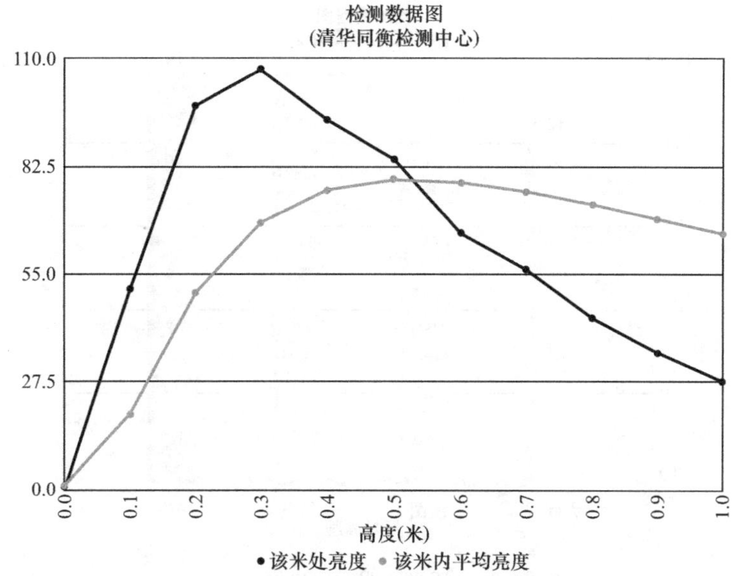

图 5-13 泛光照明详细信息界面：效果描述（二）

厂家详细信息

厂家名称：	联创	会员等级：	
厂家地址：	南昌市高新技术产业开发区京东大道168号	厂家电话：	0791-83817896
联系人：	葛冠军	电子邮件：	
供货周期(天)：		在线生产产品：	

灯具价格详细信息

市场指导价(元)：		经销商价(元)：	
集采价(元)：			

图 5-14 泛光照明详细信息界面：厂家信息、灯具价格信息

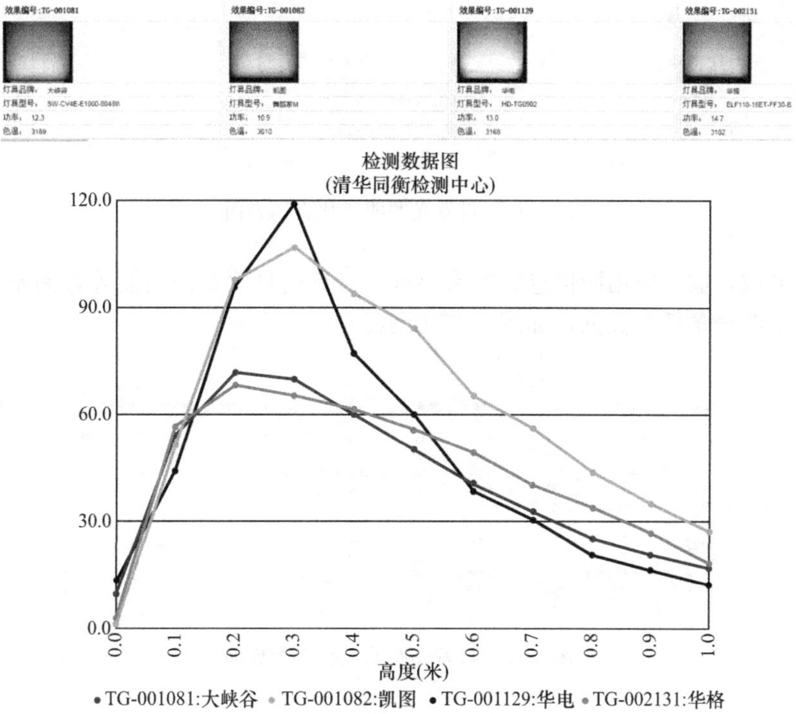

图 5-15 泛光照明对比界面（一）

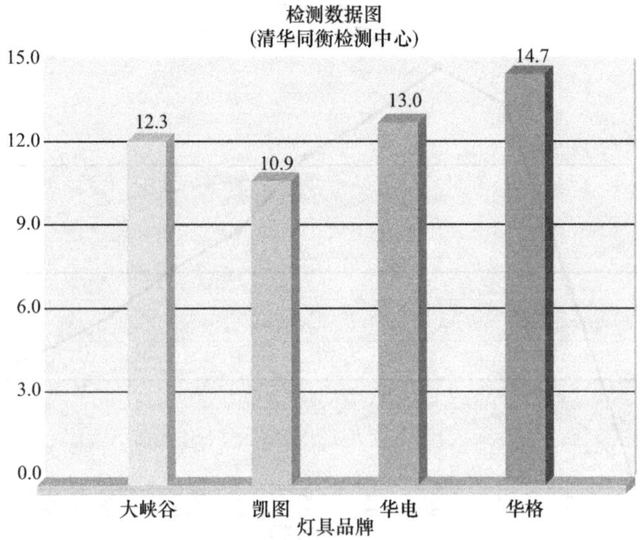

图 5-15　泛光照明对比界面（二）

（4）自发光照明

自发光照明是室外的一种照明方式，大多用于建筑照明、桥梁等；当前数据库软件已经在本部分共收集 50 多条检测数据。进入自发光照明页面，如图 5-16 所示。

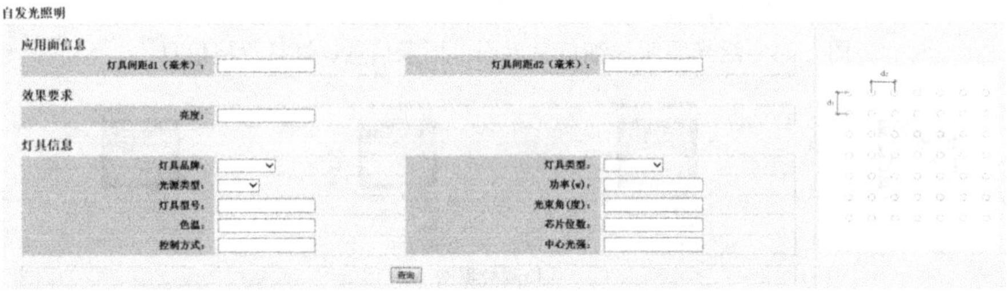

图 5-16　自发光照明量化查询界面

在查询区域，输入应用面信息、效果要求、灯具信息等查询功能等查询条件，点击查询按钮，显示符合条件的数据，如图 5-17 所示。

共22条记录　第1/2页　1　下一页　尾页　GO

序号	效果编号	灯具间距	灯具品牌	灯具型号	灯具类型	光源类型	功率	色温	光束角	芯片位数	控制方式	中心光强	亮度
1	D-001174	200.00	鸿利光电	LEWD1	轮廓灯	LED	12.00	6000					4238.00
2	D-001175	200.00	鸿利光电	LEWM1	轮廓灯	LED	12.00	4000					2590.00
3	D-001176	200.00	鸿利光电	LEWM1	轮廓灯	LED	8.00	4000					2590.00
4	D-001177	200.00	申安	LEWC1	轮廓灯	LED	3.80	5000					535.00
5	D-001178	200.00	申安	LEWD1	轮廓灯	LED	3.80	5000					515.20
6	D-001179	200.00	欧司朗	DOT XL-9	点光源	LED	3.00					20.18	
7	D-001180	200.00	凯图	PER3	点光源	LED	3.50					60.53	
8	D-001181	200.00	凯图	PER4	点光源	LED	4.50					75.65	
9	D-001182	200.00	凯图	PER3	点光源	LED	3.00					142.4	
10	D-001183	200.00	凯图	PER4	点光源	LED	3.00					142.9	
11	D-001185	200.00	DECO	20.4032.E1V24	点光源	LED						51.75	
12	D-001186	200.00	DECO	20.4032.D17FV24	点光源	LED	3.00					50.15	

图 5-17　自发光照明量化查询界面

单击灯具效果编号，进入灯具的详细信息界面，如图 5-18、图 5-19 所示。

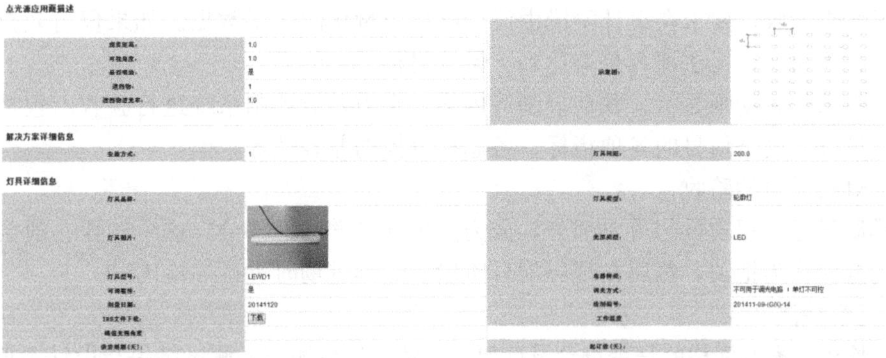

图 5-18　自发光照明详细信息界面：应用面、解决方案、灯具信息

图 5-19　自发光照明详细信息界面：效果、厂家、灯具价格信息

5.4.2 检测验收

竣工验收阶段应由建设单位组织，设计、施工、监理等单位参加，对现场效果、灯具质量、施工质量等方面进行验收。

（1）现场效果验收

工程实施完成后，需要对施工项目进行现场效果验收。应聘用有国家认可资质的检测单位，对被照载体的表面亮度、均匀度、眩光指数等进行现场测试，与设计目标作对比，并判断测试结果是否符合规划或设计要求。如图 5-20 为雁栖湖效果对比数据。

照明设计值与验收值对比

部位	设计值	检测值
A顶部(两侧)	12cd/m²	10.6cd/m²
B顶部(中部)	3cd/m²	3.5cd/m²
D入口	25cd/m²	23cd/m²
C立面	20cd/m²	26cd/m²
E底部	3cd/m²	4cd/m²

图 5-20　雁栖湖设计值与验收测试值对比

进行效果验收，要求在设计阶段由设计师提出量化的效果数据。如果仅有效果图，则验收结果缺少对比，无法评判是否达到了设计目标。

如果效果中有动画显示、联动控制等内容，则需要对控制系统进行验收。包括配套动画的播放情况、网络信号的各项指标、各总控分控的兼容性等。

（2）灯具质量的验收

灯具质量是工程质量的重要部分，分为安规和光学两个部分。这个过程一般会有招投标阶段的检测作为把关，然后在现场配合阶段，灯具进场时进行抽检比对。

1）光学检测

首先检查厂家的标称值是否符合设计要求，然后进行测试，测试结果与设计要求进行比对。标称值与灯具实际值偏差较大，是重新对灯具进行光学检测的原因。如图5-21所示，展示了功率标称值10W，色温标称值3000K的实际测试结果。可见标称值与实测值存在差距的比例较高，差距较大时则会影响用电负荷，同时计算功率密度与规范进行比较。

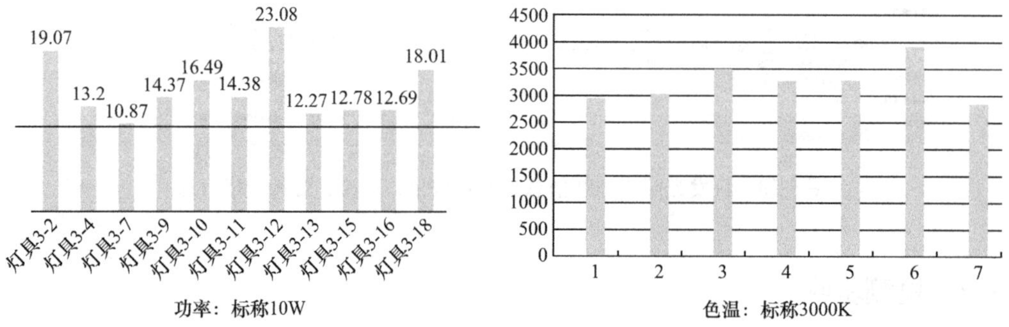

图5-21　光学实测结果与标称值对比

如有多个不同的品牌提供同一款灯具，还应该检查色温和亮度的一致性。彩色灯具需要对灯具的颜色进行测量，比如测试基色主波长，与设计要求进行比对。

2）安规检测

安规检测包括结构、耐久性测试、防尘防固体异物和防水实验、热实验、绝缘电阻和电气强度等测试内容，应依据国家标准对灯具进行测试工作等。在检测过程中，应首先查看灯具的标称值是否符合设计要求，并检查灯具标称值是否与所使用区域的环境温度相符，并明确安装角度等要求，这些要求往往影响灯具是否能够通过测试（图5-22）。

图5-22　安规检测不符合国际要求项目（一）

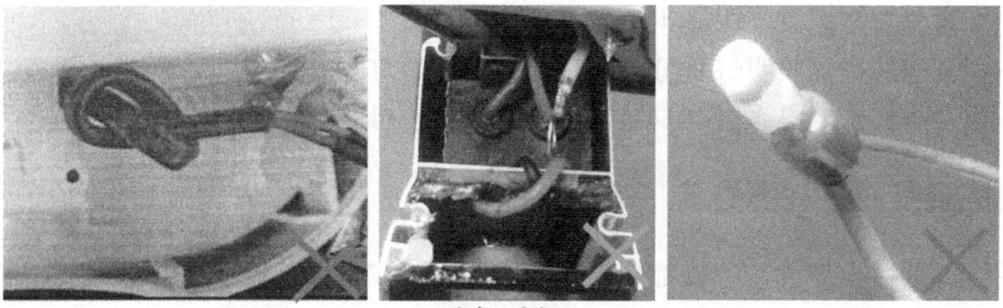

图 5-22 安规检测不符合国际要求项目（二）

检测过程应完整，如果略去耐久进行防尘防固体异物和防水实验，其结果并不具有参考意义。

3）灯具的控制参数

对于有动画展示的灯具而言，灯具的换帧频率、灰度等级、刷新频率、伽马曲线、像素失控率等参数与最终的展示效果紧密相关，应请有专业资质和检测经验的单位进行测试。

（3）施工质量的验收

施工质量的验收可由监理工程师主持，对导管敷设、封闭式金属槽盒敷设、缆线敷设、配电箱、柜安装、灯具安装、安全保护、通电试运行等质量进行评判。

以上验收测试项目，如工程允许，尽量在招投标阶段、灯具进场阶段进行。如发现问题，便于及时调整。对现场灯具进行抽样检测，并与样灯的检测结果作比对，要求照明指标误差应控制在5%以内。对现场灯具类型的覆盖比例要达到50%～80%。到最终竣工验收阶段，将以上报告作为依据，签署竣工验收单。

5.5 光学和照明效果

5.5.1 灯具选择原则

夜景照明灯具主要在室外使用，用以美化夜晚的建（构）筑物、路桥、街道、庭院、广场、园林绿地、水景、街头小品、雕塑等。在选择夜景照明用灯具时，需遵循以下基本原则：灯具应有合理的配光曲线，符合要求的遮光角；灯具应具有较高效率，达到节能指标；灯具的构造应符合安全要求和周围的环境要求，如防尘、防水、抗撞击、抗风等；灯具造型应与环境协调，起到装饰美化的作用，表现环境文化；灯具应便于安装维修、清扫和换灯简便；灯具的性能价格比合理。灯具光通维持率高，即灯具的反射材料和透射材料具有反射比高和透射率高及耐久性好；灯具应有和环境相适应的光输出和对溢散光的控制，以免造成光污染和不必要能耗；灯具应通过“中国强制认证”，简称“CCC标志”。

5.5.2 灯具分类

投光灯具的分类方法有很多：按光源分：LED灯具、非LED灯具；按防护性质分：开启型、防溅型、保护型、封闭型；按透光镜分：汇聚型、扩散型；按外形分：圆形、方形；按光束角分：窄光束、中光束、宽光束。

本节把常用的夜景照明灯具分为三种类型：庭院灯、草坪灯或灯柱类辅助功能照明灯具；二次反射类灯具（投光灯灯具）；直视光源灯具（地埋灯、轮廓灯等）。

5.5.3　庭院灯或灯柱类灯具

庭院灯或灯柱类灯具，一般都是用于功能照明，或是在一定的场合起辅助功能照明作用，这类灯具主要用于城市景观大道两侧、园林景区照明、大型公共建筑周边照明、小型广场、街区、社区内步行道、景观、绿地等照明（图 5-23～图 5-25）。

图 5-23　京都博物馆与苏州博物馆门口的灯具（贝律铭）

图 5-24　西溪湿地灯具

图 5-25　某城市景观灯柱

庭院灯具的选择既要有照明功能，又要有艺术性，起到装饰美化环境的功能，保持环境在视觉上的完整性、连贯性和协调性。重要场所的灯具甚至要根据特定的设计元素定制灯具。庭院灯具选用时应注意：

造型美观，与周围环境协调，富有艺术性；根据照明环境类型，选择适用灯具防止过量溢散光对空间和植被造成污染；不得采用 0 类灯具；金属外壳应有良好接地；尽量采用节能灯具；有条件的地方可采用太阳能或风能灯具；被照明物对显色性有要求，应选用配有相应适用光源的灯具。

5.5.4　二次反射类灯具（投光灯具）

在使用投光灯的时候我们应当注意以下事项：①被照面有足够的照度和均匀度；②尽量地减少眩光和逸散光；③要满足水平照度和垂直照度的要求；④海边浴场、海岸、桥梁等高腐蚀区应采用防腐投光灯具；⑤不得采用 0 类灯具。

投光类灯具是目前夜景照明设计中应用最广泛的灯具，优点是可以避免直视光源，入射于人眼的照明效果较柔和。如何选择合适的投光灯具要考虑照明的载体，在载体的选择要慎重斟酌，突出重点，或表现韵律美这是夜景照明常用的手法，但是载体的材质直接影响反射率，反射率过低就不适合用投光的方式进行照明，如黑色大理石或透明玻璃。这种反射率接近 0 的载体就要考虑其他的照明方式。在载体反射率合适，适合用投光照明的手法时也要考虑载体本身的安装条件，是否有安装位置，是否有足够的投光角度和距离，是否会破坏白天整体的形象，然后根据不同的载体条件我们选择合适的投光灯具。

不同的安装方式直接影响使用灯具的参数，需选定合适的投光角度。

同样是均匀照亮一块平整的板，不同的安装位置对线条投光灯光束角度需求就不同（图 5-26），左图需要较窄的光束角，而右图则需要较宽的光束角。

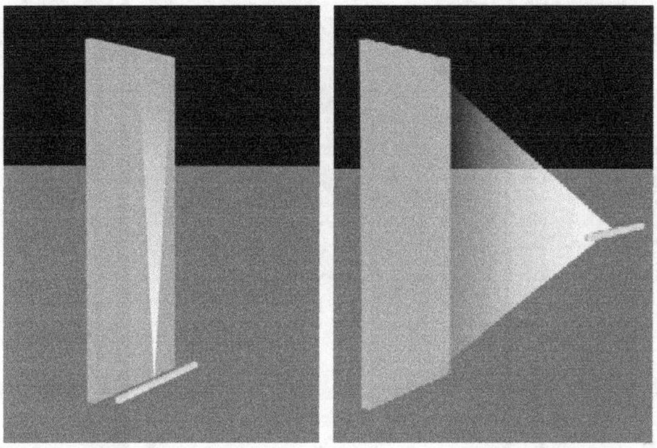

图 5-26 不同的安装位置对线条投光灯光束角度需求就不同

在投光照明中，照明器到被照明的距离，对灯具的光学特性选择有很大的影响（图 5-27）。当投射距离增加时，光斑的面积也在增大，这意味着灯具可以照亮更广泛的面积，但整体的照度水平将变得更低。在平方反比定律中假定被照面与光源是垂直的。然而在实际的设计中，投光灯总是与被照物立面成某个角度。角度越大被照面也越大，被照明的亮度就会降低。余弦定律就是考虑这种情况，提供了更加精确的照度计算方法：平方反比定律（$E=I/D^2$）与余弦定律（$E=I/D^2\cos\alpha$）。

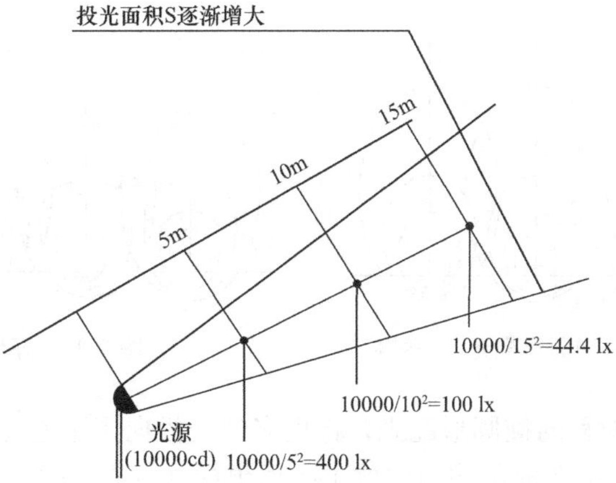

图 5-27 光束角与灯具配光

灯具的光束角是影响照明效果的主要原因之一（图 5-28），同样标称 15W，光束角为 10°的线条灯照明的效果是不同的。

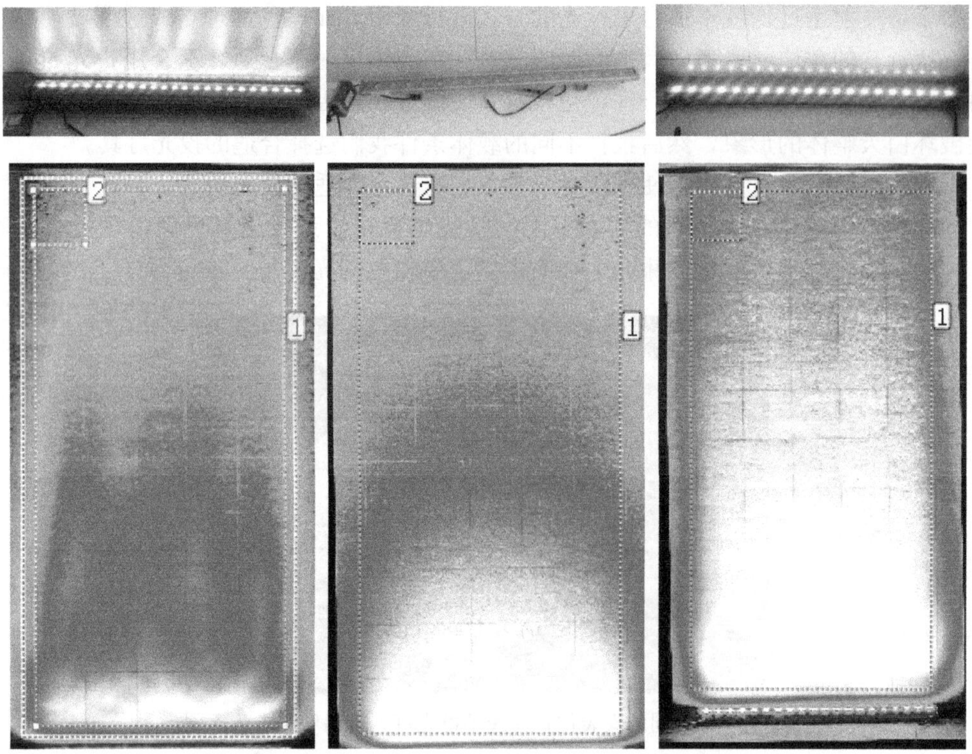

图 5-28　灯具的光束角是影响照明效果的主要原因之一

很显然第一款灯具的均匀性和配光形式都比较不理想。

在进行灯具选择的时候，必要的试灯和目测检验是必不可少的，尤其是如今 LED 灯具品质参差不齐，目测他的均匀性，配光形状，一些 RGB 的灯具是否有色差，这都是目测能解决的事情（图 5-29、图 5-30）。

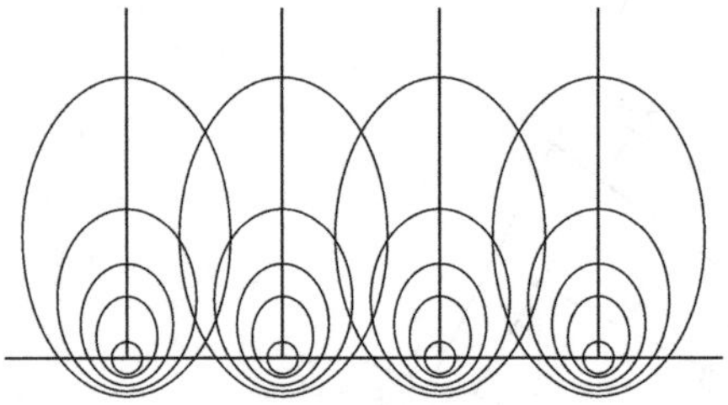
图 5-29　椭圆形配光

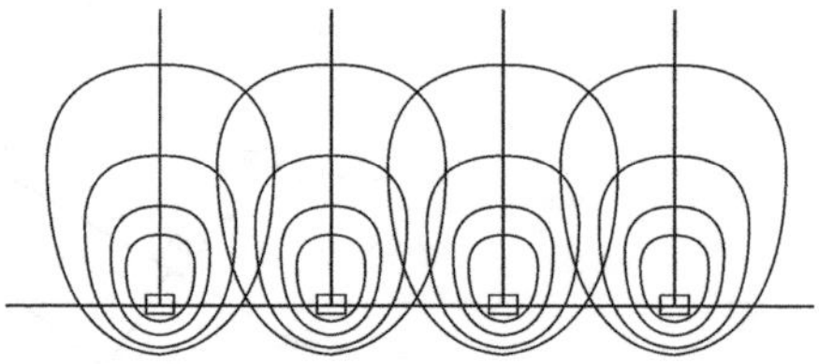
图 5-30　理想配光

如图 5-31 所示，对称的椭圆形配光，将更多的光投向了中心位置，有平方反比定律与余弦定律可知，势必会造成不均匀的效果。理想配光（图 5-32）高位需要设计更多的光，中间部位适当光照，低位则是更少的光，这样可以保证照明的均匀性。

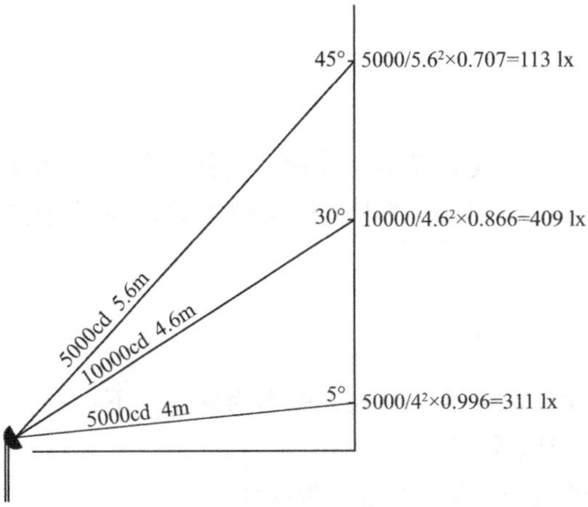

图 5-31 椭圆形配光

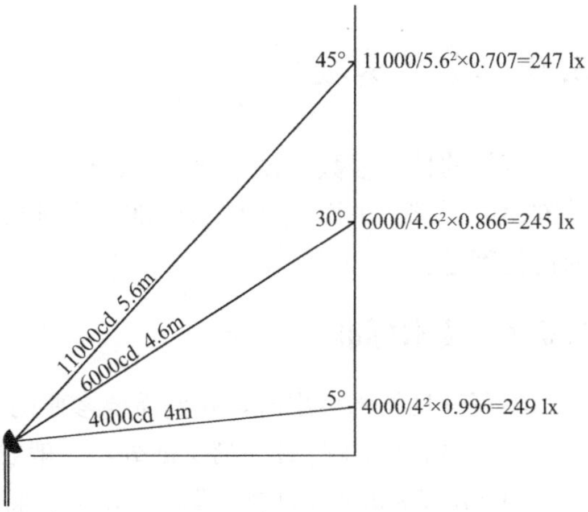

图 5-32 理想配光

综上所述，投光灯照明是一项技术较复杂的照明方式，设计师如果没有理论或实验数据作为参考，就必须对灯具进行足够多的试验来选择合适的照明灯具。

5.5.5 直视光源的灯具

这类灯具包括地面的发光地砖、建筑幕墙的点光源以及建筑勾棱的轮廓灯等。在选择灯具的时候除了考虑施工安装之外，效果方面主要考虑灯具的表面亮度。由于这种方式是直接出光，亮度一般都会高于二次反光的亮度效果，所以这种效果的最后都是形成强对比的效果，能够明显的增加被照物的特征或勾勒出轮廓。发光地砖灯（图 5-33）这种在城市的各大广场经常使用的灯具，在长久实践下来，防水和抗压是灯具的第一考虑指标。这类灯具很多为定制尺寸的灯具，没有标准款样，一些灯具供应商的生产能力不足，容易造成灯具进水，而且非标产品维护更换也相对是比较麻烦的一件事。在考虑防水抗压的基础上表面亮度也是重要因素之一，这类灯具为了控制其表面亮度过高，都会对玻璃表面做磨砂或者增加半透明扩散膜的处理，使得出光更均匀，亮度更柔和。勾棱的灯（图 5-34）现在主要采用的产品是轮廓灯（LED 数码管）、美耐灯和柔性霓虹等。根据环境亮度的不同，功率的选择也要慎重。

图 5-33 广场地埋灯效果

图 5-34 古建勾棱的效果

5.6 技术参数

灯具的技术参数应该包含外观、材质、光源、安规、光学、控制、附件、包装、运输等方面的要求。下面就从技术标准、通则要求、LED灯具要求、桥架技术要求等几个方面进行阐述。

5.6.1 技术标准

编写灯具技术标准时，我们需要参照的一般技术标准（以最新版本为准）如下：

1）GB 7000.1 灯具　第1部分：一般要求与试验

2）GB 7000.203 灯具　第2-3部分：特殊要求 道路与街路照明灯具

3）GB 7000.7 投光灯具安全要求

4）GB 7000.10 固定式通用灯具安全要求

5）GB 4208 外壳防护等级（IP代码）

6）GB 17743 电气照明和类似设备的无线电骚扰特性的限值和测量方法

7）GB 17625.1 电磁兼限值谐波电流发射限值容

8）GB/T 18595 一般照明用设备电磁兼容抗扰度要求

9）GB 17625.1 电磁兼容限值谐波电流发射限值（设备每相输入电流≤16A）

10）QB/T 1551 灯具油漆涂层

11）QB/T 3741 灯具电镀、化学覆盖层

以及相关灯具的现行国家规范和标准。

灯具技术参数中会对一些关键尺寸进行标准，同时需标明允许偏差的范围。未标注公差范围的，按照GB/T 1804的精度C级别标准执行，其中安装公差和位置公差按照精度M级别标准执行。

5.6.2 通则要求

（1）一般要求

1）技术参数应该包含亮灯和安装所要求的所有配件及附件。例如灯具、光源、电器、引出线、防盗框、防眩光格栅、防眩光遮罩、线性投光灯的桥架及支架、灯具安装支架、螺杆、螺栓等。含控制设备（含控制线、光纤等）等，确保照明效果的实现。

2）建议所有投光类灯具必须根据实际安装条件配置防眩光挡板，避免炫光和光污染。

3）建议所有线性灯必须根据实际安装条件配置桥架和桥架支架。

4）建议由灯具供应单位踏勘现场，根据灯具安装条件，深化灯具颜色安装支架灯零配件的设计，由设计方、业主最终确认。所有灯具按规定提供灯具实样一款，经设计方、业主目视检验最终确认后，才能按照灯具订单批量提供灯具，并提供灯具安装说明书。

5）灯具供应阶段，灯具必须抽样送国家权威机构检测。

（2）外观及结构要求

1）灯具的表面应光滑，以防污物堆积和便于清洗；无损伤、变形、涂层剥落，玻璃罩应无气泡、明显划痕和裂纹等缺陷。

2）外形尺寸允许偏差范围标明区间的（例如有≥、≤、±、～符号）灯具尺寸在要求范围内为满足要求；未标明尺寸允许偏差范围的灯具尺寸建议上下浮动10%为满足要求，长度不足1m的必须安装实际情况进行定制。

3）灯具应安装方便，灯具出线方式不能影响现场安装。投光类灯具安装角度应能灵活调节。灯具应有特设的导线出（入）口密封装置。灯具内应有电源接线端子，外部接线和内部接线穿过硬质材料时应有保护措施。灯具应配备一个耐温度骤变、废气、烟雾和其他化学物质的钢化玻璃罩。

（3）材料要求

1）灯具材质若要求为不锈钢，建议采用304/2B不锈钢标号；若要求为铝材，建议采用高镁防锈3404标号或同等、优于该材料。

2）灯具所采用的电线（缆）、LED和其他电子部件均应符合相应的国家标准或行业标准的规定要求。

3）灯具密封圈需采用抗老化硅橡胶圈或同等、优于上标准。应耐高温、耐老化和耐道路上可能出现的腐蚀性气体，并应方便更换。灯具密封若采用灌胶形式，灌胶材料必须采用有机硅胶或同等、优于以上标准。

4）灯具的插销、铰链、螺钉和其他外部构件应用304/2B不锈钢或高镁防锈3404铝合金，其安装构件应不受混凝土的化学反应腐蚀。膨胀管、膨胀螺栓（含螺栓、胀管、平垫圈、弹簧垫和六角螺母等）建议采用不锈钢304/2B材料，且不受混凝土的化学反应腐蚀。

（4）耐腐蚀性要求

灯具应具有良好的耐腐蚀性能；灯具上的油漆部件，涂层应符合QB/T 1551（《灯具油漆涂层》国家标准）中Ⅱ类（恶劣的使用环境，如含有工业废气或盐分，潮湿的使用场所）使用条件的要求；灯具上的电镀或化学覆盖件，覆盖层应符合QB/T 3741（《灯具电镀、化学覆盖层》轻工行业标准）中Ⅲ类（严酷的使用条件，如空气中含有工业废气或盐分潮湿的环境）使用条件的要求。灯具灯体材质表面应有耐腐蚀、抗破坏处理手段，处理工艺需达10年使用寿命。

5.6.3 灯具安规检测

近年来照明产业的发展，各类灯具层出不穷，同类灯具的替代品也越来越丰富，面临海量的产品如何甄别好坏，选择到合适的夜景照明灯具。最重要的参考标准莫过于灯具的国家标准安全指标了。

在《灯具国家标准汇编安全卷》中对灯具安全规范有非常详细的描述。《灯具的一般要求与试验》GB 7000.1—2007中把常规灯具的安全检测分为12个方面。机械类的有标记、结构、防尘、防固体异物和防水、螺纹接线端子，电气类的有外部接线与内部接线、接地规定、防触电保护、绝缘电阻和电气强度、爬电距离与电气间隙。耐久与热方面的有耐久性试验与热试验、耐热耐火耐起痕。这12个检测项目除了标记只是商品铭牌类要求外，其余的11项都会对灯具的品质和使用安全造成或多或少的影响。

户外使用的灯具根据安装场景的不同和运用方式的差异对其运用安全要求虽不尽相同，但大体还是一致的，都必须满足GB 7000.1—2007灯具 第1部分一般要求与试验中的各项规定，特殊灯具还得满足第 2 部分的特殊要求。

在照明行业发展的现阶段，新型的 LED 照明产品已经逐渐成为市场的主流，而其灯具使用的安全和可靠性也受到了越来越多的关注。LED 灯具一旦发生使用问题，就会对人们的生活埋下安全隐患。由于目前夜景照明主要使用 LED 灯具，本节重点讲 LED 灯具的安规检测内容。在 GB 7000.1 灯具的一般要求与试验的各项规定中，与传统灯具相比，LED 灯具的检测有如下特点：

（1）耐久性试验和热试验

耐久性试验也叫灯具老化试验，是用来考核灯具在模拟的极端环境温度和工作电压条件下，灯具不应该过早的变得不安全和不合格。灯具的试验在试验罩内进行试验温度一般比环境温度高 10℃，电压是额定电压的 1.1 倍，连续点亮 21 小时关闭 3 小时，连续不间断重复 7 次。对于需要再第 7 个 24 小时内进行反常工作试验的灯具，应按“反常电路条件”要求进行操作。在试验结束后对灯具进行检查，灯具不应该过早变得不安全，并且不应该导致轨道装置的损坏，标记字迹清晰，灯具部件不应该有裂缝、焦痕和变形。

热试验是灯具在正常室温条件和无通风的环境中，任何部件包括光源、各部件的材料、内部布线以及安装表面不应该超过影响安全的温度。主要考核的是灯具本身的散热与各类材料耐热性。LED 灯具光源比较集中，灯具体积又较小，LED 的驱动电源本身的散热需要又更高。耐久性试验和热试验放在同一个检测条目里，对考量灯具合理使用材料、灯具本身的稳定性、LED 灯具的散热非常重要，是检测灯具使用寿命的有效手段。

（2）防尘、防固体异物和防水

防尘、防固体异物和防水简称为灯具的 IP 等级，是 Ingress Protection 的缩写，IP 等级是针对电气设备外壳对异物侵入的防护等级。在这个标准中，针对电气设备外壳对异物的防护，IP 等级的格式为 IPXX，其中 XX 为两个阿拉伯数字，第一标记数字表示接触保护和外来物保护等级，第二标记数字表示防水保护等级，具体的防护等级可以参考表 5-1。

IP 等级指标参数表　　**表 5-1**

标准	测试设备	测试目的	设备规格	标准指标要求
IP1X	测试棒	防大于 50mm 固体异物	ϕ：50mm	50mm
IP2X	试验指	防大于 12mm 固体异物	ϕ：12mm	12mm
IP3X	试验探针	防大于 2.5mm 固体异物	ϕ：2.5mm	2.5mm
IP4X	试验探针	防大于 1mm 固体异物	ϕ：1mm	1mm
IP5X IP6X	防尘箱	防尘尘密	粉尘 ϕ：0～50um 温度 20～30℃	粉尘：50μm
IPX3	摆管式淋水试验装置	防淋水	摆管角度 120°	80kN/m^2
IPX4	摆管式淋水试验装置	防溅水	摆管角度 360°	80kN/m^2
IPX5	手持式喷淋装置	防喷水	喷嘴直径 6.3mm	30kN/m^2
IPX6	手持式喷淋装置	防猛烈海浪	喷嘴直径 12.5mm	100kN/m^2
IPX7-8	潜水箱	水密型防潜水	水深：0～2m	1m 水深或指定水压

表 5-1 是不同 IP 灯具的运用环境和测试方法，其中户外景观灯具仿尘要求一般都要求是最高级，即密封的要求。防水的要求根据不同的场合要求也不同，一般类型的投光灯具 IPX5 即可，地埋类灯具至少需要 IPX7 以上，水下灯具则一定必须 IPX8。灯具 IP 等级要求是灯具品质基础的要求，他直接影响灯具的使用寿命。除此之外灯具的外部接线必须是不可拆卸的软缆或软线，内部接线必须满足一定的强度和摆放要求等都是灯具生产时容易忽略而造成灯具品质下降的地方。

一般来说，户外夜景照明灯具的 IP 等级都不应不低于 IP65，一些特殊场合湖边、海边水汽较多的地方甚至要求达到 IP66 或者 IP67。灯具的 IP 等级是反映灯具的制造工艺与密封性的一项指标。

(3) 防触电保护

防触电保护主要针对的是Ⅰ类和Ⅱ类灯具，LED 灯具分为光源和电源驱动两部分，有些灯具电源驱动外置的低压直流供电灯具，属于Ⅲ类灯具，本项并不适用，同样的爬电距离和电气间隙、接地规定对于Ⅲ类灯具也是不适用的；有些灯具是光源和电源结合一体的，输入电压变成常规的 AC220V，可以归类为Ⅰ类或Ⅱ类灯具，必须对灯具整体进行防触电保护的检查。因此驱动电源外置的低压（安全特低电压）LED 灯具可以不要求做这方面的检查，但是同时带来的问题是必须对其外置的驱动电源有更高的要求。

(4) 绝缘电阻和电气强度

绝缘电阻是指用绝缘材料隔开的两个导体之间，在规定条件下的电阻。加在与绝缘体或试样想接触的两个电极之间的直流电压除以通过两电极的总电流所得的商。它取决于试样的体积电阻和表面电阻。绝缘电阻测试是测试和检验电气设备的绝缘性能的比较常规的手段，同时也是高压绝缘试验的预备试验，在进行比较危险和破坏性的实验前，先进行绝缘电阻的测试，可以提前发现绝缘材料的比较大的绝缘缺陷，并提前采取相应的措施，避免完全破坏被试物的绝缘。

电气强度是指材料能承受而不至于遭到破坏的最高电场强度。电气强度试验是进一步考验灯具绝缘能力的测试，在灯具的绝缘两段使用比额定电压更高的电压，期间不能发生闪络和击穿现象，这是对灯具的内部结构合理性、外表绝缘材料使用的规范性进一步的考量，尤其在 LED 灯具为了追求户外灯具的美观，体积逐渐变小的情况下，绝缘电阻和电气强度的检测就变得尤为重要。

(5) 内外部接线

不同灯具的内外部接线要求是不同的，对于户外的 LED 夜景照明灯具来说，灯具的外部接线必须是不可拆卸的软缆和软线，一般都采用 60245IEC 的橡皮软线，不宜使用聚氯乙烯绝缘的外部接线。区别于传统灯具的 LED 灯具，光源颗粒大多固定在自身的芯片电路上，不必结合整流器、触发器等电气设备，内部可以减少大量的接线，减少很多故障点，因此 LED 灯具的内部接线应该比要传统光源灯具更为精巧和细致。只需着重考量导线截面要求，导线表面绝缘要求，内部散热问题。

安全符合 GB 7000.1 及 GB 7000.203 等技术标准的要求。灯具在开标前、中标后要求检测的安规项目按照表 5-2 执行。

安规检测技术参数表　　　　表 5-2

项目	序号	内容	要求	备注
安规检测	1	耐久性试验	合格	大于 100W 的灯具需满足，小于 100W 的灯具无需检测该项目
	2	接地措施	合格	220V 的灯具需满足，36V/24V/12V 等安全电压灯具无需检测该项目
	3	外部接线	合格	所有灯具都必须检测
	4	潮湿后的绝缘电阻和电气强度	合格	所有灯具都必须检测
	5	防护等级	一般灯具要求≥IP65	所有灯具都必须检测
			地埋式灯具要求 IP67	
			水下灯具要求 IP68	

5.6.4　LED 灯具要求

1. 光源要求

（1）LED 单色芯片的色差必须符合表 5-3 的要求。

色温（色彩）允许偏离表　　　　表 5-3

序号	色温/色彩	偏差	备注
1	2200K	±100K	Amber
2	2700K		Yellow
3	3000K		Warm
4	4000K	±200K	Medium
5	5000k		Cool
6	6700K	±350K	D65（国际标准白）
7	625nm	±10nm	Red
8	530nm		Green
9	475nm		Blue
10	RGB/RGBW/RGBWA W：4000K±200K		Hue
11	RGB/RGBW/RGBWA W：3000K±100K		

（2）LED 颗粒应满足拥有 LM-80 认证，颗粒寿命不低于 5 万小时。

2. 灯具要求

（1）灯的初始光通量（灯具入库或到达安装现场的时间点）可由制造商或销售商标称，但其实测值不得低于标称值的 95%，不得高于标称值的 105%。

（2）所有 LED 灯具外壳温度满载负荷两小时后，温度升高不大于 30℃。现场安装后抽检灯具的外壳温度。芯片引脚满载两小时后，温度升高不大于 60℃。

（3）所有 LED 灯具引出线线径不小于 $1.0mm^2$，相线零线的颜色必须有明显区别。控制线采用专用 RS485 超五类屏蔽总线。接头必须具有防水措施、连接方便易操作。

（4）有针对感应雷击及静电的专用防护元件，器件性能符合 IEC61000-4-4（电磁兼容-第4-4部分：试验和测量技术-电快速瞬变脉冲群抗扰度试验）的检测标准。

3. 开关电源（驱动电源）要求

所有驱动电源的深化设计、相关参数按照表5-4执行。

驱动电源技术参数表　　表5-4

序号	内容	要求
1	深化设计	中标单位根据现场安装条件优化使用方案，由设计方及业主最终确认
2	型号	厂家深化，设计确认
3	输出属性	没有明暗及动态变化的灯具，建议采用可无级调节电压电源，若使用恒压输出电源，需经设计师认可
		有明暗及动态变化的灯具，必须采用恒压输出电源
4	功率	根据现场合理配置
5	功率因数	≥0.9
6	3C认证	必须提供
7	效率	≥90%
8	防护等级	输出额定功率≤600W的驱动电源防护等级为IP67
		输出额定功率>600W的驱动电源为非防水电源
9	电磁兼容	合格

（1）灯具详细参数输入电压标明为220V的灯具为内置驱动电源，灯具详细参数输入电压标明为12V、24V、36V的灯具为外置驱动电源集中供电。

（2）电源必须符合国家相关标准。小于100W的灯具必须配置恒压（恒流）驱动电源。所有LED灯具必须结合现场安装条件配置适当的防水驱动电源（含内置电源），电源功率及数量由设计单位及业主根据现场安装条件确定。根据具体灯具要求配置内置或外置电源。所有电源功率因数不小于0.9。

（3）外置驱动电源、内置外露驱动电源应考虑一体式防水和散热。

（4）单颗芯片功率不小于1W的大功率LED灯具电源要有过载过压短路保护，自动温控保护。

（5）外置电源集中供电时，所提供的电源必须满足现场实际安装需要，每个电源的功率根据现场条件，由设计及业主确定。

（6）外置驱动电源：输入交流电压220VAC，输出直流电压12V/24V/36V恒压（以技术文件为准）；输入输出引出线长不低于0.3m，防护等级IP67。防雷等级，线对线4kV、线对地6kV。无风扇设计，自然风冷。功率小于36W的驱动电源效率不低于85%，功率大于36W的驱动电源效率不低于90%，有短路、过电流、过电压、过温度保护。功率因数不小于90%，安规和电磁兼容符合相关国家、国际标准。

（7）外置驱动电源在电源箱内设置数量3～6个，在干燥、潮湿、淋雨环境下工作温度为−20℃～+60℃，潮湿环境为20%～90%RH，质保期不小于5年。

（8）大于150W可调节电压的驱动电源（电箱式智能电源）：可调节灯具发光亮度；解决了长距离拉线所产生的压降问题。用电更安全，集中式供电，规范工程布线。电箱式结构，安装方便，无需额外安装电箱或防雨装置；双冷式对流散热结构，大幅度提升散热效率及产品寿命，安全稳定；电箱式结构以及内设缓风风道，更适用于恶劣环境：如沿海多台风地带、东北等多雨雪地带、沙尘暴地区、高山森林地区（蚊虫等）。智能调压、调光功能，适用于LED标识标牌、广告灯箱、大型户外亮化工程及照明工程。保护功能齐全：2～5s的延时检测保护、短路保护、过载保护、过热保护等。能最大限度的减少发光源因通电瞬间输出的电压突变所造成的光衰及死灯。产品输出功率规格：450W/550W/650W/1000W/1200W/2000W；产品输出电压：带调压功能：9V-16V/17-27V/30-39V等。在干燥、潮湿、淋雨环境下工作温度为－20℃～＋60℃，可调节电压的驱动电源质保期不小于5年。

4. 控制系统要求

有变化要求的LED灯具一律采用DMX512/1990或者DMX512-A标准控制协议系统，或者兼容于上述协议。信号传输方式：控制器联机信号接口和信号传输协议是TCP/IP。通信保护功能：控制设备必须具备浪涌抑制保护的功能，静电抑制保护功能，过压、短路、过温保护功能和斜率、空闲保护功能。LED动态灯具，动态的速率可调，可缓慢连续变化也可跳变。芯片亮度可从0～100%变化。有变化要求的LED灯具灰度级别必须达到256×256×256位灰度。灰度刷新频率不小于1000Hz。彩色的LED灯具必须发出1670万种真彩色。实现全场景同步色彩渐变及追光等各种动感色彩效果，色彩过渡要平稳、圆润，色彩还原要求逼真、细腻、自然。控制端口到第一套灯具的通信距离不小于80m。控制系统要具有在温度为－20～55℃、相对湿度0～80%且无人值守的环境下长期稳定工作的能力。

5.6.5　桥架技术要求

（1）技术标准

1）《电控配电用电缆桥架》JB/T 10216

2）《圆头方颈螺栓》GB/T 12

3）《色漆和清漆 漆膜的划格试验》GB/T 9286

4）《不锈钢冷轧钢板和钢带》GB/T 3280

5）《金属材料 弯曲试验方法》GB/T 232

6）《钢结构工程施工质量验收规范》GB 50205

7）《紧固件机械性能不锈钢螺栓、螺钉和螺柱》（GB/T 3098.6

（2）主要材料

桥架及其支架必须使用304/2B不锈钢材质，桥架壁厚不小于1mm，桥架支架壁厚不小于3mm，报价含在灯具中。主结构材质采用304/2B不锈钢，钢材应符合国标《不锈钢冷轧钢板和钢带》GB/T 3280中规定质量技术标准，并随附不锈钢生产厂家“产品质量证明书”，板材厚度公差应符合国标《不锈钢冷轧钢板和钢带》GB/T 3280中的规定，并具有冷弯试验合格保证。

钢材的屈服强度实测值应不小于205N/mm^2；钢材应有明显的屈服台阶，且延伸率不应小于40%；钢材应有良好的焊接性和合格的冲击韧性。

支吊架（托臂、立柱、吊架）材质采用304/2B不锈钢材料，应符合国标《不锈钢冷轧钢板和钢带》GB/T 3280中的规定。标准件使用不锈钢材料，应符合国标《紧固件机械性能不锈钢螺栓、螺钉和螺柱》GB/T 3098.6中的规定。主体展开面积<30cm^{2}的为线

槽；主体展开面积≥30cm² 的为桥架。

(3) 加工工艺

采用氩弧焊焊接工艺，焊接要求应符合国家现行有关标准的规定。采用角焊缝，焊缝质量等级为三级，要求焊接表面不得有漏焊、裂纹、夹渣、烧穿、焊瘤及弧坑等缺陷，焊缝应均匀，焊缝边缘应圆滑过渡到母材；焊缝质量等级应符合现行国家标准《钢结构工程施工质量验收规范》GB 50205 的规定。

(4) 表面处理

喷塑涂层外观表面光滑、平整、无露铁、橘皮、细小颗粒和缩孔等涂装缺陷；喷塑表面涂层平均厚度应达到 55μm 以上；喷塑涂层的附着力应达到 GB/T 9286—1998 规定的 0 级要求。

(5) 运输

电缆桥架在运输过程中不能受到机械损伤，应有避免强烈撞击和避免直接淋雨、雪的措施。吊装时应注意起吊位置，裸件运输时桥架之间的空间应有相应的衬垫物，衬垫物最好选用半软垫，以避免电缆桥架的形位变形。

5.6.6　综合评价

在灯具采购时，如何能够采购到价格低、品质高的产品，综合评标应该是一个比较好的办法。综合评标法把灯具的评分标准分成：价格基准分、技术分、质保三大部分，并把效果参数作为技术评分的主要评分内容。较之最低价评标，价格不再是决定灯具中标与否的唯一因素，综合评标法能有效的淘汰一部分劣质产品。在价格合理的情况下，性价比最高的灯具更能在综合评标法胜出。

以二次反射类灯具（投光灯具）为例，灯具的光学性能对最终的效果有非常重要的影响，但不是决定性的。最终呈现出的效果除了受灯具本身的性能影响之外，还受灯具安装的位置、方式、角度、载体的尺寸、材质等多方面的综合影响。

同样的照亮一块 2m×1m 的板，灯具安装的位置不同，对灯具的要求显然不同（图 5-26），左图灯具必须是窄光束的才能把载体照亮洗匀。而右图案例要求灯具是宽光束的才能把载体照亮洗匀，若载体的材质不同，达到同样的亮度，对灯具的功率要求也不同。因此，既然是从效果出发，以最终的效果作为评判标准，载体最终的亮度，均匀度才是评判的重要指标，应该对安装的位置、投光的角度，以及载体表面纹理做详细的阐述，而对灯具的光束角、功率等反而不能限制得太过于详细。

直视光源的灯具一般以发光表面效果作为最终评判的依据。对其表面亮度、均匀度以及色温、色容差等有详细要求，对其光束角、功率也不能限制的很具体。

夜景照明灯具的技术性与复杂性较强，除了一些灯具的常规标准外，效果是最主要的指标。我们在采购时，可以采用综合评分的办法对灯具进行评分，从而选出“价廉物美”的产品。

通过综合评分法来采购灯具能一定程度上避免最低价中标带来的恶性竞争和质量弊端，但是一个灯具选择使用是否恰当，安装方式是否合理，各项参数是不是能达到设计的要求，除了设计本身的经验外，更重要的是现场的试灯，无论如何，最后的效果都是以现场安装调试为准，切不可犯经验主义的错误。

第 6 章 绿色照明

绿色照明的概念早在 90 年代初就被提起，全国许多城市都采取了积极有效的措施进行节电，也取得了一定的成绩，城市绿色照明包含保护环境和节约能源两个部分。

6.1 保护环境

绿色照明的目的，首先是保护环境，其次是节约能源。保护环境包含三个方面的保护，即保护自然环境、保护居住环境、保护暗天空。

6.1.1 保护自然环境

限制户外各类场所照明用光源的类型，淘汰污染严重和光效差的光源，现阶段宜推广使用 LED 光源。

6.1.2 保护居住环境

限制夜景照明灯具朝居室方向的光强，参考表 6-1。

四类光污染保护区夜景照明灯具朝居室方向的发光强度的最大允许值 **表 6-1**

照明技术参数	应用条件	自然环境区	城市建设区		
		E1	E2	E3	E4
灯具发光强度 I(cd)	熄灯时段前	2500	7500	10000	25000
	熄灯时段	0	500	1000	2500

限制夜景照明设施在居住建筑窗户外表面产生的垂直面照度，参考表 6-2。

四类光污染保护区居住建筑窗户外表面垂直面照度最大允许值 **表 6-2**

照明技术参数	应用条件	自然环境区	城市建设区		
		E1	E2	E3	E4
垂直面照度 E_v(lx)	闭灯时段前	2	5	10	25
	闭灯时段后	0	1	2	3

四类光污染保护区建筑立面和标识面产生的平均亮度最大允许值表 **表 6-3**

照明技术参数	应用条件	环境区域			
		E1	E2	E3	E4
建筑立面亮度 L_b(cd/m^2)	被照面平均亮度	0	5	10	25
标识亮度 L_s(cd/m^2)	外投光标识被照面平均亮度；自发光广告标识，指发光面的平均亮度	50	400	800	1000

注：1. 若被照面为漫反射面，建筑立面亮度可根据被照面的照度 E 和反射比 p，按 $L=Ep/\pi$ 计算出亮度 L_b 或 L_s。2. 标志亮度 L_s 值不适用于交通信号标志。3. 闪烁、循环组合的发光标志，在 E1 区和 E2 区里不应采用；在所有环境区域，这类标志均不应靠近住宅的窗户设置。

居住区和步行区夜景照明灯具的眩光限制值表　　表 6-4

安装高度（m）	L 与 A0.5 的乘积
$H \leqslant 4.5$	$L_A 0.5 \leqslant 4000$
$4.6 < H \leqslant 6$	$L_A 0.5 \leqslant 5500$
$H > 6$	$L_A 0.5 \leqslant 7000$

注：1. L 为灯具在与向下垂线呈 85°和 90°方向间的最大平均亮度（cd/m^2）。2. A 为灯具在与向下垂线呈 80°和 90°方向间的所有出光面积（m^2）。

6.1.3 保护暗天空

限制灯具上射光通比例，参考表 6-5。

四类光污染保护区灯具上射光通比最大允许值　　表 6-5

照明技术参数	应用条件	自然环境区	城市建设区		
		E1	E2	E3	E4
上射光通比	灯具所处位置水平面以上的光通量与灯具总光通量之比（%）	0	5	15	25

6.2 节约能源

6.2.1 设计节能

照明设计方案是实施照明工程的纲领性文件，也是实现节能成效的纲领性文件，应在这一源头上就贯彻节能思想。在设计时严格遵守设计规范，依照道路性质、幅宽、人行流量及所处地理位置，合理地确定照度，在保证一定的照度时严格控制功率密度（每平方米的功率），避免为"求亮"而浪费能源。同时设计时统筹考虑节能方式，如节电器的安装、无功功率的补偿、半夜灯分线控制、合理的供配电方式等。

6.2.2 推广使用高光效电器产品

近年来，夜景照明成为城市照明中的新兴分支，城市照明管理单位在不断摸索中寻求节能点，主要是着力于功耗小、寿命长的 LED 开发与应用。如厦门金砖五国会议城市夜景照明工程中，LED 灯具的使用率达到了 100%。

在灯具上，优先选用 IP 防护等级高（密封式灯具必须达到 IP65 以上）和配光曲线好的照明灯具，在道路照明尤其是主干道上可采用防护等级高于 IP65、反射效率高（确保 70%以上）的国内一流品牌或合资品牌的灯具，确保有限能源的充分利用和光源被充分照射到被照面上。在电器上，针对气体放电灯负的伏安特性，进行电容补偿，将功率因数提高至 85%，不仅降低了无功损耗，而且可以适度减小电缆截面，降低工程造价。

6.2.3 适度推广节电器（传统光源）

20 世纪 90 年代末期，国内一些城市已开始推广使用节电器装置，针对下半夜电网负荷小、电压高和交通流量低的情况，采用调压节电器，适度降低光源的工作电压，从而既达到了节电的目的，又延长了电器寿命。这种节电器是目前城市照明领域较为普及的节电措施，其优点较为显著，对电网电压无污染，操作简便，节电率达20%～25%。但是这种节电器会对送电半径末端部分照明设施运行及路面照度有一定影响，必须有针对性地选择相对适应的区域（主要为道路）使用。

6.2.4 积极采用科学有效的控制系统

国内一些城市从20世纪90年代初就已经开始与科研单位研发城市路灯无线三遥控制系统，经过10多年的多次更新换代，目前无线三遥控制系统已进入成熟稳定运行期，道路照明和景观照明已基本实现了电脑化自动监控，即采用集中和分时相结合控制方式，既可根据每个季节日出日落的不同时间进行开关灯控制，又可根据城区、郊区的不同地理位置进行分组开关，还可以利用光采集器对天气变化造成的光照度变化做出及时反应，就是我们通常所说的半夜灯和光控开关，使城市照明开关更为科学合理，减少因开关灯时间误差造成的电费损失。以开灯时间为例，江南地区一年中晴天约有1/3，多云天气为1/3强，阴雨天为1/3弱，其中通过三遥智能光控开关比定时控制，在晴天会比多云天晚5～10分钟，比阴雨天晚15～35分钟，通过概率计算，使用三遥智能光控全年可节电1%。当然在后半夜人、车流量普遍减少，对照明要求不高的情况下，启动半夜灯控制模式，关闭部分照明设施，也可以有效地节约电能。

6.2.5 规范执行日常维护管理制度

运行中的光源和灯具会受到空气的污染，使光通量降低，从而造成能源浪费。因此制定合理的照明设施维护管理制度，及时修复故障灯，定期更换寿命到期、光通量不达标的光源，同时不定期清洁灯具，确保照明设施发挥最大发光效率。

6.3 控制光污染

随着城市经济的发展，城市照明也迅速发展。室外照明在保证城市治安、交通安全，提升城市夜间形象、丰富夜间生活方面起到显著成效。但同时也造成不同程度的光污染，对城市环境和居民生活产生负面影响，急需加以管控和治理。此部分内容是绿色照明的重要指标，也是《绿色建筑评价标准》GB/T 50378中的得分项，照明设计师应格外重视。

我国已经发布《室外照明干扰光限制规范》GB/T 35626，对应的《室外照明干扰光测量规范》也已在编制中。光污染可以按干扰光造成的影响和干扰光的来源进行干扰光的分类。根据干扰光造成的影响可以分为对居住区的干扰光、对行人的干扰光、对夜空的光污染、对机动车道路交通的干扰光、对城市广场和步行街等公共活动区、自然生态区和动物栖息区造成影响的干扰光。按干扰光的来源可以分为广告、标识或显示屏产生的干扰光、夜景照明产生的干扰光、道路照明和室外作业场地照明等功能性照明的溢散光形成的干扰光。

6.3.1 光污染

光污染是指现代城市建筑和夜间照明产生的溢散光、反射光和眩光等对人和动植物造成干扰或负面影响的现象。现代意义上的光污染有狭义和广义之分。狭义的光污染是指干扰光的有害影响，即“已形成的良好的照明环境，由于逸散光而产生被损害的状况，又由于这种损害的状况而产生的有害影响。”广义的光污染指由人工光源导致的违背人的生理与心理需求或有损于生理与心理健康的现象，包括眩光污染、射线污染、光泛滥、视单调、视屏蔽、频闪等。作为一种污染，光污染不仅会造成能源的浪费，而且会产生许多社会危害。国际照明委员会 CIE 早在 20 世纪 90 年代初已开始致力于限制光污染方面的研究。

（1）光污染的研究历史

最早受到光污染大规模影响并开展研究的是天文界，1980 年国际天文联合会（IAU）和国际照明委员会（CIE）联合发表了“减少靠近天文台城市的天空光”的倡议，此后为保证天文台附近原始环境而提出各种措施，促进了光污染防治研究的发展。

20 世纪 80 年代在美国的亚利桑那州成立的国际暗天空协会（International Dark-Sky Association），专门控制光污染，该协会现已发展成为一个全球性的组织。

对于天空亮度的分布与测量的研究，美国学者于 1973 年建立了夜天空亮度增值的数字模型，可估算距离城市中心一定范围内的天光增量，这也是建立比较早的夜空亮度分布模型。1997 年，采用光学光度测量法进行了天空亮度测量，并介绍了目视光度测量天空亮度的方法。

我国在光污染的控制方面，部分地区光污染问题较受重视。天津市 1999 年颁布了《城市夜景照明技术规范》，这是我国第一个有关夜景照明的技术规范，北京市也设有《城市夜景照明工程评比标准》。我国目前还没有关于解决光污染方面的技术性研究成果和权威的法律法规，只有 2004 年上海市出台的一部行业技术规范《城市环境装饰照明规范》。该规范将“居住区照明”放在首位，明确规定灯光不可射入民居，所有面对住房的灯具必须采取措施，如降低光通量的输出以免外溢光、杂散光射入临近住宅的窗户。建筑主体不采用建筑立面泛光照明；禁止在主体位置上安装强光灯等等。

2007 年 4 月 8 日，国际暗天空联盟 IDA（International Dark-Sky Association）北京分部在清华城市规划设计研究院成立。其目的是致力于宣传光污染和环境污染等相关的知识并努力唤起人们保护环境、减少光污染、还原夜空本色的意识，除此之外 IDA 还不断普及照明知识，倡导优质、环保的照明设计。

（2）光污染的危害

1）导致城市交通事故的增加

刺眼的路灯和沿途灯光、广告及标志容易造成司机和行人的视力错觉，影响对交通情况和交通信号的判别，从而导致交通事故的发生。

2）对人体健康产生影响

夜幕降临后，室外照明、商场酒店上的广告灯、霓虹灯闪烁夺目，令人眼花缭乱，有些强光束甚至直冲云霄，使得夜晚如同白天一样，形成“人工白昼”。这种现象使人夜晚难以入睡，导致白天工作效率低下。人们长期处于这种环境中，还会出现头晕目眩、失眠等神经衰弱症状，正常的生物钟规律被扰乱，人的大脑中枢神经受到严重影响。

3）破坏自然和生态环境

一些“不夜城”的夜景照明把光像泼水一样洒在建筑物的墙上、地面上、树木上，使宁静的城市夜空笼罩上一层厚厚的光雾，对天文观测产生严重影响。而且光污染在危害人类健康的同时，还影响动植物生长繁殖，使数量巨大的城市昆虫死于非命，生态平衡遭到严重破坏。

（3）光污染防治

为夜景照明提供合理的设计是控制光污染最根本的办法。城市夜景照明的控制应采用智能化集中管理、分散控制的方法。例如，对泛光照明的开关控制可采用平时模式、节假日模式、重大节日模式；对广告、装饰、道路照明等的开关控制可采用微电脑定时开关或光控定时关闭的模式。

控制光污染还可以定制合理的关灯时间并尽量缩短开灯时间。对广告、装饰、道路照明以及建筑物的泛光照明可在午夜后关闭或部分关闭，既节约了能源又减少了光污染，也延长了照明灯具的使用寿命。

为防治光污染，还应尽量使用高光效的 LED 灯，提高泛光照明效率，降低城市“热岛效应”，保护城市生态环境的平衡。

在限制溢散光方面，最好的办法是采用截光型灯具或给光源装设格栅、遮光片、防护罩等，以有效控制照明灯具的遮光角，防止直射光线的溢散和眩光产生。截光型灯具的遮光角不应小于《建筑照明设计标准》GB 50034—2013 的规定。而对建筑物的泛光应采用从上向下投射光的做法，防止反射光的溢散；对有大玻璃幕墙的建筑可采用内透光式的照明设计以突出建筑的形象。

安全可靠的施工也是保证城市夜景照明质量、防治光污染的有效措施。灯具位置及控制设备的合理设置，既能防止溢散光的污染，又能避免因灯具及控制设备对外裸露而带来的视觉污染。同时，安装时对建筑物的保护措施，也能防止因对城市景观和建筑物本身立面造型的破坏而引起的视觉景观污染。

对广告、装饰、道路及建筑物等城市夜景照明灯具及设备的日常维护，也是防治光污染的有效措施之一，同时也是避免灯具脱落伤人、电线漏电等事故的发生和产生城市景观污染的重要保证。

总之，为了拥有一个舒适悦目、明亮有序的城市夜景照明环境，为了拥有一个可持续发展的城市生态环境，采用科学管理的方法与合理的设计、施工手段是防治光污染、保护环境的重要措施，也是所有从业人员共同追求的目标。

6.3.2 控制光对居住建筑的干扰

照明设计过程中，应核算灯具对周边居住建筑的影响是否在合理范围内。对居住建筑是否造成光污染的考核指标包含两个部分，居住建筑窗户外表面产生的垂直面照度值，和朝向住宅建筑居室窗户方向的灯具光强限值。其中居住建筑窗户外表面产生的垂直面照度最大允许值，可以由项目组自行核算，与表 6-6 中的限值进行对比。而灯具朝居室方向的发光强度则需要委托有资质的检测单位进行测试，并根据实际安装距离和角度等，核算是否小于最大允许值要求，与表 6-7 进行对比。这种方法也经常用于实际已完工的工程的现场测试。对居住建筑干扰光的核算，在下文与人行道区域合并举例。

住宅建筑居室窗户外表面上垂直照度的限值单位（lx） **表 6-6**

时段	环境区域			
	E1	E2	E3	E4
熄灯时段前	2	5	10	25
熄灯时段	0*	1	2	5

注：* 如果是道路照明灯具产生的影响，此值可提高至 1lx。

6.3.3 控制光对人行道区域的干扰

在进行以上受干扰光影响区域的照明设计时，应将干扰光的限制要求加入该灯参的指标要求，如对人行道的干扰光限制应符合表 6-7 规定。灯具的干扰光指标的检测，现阶段一些有国家法定资质的检测单位已具备检测能力，该检测项目应在其资质范围之内。项目设计组可以聘请专业的检测机构配合检验，判断灯具是否符合要求，这也是规范落地的重要指标之一。

人行道照明灯具的最大平均亮度与灯具出光面面积乘积限值　　表 6-7

安装高度（m）	L 与 $A^{0.5}$ 的乘积
$H \leqslant 4.5$	$LA^{0.5} \leqslant 4000$
$4.5 < H \leqslant 6$	$LA^{0.5} \leqslant 5500$
$H > 6$	$LA^{0.5} \leqslant 7000$

注：1. L 为灯具在与向下垂线呈 85°和 90°方向间的最大平均亮度（cd/m^2）；
2. A 为灯具在与向下垂线呈 90°方向的所有出光面积（m^2）。

下面举例说明如何核算居住建筑和人行道区域所受的影响。如住宅区，位于 E2 低亮度环境区，道路两侧有庭院灯。庭院灯高度为 4m，一侧靠近住宅楼，一侧为人行道。在设计阶段要核查庭院灯灯具是否影响建筑室内和行人（图 6-1、图 6-2）。评估方案步骤如下：

第一，应通过检测得到此灯具的 ies 文件，ies 文件尽量由检测单位提供，而非厂家提供，以保障准确性。

第二，在光环境模拟软件中模拟用灯环境。

第三，在模拟计算之前，需选择照明方案的维护系数，一般而言，年使用率较低维护系数取 0.8；干净空间三年维护周期维护系数取 0.67；污染空间三年维护周期维护系数取 0.57。本示例维护系数取 0.67。最终模拟计算结果。

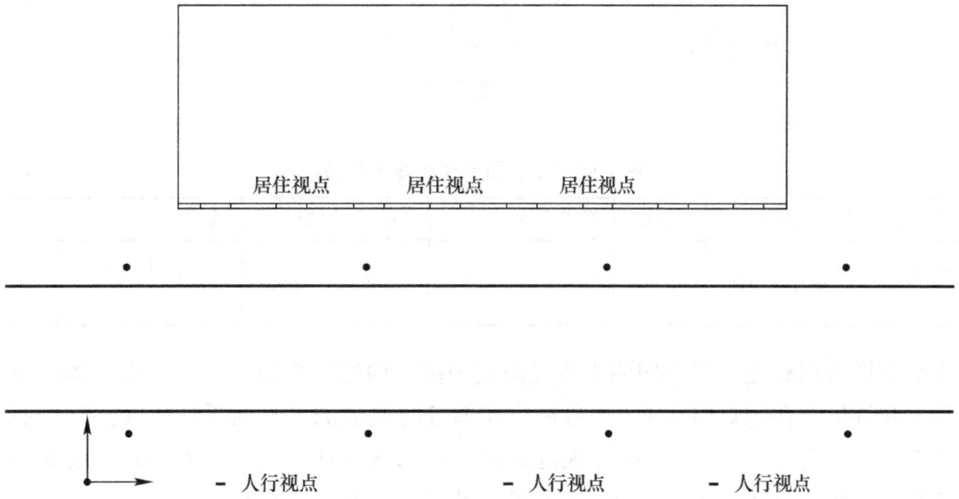

图 6-1　平面图

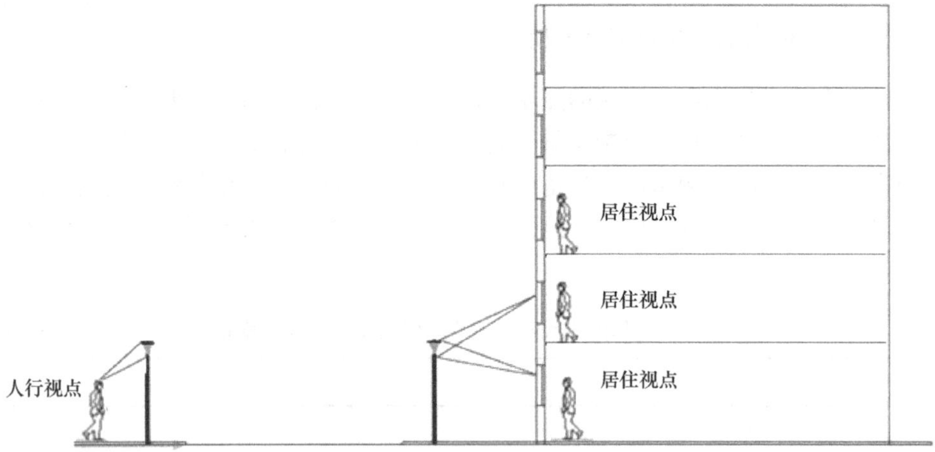

图 6-2　庭院灯对行人和建筑物内的影响

经计算，灯具对二层以上的窗口影响较小。举例说明对一二层窗户的影响，对其编号，共 8 个（图 6-3）。灯具在每个窗户外表面产生的垂直照度见表 6-8：

图 6-3　模拟计算图

每个窗户外表面产生的垂直照度　　　　**表 6-8**

照明技术参数	应用条件	窗户 1	窗户 2	窗户 3	窗户 4	窗户 5	窗户 6	窗户 7	窗户 8
垂直面平均照度（E_v）(lx)	熄灯时段前	2.81	3.77	15	3.46	1.69	2.64	1.81	1.62

本案验算数据对比《室外照明干扰光限制规范》内居住建筑窗户外表面产生的垂直面照度最大允许值。在熄灯时段前，3 号窗户在熄灯时段前的垂直面平均照度达到 15lx，而规范要求最大允许值为 5lx，不符合规范要求。应调整设计方案、布置形式，或更换灯具再次核算，直到满足要求为止。之后应核算是否满足熄灯时段的要求。

同时应复核灯具光学模型朝向建筑窗户方向的光强是否符合要求，应选取在灯具朝向各窗户方向的光强值。例如，查找对应 3 号窗户的光强值为 560cd，标准要求为不大于 7500cd，符合要求。应查找对应其他窗户的光强值，并按照以下的方法计算。

核算庭院灯，该庭院灯在与向下垂线呈 85°和 90°方向间的最大平均亮度为 2437cd/m² $LA^{0.5}=431$，小于 4000，符合规范要求。但该庭院灯如不带防眩光罩，测试 $LA^{0.5}=13638$，大于 4000，则不符合规范要求。

注：熄灯时段是为控制干扰光的光污染要求比较严格的时间段，可根据每个城市的夜景照明管理办法而定。

6.3.4 景观照明

景观照明的光污染采用被影响区域来评价。如对居住区的干扰光限制，采用受干扰区内距离干扰源最近的住宅建筑居室窗口外表面的垂直照度限值评价，并限制住宅建筑周边景观照明的动态模式。在城市机动车道路两侧设置的景观照明应符合相关规定，且不宜采用动态模式。靠近人行道两侧的景观照明不宜采用上射式埋地灯照明，所采用的照明方式不得干扰行人视觉。

6.3.5 广告、标识区域

广告、标识照明的干扰光与发光面的面积有很大关系。在不同的发光面积下，亮度限制不同。广告、标识发光表面的平均亮度最大允许值不应超过表 6-9 的规定。除 E4 外，其他区域不得采用动态闪烁模式的广告和标识照明。对广告标识干扰光的判断，应首先分析受影响的人群，行人还是住户。如是行人，则选择受影响的行人视角，对发光标识进行亮度测量。并计算平均亮度，然后通过核实所在环境分区，判断是否超标。具体核算案例，可参照《绿色建筑评价标准应用技术图示》15J 904。

广告、标识发光表面的平均亮度最大允许值　　表 6-9

发光面面积（m²）	不同环境区域平均亮度最大允许值（cd/m²）			
	E1	E2	E3	E4
$S\leqslant0.5$	50	400	800	1000
$0.5<S\leqslant2$	40	300	600	800
$2<S\leqslant10$	30	250	450	600
$S>10$	不宜设置	150	300	400

注：1. 表内系全白色发光表面在夜晚的限值；如采用动态彩色画面，限值取表中数值的 1/2；
2. E1 区仅限必要的标识。

6.3.6 媒体立面

媒体立面主要由点光源或线条灯构成，这些自发光的光源与建筑立面的暗背景形成一定的反差。媒体立面的干扰程度除了与自发光光源自身的亮度相关，还与其排布的密度有关，所以媒体立面墙面的干扰光的限制采用墙体表面的平均亮度限值和最大亮度限值两个方面进行评价。媒体立面墙面的亮度限值不应超过表 6-10 的规定。对特别重要的景观建筑墙体表面，或强调远观效果的对象，表 6-10 中数值可相应提高 50%；对于使用动态效果的表面，限值应取表 6-10 中数值的 1/2。

媒体立面墙面亮度限值单位（cd/m^2）　　表 6-10

表面亮度（白光）	环境区域			
	E1	E2	E3	E4
表面平均亮度	—	8	15	25
表面最大亮度	—	200	500	1000

6.3.7 LED 显示屏

LED 显示屏目前的应用越来越广泛，对行人、驾驶员、住宅都有一定的影响，主要是亮度和变化上进行限定。干扰光的限制采用显示屏表面的平均亮度限值评价。LED 显示屏表面的平均亮度限值不应超过表 6-11 的规定。有一些显示屏白天和夜间都在使用，所以对于不同的亮度环境，应配置调节亮度的功能，朝向住宅建筑窗户的垂直和水平方向的视张角不得大于 15°。道路两侧三米以下高度内不得设置 LED 显示屏。机动车道两侧和人行道两侧的显示屏不宜设置动态模式。住宅区内的显示屏不应设置动态模式，并应符合规范要求。

LED 显示屏或媒体墙表面的平均亮度限值单位（cd/m^2）　　表 6-11

LED 显示屏（全彩色）	环境区域			
	E1	E2	E3	E4
平均亮度	不宜设置	200	400	600

6.3.8 夜空光污染的限制

夜间光污染对天文观测造成一定的负面影响。夜空的光污染限制应采用灯具上射光通比限值评价。照明灯具的上射光通比的限值不应超过表 6-12 的规定。但应注意此表不包括夜景照明灯具，夜景照明灯具的影响应查找上文中夜景照明的干扰光评价。另对灯具的上射光通量的考核，应在灯具现场实际安装位置下度量。

照明灯具的上射光通比的限值（%）　　表 6-12

环境区域	E1	E2	E3	E4
上射光通比	0	5	15	25

6.4 节电措施

城市照明节约能源主要是节约电能，是指城市照明设施在运行过程中，保证正常照明需求和设备使用寿命的前提下，采用相应的措施减少照明用电量，从而达到节约电力资源的目的。现有的照明节电方法大致可以分为：设计节电、设备节电和控制节电。这里主要说明设备节电和控制节电。

6.4.1 设备节电

设备节电包括光源、电器和灯具三方面的节电。

1）光源节电主要取决于光源的光效和光衰指标，综合考虑显色性、使用寿命、启动特性等因素。LED 灯：LED 灯有无频闪、无启动延时、绿色环保无污染、节能等优点。采用 LED 的基本原则有：LED 灯具应符合安全可靠、技术先进、经济合理、节能环保、维修方便的要求；LED 灯具性能及使用寿命应符合《LED 城市道路照明应用技术要求》的规定；使用 LED 灯具的道路照明的评价指标应符合《城市道路照明设计标准》CJJ 45 的规定；LED 灯具的电子控制装置及光源模组等灯具部件应便于现场更换和维修，且电子控制装置应满足互换使用要求，光源模组宜满足互换使用要求。

2）电器是电气附件中节电的重要器件。在 150W 及 150W 以下的小功率光源可考虑使用电子镇流器，电子镇流器要求抗干扰性能强。高压钠灯和金属卤化物灯的镇流器应采用能效指标能效因数 BEF 达到《高压钠灯用镇流器能效限定值及节能评价值》GB 19574 和《金属卤化物灯用镇流器能效限定值及能效等级》GB 20053 规定的能效限定值标准的产品。与高强度气体放电灯配套的触发器、镇流器等控制器件的寿命必须与光源寿命、启动特性等一并考虑。使用电感镇流器的气体放电灯线路应采取电容补偿，使功率因数不低于 0.85。直管形荧光灯应配用电子镇流器或节能型电感镇流器。电子镇流器平均寿命不应小于 20000h，其安全性、电磁兼容性和谐波失真应达到国家相应标准。镇流器的类别：气体放电灯的镇流器主要分两大类，即电感镇流器和电子镇流器。电感式镇流器包括普通型和节能型。荧光灯用交流电子镇流器包括可控式电子镇流器和应急照明用交流/直流电子镇流器。镇流器的标准：近几年我国修订和制定的镇流器标准，包括安全要求、性能要求、特殊要求和能效标准。镇流器的能效值：镇流器是一个高耗能器件，规定能效值是镇流器节能的重要因素。能效值（包括能效限定值和节能评价值）用镇流器能效因数表示。能效限定值是必须达到的最低限值，属强制性标准。

3）灯具选择得好坏，直接影响到照明工程质量和运行维护管理的经济效益，应充分了解灯具的主要结构、特性和技术指标。

6.4.2 控制节电

夜景照明最重要的节电模式就是控制节电。通过城市三遥系统，控制灯具的开关灯状态，实现按季节变化全夜半夜的开关灯时间。

1）无功功率补偿节电：气体放电灯电流和电压间有相位差，加之串接的镇流器为电感性的，灯具在工作时，会产生大量的无功功率，所以照明线路的功率因数较低（一般为 0.35～0.55）。为减少供电变压器及输送线路的损耗，降低供电设备的容量，提高供电效率，改善供电环境，无功功率补偿装置在照明系统中处在一个不可缺少、非常重要的位置。合理地选择补偿装置和补偿容量，可以做到最大限度地减少线路损耗，使供电质量提高。照明工程中，一般选择电容器进行无功补偿，电容补偿分集中补偿和单灯补偿。集中补偿是在配电设施内集中设置补偿电容，由设计根据系统负荷和自然功率因数确定补偿电容大小后，一般采取共补 60%、分补 40%的比例来配置补偿电容。采用集中补偿方式安装方便、维护简单。单灯补偿是在灯具中就地设置补偿电容，单灯补偿的效果更为有效，具体措施是在镇流器输入端接入适当容量的电容器，可将单灯功率因数提高到 0.85～0.9，并且补偿装置作为灯具的一部分，节省了安装空间和材料，大大提高了照明工程中施工的效率。

降压控制节电器。降压控制节电器工作原理：降压控制节电是采用电力电子技术，通过 AC-AC 矩阵变换实现合理功率控制与分配以达到节电目的。它采用“光控+时控”的混合控制策略，由嵌入于控制电路中的智能化控制软件调节PWM控制信号的占空比，进而调节设备输出的电能量幅值，从而实现按需照明。降压控制节能器优点：降压控制节能器可根据照明及节电需求，为照明系统实现在零功率～满功率范围内动态无级调节。同时它具备灵活的现场可编程设计，可适时调节设备工作状态，并且具有智能化的控制系统，设备能够根据现场情况，在一定程度上自行做出判断处理，真正做到智能调节，实现按需照明，最大程度上节约能源。它还具有更安全、更节电、更智能、更绿色、便于远程集中控制、能延长光源寿命和安装简单等特点。降压控制节能器安装：降压控制节能器必须安装在无水滴、无蒸汽、无油性灰尘、无腐蚀及易燃气体、液体的环境中，环境温度为−40℃～65℃，温度大于35℃时，需保持良好通风。动态节能照明电源采用落地安装时需要将设备安装在定制的外柜中以确保安全，定制的外柜同样需要留有散热窗口，以保证正常散热。同时需要根据现场情况制作设备安装基础。

2）变功率节电：变功率电感镇流器是为照明节电要求而设计的，其能在预先设定的时间内根据使用条件的需要适当降低照度，具有明显的节电特点。变功率电感镇流器一般分为集中控制变功率和独立单灯变功率控制两种方式。变功率镇流器节能原理：变功率电感镇流器又称双功率电感镇流器，该镇流器全功率工作时，得到额定照度值，当在线路中接入一个控制装置，使该镇流器介入另一附加阻抗后，将灯的电流和功率降低到额定值的60%左右，使工作期间的照明系统节电30%以上。在变功率前后实行电容二级补偿，利用气体放电灯在工作电流适当减少时仍能正常运行的原理，通过增加镇流器电抗，从而降低光源电流，减少路灯系统电能消耗，达到路灯系统整体节能的目的。此方法最大的优点是照度均匀性保持不变。有线集中控制变功率系统，有单独控制引线至配电端，集中统一控制变功率的变换时点。独立单灯变功率系统，集成在控制器内，根据预设定的调控时间自动变换功率。变功率电感镇流器组成：节能电感镇流器：设计时考虑合理的磁路机构和铁磁材料，使镇流器的自身功耗降低50%左右。双功率自动转换电路：电路设有三个时间预置端口，使镇流器按照预置的条件自动转变电感量，使灯的功率也随之转变。电子启动器：使其输出符合光源的触发脉冲（幅度和宽度）而快速起动发光。变功率电感镇流器运行稳定，可靠性高，节能效果显著。由于减少光源和镇流器满负荷运行时间，电感镇流器和电子启动器的有效寿命得以延长，可达10年以上。

6.5 发展模式

经过上述研究分析，城市绿色照明的发展需要抓住两个基本要素：功能优先、景观适度。要把握三个宗旨：智慧高效、低碳环保、经济可靠；体现四大内涵：经济、系统、智慧、特色；采用五项指标对城市绿色照明进行评估：能耗指数、道路照明质量合格率、道路照明水平合格率、夜景照明品质符合率、运管指数。

1）健全照明节能法律法规、完善标准规范体系

加快制定和修改城市绿色照明相关的法律法规和规章制度，尽快出台《城市照明节能技术体系》和《城市照明节能监管办法》等政策文件，通过政策引导来促进节能降耗工作的推进。进一步完善节能相关的标准和规范体系，加强城市照明产品能效标准体系建设；加快研究、起草、制定、完善各类照明产品的能效标准，完善城市照明节能评价体系。

2）促进绿色照明快速发展、优化资金配置

要充分发挥市场潜力，运用社会资金促进绿色照明发展，作为无经营性收入的公益性项目，可以吸引全社会的技术和资金来推动城市绿色照明发展，要考虑物有所值和财政可承受力评估，也要考虑运维职责、合理期限以及配套的运维养护绩效考核机制，并与财政付费有机衔接，取得各方多赢的效果，有效地推动城市绿色照明工作持续性地展开。

3）推进照明体制改革、完善建设管理机制

改革管理体制，按照“有利管理，集中高效”的原则，积极探索将城市照明管理统一到一个部门，集中行使管理职能，提高资源的利用率，有效落实各项政策。建立地方政府、行业管理部门城市绿色照明、节能目标责任制，节能工作纳入对各级政府的考核内容。尽快建立能效领域的市场准入制度；健全能效标准实施与监督机制；采用大宗采购和质量承诺等市场机制和财政补贴激励机制。切实加强专业管理，规范市场竞争，坚持建设改造与维护管理并重，进一步完善管理机制。

4）做好规划编制工作、强化规划指导作用

城市照明专项规划应纳入城市规划的制度和管理体系。照明专项规划应出台相关标准、规范及配套政策、法规。强化规划指导作用。根据规划要求明确城市照明工作的实施原则，做到规划、设计、建设和管理统一协调。通过规划严格控制城市夜景照明的范围、照（亮）度和能耗密度指标，明确节电的指标和措施，做到合理布局、主次兼顾、重点突出、特色鲜明。优先发展功能照明。消灭“有路无灯，有灯不亮”的现象，以及现状城市照明中的盲点，做到功能照明全覆盖。在新建项目中，严格执行国家相关节能标准，推广使用高效节能光源和灯具，以及节能降耗控制系统，严格控制能耗水平。

严格控制夜景照明。根据不同城市规模和特色，结合城市功能布局和分区，合理确定照明区域。对于体现城市人文和自然特色的区域、节点和路径，进行适度的夜景照明，切忌一哄而上，全面开花。

功能照明与景观照明协调发展。通过控制规模、强化重点、区别对待、有取有舍，加强标准制定和标准化工作，从源头上控制能耗载体的规模和数量，显现绿色照明节能减排的目标。

5）规范照明工程建设、落实设施长效管理

城市照明工程的设计和施工必须严格执行国家部委有关照明节能的标准和要求，规范城市照明建设市场秩序，实施规划、设计和施工的专业资源管制制度。

建立相应的监督管理机制，推动市场约束机制的建立，辅助政府的质量监管。加强施工图审查制度，完善工程验收制度，强化设计、验收工作中对于节能指标的审查。特别是新建、改建的工程必须进行施工图设计文件审查，施工图未经审查合格的，不得使用，不得颁发施工许可证。工程验收时将照明的效果及实际能耗作为验收的必备因素，不符合设计要求的不得竣工。

6）推广照明节能技术、采用高效低耗产品

在城市照明工作中要大力推广节能技术和节能措施，鼓励使用符合绿色照明技术的新材料、新技术、新设备。进一步规范市场行为，扶持生成城市照明优质高效产品的企业，提高科技水平，鼓励引导自主创新，扶持国内企业加大自主产品的开发力度，提高产品科技含量，创造具有自主知识产权的知名品牌，增强市场竞争力。同时，要加大太阳能、风能等系列能源转换效率及蓄电技术的攻关、研发力度，争取新能源在城市照明中大规模应用，实现城市照明的源头节能。

7）提高信息管理水平、增加科技支撑

建立和完善城市照明信息交流平台，为节能工作提供技术支持。开展绿色照明新型节能产品、新工艺、新技术研究；加强重大关键技术的科研攻关、技术开发和应用；加快相关制造业的产业升级；加强科技创新基地和国际重点城市照明专项实验室及检测技术中心；建立以城市地理信息系统（GIS）平台为基础的信息化管理系统，实现高标准、高质量、高水平的城市照明行业人才培养；开展国际城市照明节能的合作与交流，学习借鉴国外先进节能技术和经验。

第 7 章　测试与评价

照明工程竣工并投入运行后，还必须对夜景照明以及照明器具进行有关光度参数的测试，用客观的数据为评价与决策提供依据，使对夜景照明的评价能站在客观的基础上，得出使人们信服的结论。同时在测量的基础上，可对夜景照明进行调整，使其照明效果与设计方案标书更为接近，以达到最佳的照明效果。

7.1　夜景测试

夜景照明测试项目主要有：建筑物、构筑物立面亮度、对比度；各饰面材料的反射率；材料表面颜色、现场显色指数、相关色温；柱面照度、照明立体感指数。

7.1.1　测试目的

对照明工程亮度、照度（和眩光）的现场测量，其目的是了解工程的实际照明效果与原先的设计要求是否相符，是否需要对照明工程进行调整修改，并为以后进行更经济合理的设计、运行提供依据。有时，在照明设施运行了一段时间（如半年、一年……）以后，还要进行测量，其目的是研究灯具因积灰、光源的光通量衰减、损坏等而引起输出减少情况，并为是否需要对照明设施进行维修和更换提供可靠依据。

7.1.2　测试方法

（1）景观景物照明的测量方法

1）景观景物照度测量

景观景物照明照度的直接测量。基本局限在人所能达到的位置，对于高大的景观一般不进行照明测量，仅对小品、绿地、雕塑、围墙等景观的局部进行照度测量。照度测量布点要求：由于夜景照明是艺术照明，因此，测试的评判是以设计标书为依据进行测量，对于面积和体量较大的可采用均匀布点；对于面积、体量较小的则根据设计标书的要求进行测量。测量时，照度计探头一般是平贴在被测面的表面上。在进行柱面照度测量时，应标明探头距景物的距离，同时应与平面照度在同一位置上测量，以便计算立体感指数时使用。

景观景物照明照度的间接测量。对于那些景观饰面为漫反射体的饰面，可以通过测量饰面的反射比和亮度而间接得到照度值。因此，对那些人不能达到而又需要知道其照度数值的夜景照明，可采用此类方法。

2）景观景物亮度测量

亮度计的安放位置。亮度计一般可分别安放在建筑景观的近视位置（可观察景物细部，一般距景物20～30m，与景物的最高点的夹角不小于45°)、中视位置（可观察景物主体，一般距景物30～100m，与景物的最高点的夹角不小于27°)、远视位置（可观察景物总体，一般距景物100～300m，与景物的最高点的夹角不小于18°)。在测试时常用前两个位置。远视位置因距景物太远，在实际测试中很少有那么大的空间，同时对亮度计的视场角的要求也较高，故很少使用。

亮度测试点的选取。亮度测试点应根据景物的实际情况选取，一般对造型不复杂的景物在高度方向划分为3～5段，每段的亮度测试点一般不应少于9个，测试点一般采取均匀布点。

(2) 景观广场和桥梁（道路）照明的测量方法

景观广场和桥梁（道路）的照明测量，一般仅进行水平照度检测即可，测试点的数量一般不少于20点/100m²，测试点一般采用均匀布点。可采用"四点法"或"中心法"测试。具体测试方法，可以参考本系列丛书《城市道路照明工程设计》篇章。

(3) 建筑夜景照明测量

亮度的测量应按设计分近（正）视点高度、中（正）视点亮度和远（正）视点亮度的测量；一般建筑物应根据建筑高度和体量确定。近：10～30m或$2H$（H系建筑高度，下同)；中：30～100m或$3H$；远：100～300m或$5H$。

亮度测量应根据设计要求选择测试点，测量宜采用带望远镜头的彩色亮度计或光谱辐射亮度计。

照度测量仅在亮度指标不能反映设计意图时采用，测点应按设计要求选择，测点间距可按计算间距的2倍考虑。

灯光颜色的测量宜采用光谱辐射计，测量现场灯光的光谱，按《照明光源颜色的测量方法》GB/T 7922测量，计算出色度参数。

照明功率密度的测量与照明测量区域相一致。

测量夜景照明设施在居住建筑（含住宅、公寓、旅馆和医院病房楼等）外窗表面由夜间照明产生的光污染，应测量居室外窗表面的垂直照度。测量应在居室外窗洞面上均匀选择6～9个测试点，取其平均值作为夜景照明设施光污染的测量值。

7.2　效果评价

7.2.1　夜景照明评价标准

(1) 评价指标

建筑物、构建物和其他景观元素的照明评价指标应采取亮度或照度相结合的方式。步道和广场等室外公共空间的照明评价指标宜采用地面水平照度（简称顶面照度E_h）和距地面1.5m处半柱面照度（E_{sc}）。

本书规定的照度或亮度值均应为参考面上的维持平均照度或维持平均亮度值。

在照明设计时，应根据环境特征、灯具的防护等级和擦拭次数，从表7-1中选定相应的维护系数。

维护系数表 表 7-1

灯具防护等级	环境特征		
	清洁	一般	污染严重
IP5X、IP6X	0.65	0.6	0.55
IP4X 及以下	0.6	0.5	0.4

注：1. 环境特征可按下列情况区分：清洁。附近无产生烟尘的工作活动，中等交通量，如大型公园、风景区；一般。附近有产生中等烟尘的工作活动，交通量较大，如居住区及轻工业区；污染严重。附近有产生大量烟尘的工作活动，有时可能将灯具尘封起来，如重工业区；
2. 表中维护系数值以一年擦拭一次为前提。

（2）颜色

夜景照明光源色表可按其相关色温分为三组，光源色表分组应按表 7-2 确定。

夜景照明的光源色表分组表 表 7-2

色表分组	色温/相关色温（K）
暖色表	＜3300
中间色表	3300～5300
冷色表	＞5300

夜景照明光源显色性应以一般显色指数 Ra 作为评价指标，光源显色性分级见表 7-3。

夜景照明光源的显色表性分级表 表 7-3

显色性分级	一般显色指数 Ra
高显色性	＞80
中显色性	60～80
低显色性	＜60

（3）均匀度、对比度和立体感

广场、公园等场所公共活动空间和采用泛光照明方式的广告牌宜将照度（或亮度）均匀度作为评价指标之一。

建筑物和构筑物的入口、门头、雕塑、喷泉、绿化等，可采用重点照明凸显特定的目标，被照物的亮度和背景亮度的对比度宜为 3～5，且不宜超过 10～20。

当需要突出被照面对象的立体感时，主要观察方向的垂直照度与水平照度之比不应小于 0.25。

夜景照明中不应出现不协调的颜色对比；当装饰性照明采用多种彩色光时，宜事先进行验证照明效果的现场试验。

（4）光污染的限制：按照本书相关章节要求进行评价。

7.2.2 夜景照明评价内容

城市夜景照明涉及的领域与技术层面较为广泛。由于存在景观历史、背景和在城市中的地位的差异，景观与周围环境的复杂关系，景观本身的特点、体量、造型、构造、表面材料与饰物的不同，照明器件选用原则及其安装位置的多变，节能与控制光污染的难题，运行与维护等因素，更增添了夜景照明评价的难度。同时景观存在的自身属性的差异，例如有的属于人文景观，有的属于自然景观，有的属于城市标志性建筑，有的属于商业建筑等。因此，它们除了具备夜景照明中的共性外，更多的是具有各自的个性和特殊性。所有这些因数均会产生不同程度的影响，从而改变夜景照明的最终结果，这些因素也就自然成为评价夜景照明的主要内容。综上所述，城市夜景照明的评价内容可以由以下若干方面组成。

（1）夜景照明的宗旨、目的与夜景照明的效果

夜景照明有的为了突出观赏性，有的为了展示自然环境的美，有的为了提升商业氛围，有的为了展现博大精深的文化遗产等。这些目的与最终的照明效果是否和谐统一，这显然成为评价的主要内容之一。

（2）充分显示景观的属性

景观的属性包括它的知名度、在城市中的地位、历史背景、用途、体形、构造、用材、装饰等夜景照明的关系。如现代的办公建筑（图 7-1）与中国的古建筑（图 7-2）有着截然不同的建筑风格和造型艺术，通过夜景照明能否充分显示出来；又如旅游建筑与办公建筑的特点能否明显地区分开来。凡此种种均属于夜景照明效果的评价范围。

图 7-1　现代办公楼宇照明图

图 7-2　古建筑照明

（3）景观、环境与夜景照明的协调

景观不仅可以影响环境，环境同样可以影响夜景照明的最终效果。例如：有的景观融入大自然旷野之中，有的景观则位于城市中心；有的景观周围点缀着鲜花、流水和绿色的草地，有的则在人群和车辆的包围之中。这些景观的差异也应在照明手法中得以体现。如果景观的照明设施安置不当，可以影响环境的风格和布局；而零乱的环境则对夜景照明效果产生负面影响。因此，景观与环境的融合与协调是夜景照明不可分割的组成部分。

（4）照明技术与照明器具的选用

这是取得良好的夜景照明效果的基础。没有坚实的照明技术和高质量的照明器件，很难达到夜景照明的目的。在夜景照明的全过程中，从开始选定照明标准，直至最后进行灯光调试，每个环节都与照明技术有关，并直接影响夜景照明的最终效果。

（5）节能和光污染的控制

节能也是考核夜景照明成败的一项重要指标。在夜景照明的设计阶段不考虑节能显然是不可取的。节能的指导思想应贯穿夜景照明的始终。这不仅包括节能光源、灯具及其相关的低能耗电器附件的使用，也包括照明器件的定位和调试。夜景照明中眩光与光污染一般多存在于建筑物夜景照明中（图 7-3）。由于泛光灯、激光灯等照明设施投射角度不当，光并未打亮建筑物表面，而是溢到了空中，这不但造成了能源的浪费，还影响到周边人们的工作、生活与身心健康。因此，控制光污染也是良好夜景照明的重要指标。

图 7-3 单一方式的楼宇照明

（6）夜景照明的管理

这主要包括夜景照明的电气控制，照明器件的维护，以及日常运行是否便捷、可靠和安全。经常出现故障的夜景照明绝不会达到所期望的效果，只会给夜景照明带来不必要的经济负担和额外的开支。

（7）社会效益和经济效益

夜景照明不一定直接产生可观的社会效益和经济效益，但它又可能提高城市的知名度，提升城市的文化艺术内涵和文明程度，从而吸引众多的观光者，带来丰厚的经济回报。因此，夜景照明的社会效益和经济效益，其表现不一定是直接的，也不一定是高利的，但都是长期的与多方面的。为此，在设置夜景照明时，应该考虑和分析它的社会效益与经济效益。

上述评价内容只是反映城市夜景照明的基本方面，随着技术的进步、观念的更新，可能会对夜景照明提出更新更高的要求。

7.2.3 夜景照明评价方法

由于夜景照明的评价涉及心理、生理、艺术修养及文化背景等较多因素，因此采用评价表和问卷的方式可以简单明了地对夜景照明进行评价，可提高评价的科学性和准确性。

城市夜景照明实施从设计方案起，直到最终完成需经历若干阶段，因而评价方法也有所不同。而设计阶段与最终设备就位亮灯调试阶段，即最初与最后阶段是影响夜景照明最为重要的阶段。下面就这两个阶段提出相应的评价方法供参考。

（1）设计阶段的照明方案设计

该阶段的评价可简称为方案评价（专家评审），主要由专家们对夜景照明方案评审表中的评价项目逐一评价。方案评价主要在专家们组成的评价小组内进行，范围较小、人数不多。但专家数量必须不少于（包括建筑师、城建主管部门工程师、环境治理专家、电气工程师、照明工程师等）10 名左右，以保证评价结果具有充分的代表性。

（2）最后阶段的照明效果评价

此评价亦称最后效果评价。夜景照明最后效果评价方法与夜景照明设计方案评价方法大致相同。所不同之处是最后效果评价参与评价的人员不仅有相关专业的专家，还包括普通居民、旅游者、业主和景观附近的各种职业人士，另外最后效果评价的评价等级要细于夜景照明设计方案评价。最后效果评价方法的主要组成部分是一张问卷表，表中所列是与最后效果有关的若干问答项目。

7.3 检测验收

竣工验收阶段应由建设单位组织，设计、施工、监理等单位参加，对现场效果、灯具质量、施工质量等方面进行验收。

7.3.1 现场效果验收

工程实施完成后，需要对施工项目进行现场效果验收。应聘用有国家认可资质的检测单位，对被照载体的表面亮度、均匀度等指标进行现场测试，与设计目标作对比，并判断测试结果是否符合规划或设计要求（图 7-4）。

照明设计值与验收值对比

部位	设计值	检测值
A顶部(两侧)	12cd/m^2	10.6cd/m^2
B顶部(中部)	3cd/m^2	3.5cd/m^2
D入口	25cd/m^2	23cd/m^2
C立面	20cd/m^2	26cd/m^2
E底部	3cd/m^2	4cd/m^2

图 7-4 雁栖湖设计值与验收测试值对比

进行现场效果验收，要求在设计阶段由设计师提出量化的效果数据。如果设计阶段仅提出效果图，而没有量化的效果数据，则验收结果缺少对比，无法评判是否达到了设计目标。

如果效果中有动画显示、联动控制等内容，则需要对控制系统进行验收，包括配套动画的播放情况、网络信号的各项指标、各总控分控的兼容性等。

7.3.2 灯具质量的验收

灯具质量是工程质量的重要部分，分为安规和光学两个部分。这个过程一般会有招投标阶段的检测作为把关，然后在现场配合阶段，灯具进场时进行抽检比对。

（1）安规检测

安规检测应不仅根据国标进行检测，还应提出具体项目的要求。国标为最低要求，满足了国标不一定能够达到具体项目的要求。如在具体项目中，应根据城市所在位置，提出环境温度的要求，而不仅是根据国标最低要求 25℃进行测试。

安规的检测过程应完整，如果略去耐久进行防尘防固体异物和防水实验，其结果并不具有参考意义。安规测试包括结构、耐久性测试、防尘防固体异物和防水实验、热实验、绝缘电阻和电气强度等测试内容。详见图 5-22 所示部分安规检测不符合国家标准要求的项目。

在检测过程中，应首先查看灯具的标称值是否符合设计要求，并明确安装角度等要求，这些要求往往影响灯具是否能够通过测试。

（2）光学检测

首先检查厂家的标称值是否符合设计要求，然后进行测试，测试结果与设计要求进行比对。标称值与灯具实际值偏差较大，是我们重新对灯具进行光学检测的原因。如图 7-5 所示，展示了功率标称值 10W，色温标称值 3000K 的实际测试结果。可见标称值与实测值存在差距的比例较高，差距较大时则会影响用电负荷，同时计算功率密度与规范进行比较。

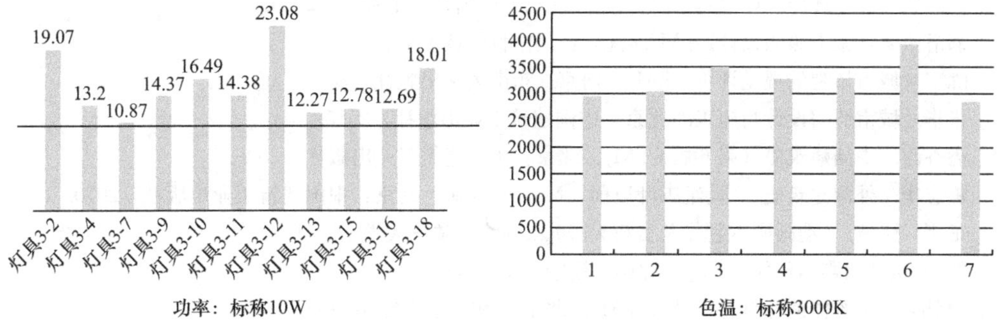

图 7-5　光学实测结果与标称值对比

如有多个不同的品牌提供同一款灯具，还应该检查色温和亮度的一致性。彩色灯具需要对灯具的颜色进行测量，比如测试基色主波长，与设计要求进行比对。

（3）灯具的控制参数

对于有动画展示的灯具而言，灯具的换帧频率、灰度等级、刷新频率、伽马曲线、像素失控率等参数与最终的展示效果紧密相关，应请有专业资质和检测经验的单位进行测试。

7.3.3　施工质量的验收

施工质量的验收可由监理工程师主持，对导管敷设、封闭式金属槽盒敷设、缆线敷设、配电箱、柜安装、灯具安装、安全保护、通电试运行等质量进行评判。

以上验收测试项目，如工程允许，尽量在招投标阶段、灯具进场阶段进行。如发现问题，便于及时调整。对现场灯具进行抽样检测，并与样灯的检测结果作比对，要求照明指标误差应控制在 5%以内。对现场灯具类型的覆盖比例要达到 50%～80%。到最终竣工验收阶段，将以上报告作为依据，签署竣工验收单。

参考文献

标准：

［1］《城市夜景照明设计规范》JGJ/T 163—2008.

［2］《绿色建筑评价标准应用技术图示》15J 904.

［3］《泛光照明指南》CIE.

［4］《照明手册》IESNA.

［5］《城市绿地分类标准》CJJ/T 85—2017.

［6］《步行者道路照明标准》CIE 国际照明委员会.

书籍：

［1］ 李铁楠著.《景观照明创意与设计》［M］. 北京：机械工业出版社，2005.

［2］ 孔海燕，袁小环译.《园林灯光》［M］. 北京：中国林业出版社，2004.

［3］ 郝洛西著《城市照明设计》［M］. 沈阳：辽宁科学技术出版社.

［4］ 陈宇《城市景观的视觉评价》［M］. 南京：东南大学出版社.

［5］ 张华. 城市照明设计与施工. 北京：中国建筑工业出版社，2015.

［6］ 潘谷西. 中国建筑史（第 6 版）［M］. 北京：中国建筑工业出版社，2009.

［7］ 陈志华. 外国建筑史 19 世纪末叶以前 ［M］. 第 4 版. 北京：中国建筑工业出版社，2010.

［8］ 王刚，张波.《动画剧本创作及赏析》［M］. 北京：清华大学出版社.

［9］ 熊涛.《动画剧本创作》［M］. 沈阳：辽宁美术出版社.

［10］ 赵彤.《新媒体演绎灯光设计》. ［M］. 北京：中国传媒大学出版社.

［11］《媒体立面，城市灯光新的表演场》何崴著，《装饰》.

［12］《以互动形式看互动媒体艺术创新》梁羡荣著，《文教资料》.

文献：

［1］ 王宁.《城市景观照明质量控制浅析》. ［J］. 照明工程学报. 第 24 卷第 3 期. 2013 年 6 月.

［2］ 荣浩磊.《城市景观照明质量评价》. 中国科协第 249 次青年科学家论坛报告文集，2012. 10.

［3］ 荣浩磊，何佳明.《照明设计软件比较综述》. 照明工程学报，第 16 卷第 4 期，2005. 12.

［4］ 建筑之光. 阿拉丁杂志 ［J］. 2017. 11.

［5］ 李光.《以法国灯光节为例分析城市灯光节的创意与设计》. 中国知网.

［6］ 萧放.《当代中国的元宵灯》. 2012 人民日报海外版.

［7］ 陈英飞，于志平.《浅谈杭州市灯光秀代替烟花秀的探索实践》. 中国知网.

［8］ 杨忠.《浅谈国内灯光秀的发展》. 中国知网.